"案例版"生物工程系列教材

生物工程综合大实验

主　编　王贵学

副主编　李　苹　刘肖珩　刘贻尧

科学出版社

北　京

内容简介

本书以循序渐进地培养学生动手能力和创新素质为目的，从基础、案例、外延三个层次介绍了综合性大实验设计的相关知识。其中，基础部分侧重介绍立题创意、方案构思、资料查询这三个关键初始难点的解决途径。案例部分选择了生物化学、微生物学、细胞生物学、分子生物学、免疫生物学、生物工艺学、生物分析、酶工程、发酵工程、制药工程、基因工程等生物工程领域骨干实验课程的综合性大实验实例。而外延部分通过课外科技活动，包括大学生创新性实验计划、创新基金等实例，来说明从课程实践到正式的科研实践的飞跃过程，为有扩展研究兴趣的学生详细介绍了具体可行的操作方案。

本书主要面向生物工程类专业本科生及实验课教师，也可为指导课外科技活动的教辅人员及不单独开设综合性大实验的相关课程教学提供参考。

图书在版编目（CIP）数据

生物工程综合大实验/王贵学主编. —北京：科学出版社，2013

“案例版”生物工程系列教材

ISBN 978-7-03-037006-8

Ⅰ.①生… Ⅱ.①王… Ⅲ.①生物工程-实验-高等学校-教材 Ⅳ.①Q81-33

中国版本图书馆 CIP 数据核字（2013）第 045378 号

责任编辑：王玉时/责任校对：刘小梅

责任印制：张　伟/封面设计：迷底书装

科学出版社 出版

北京东黄城根北街 16 号

邮政编码：100717

http://www.sciencep.com

北京厚诚则铭印刷科技有限公司 印刷

科学出版社发行　各地新华书店经销

*

2013 年 3 月第　一　版　　开本：787×1092　1/16

2022 年 7 月第五次印刷　　印张：15 1/2

字数：394 000

定价：49.80 元

（如有印装质量问题，我社负责调换）

《生物工程综合大实验》编委会名单

主　编　王贵学

副主编　李　苹　刘肖珩　刘贻尧

编　委　王建华　叶志义　吕凤林　周　丽
　　　　　胡廷章　杨一平　范益军　殷幼平
　　　　　秦　建　黄俊丽　梁桂兆　彭国雄
　　　　　董　亮

主　审　潘光堂

前　　言

现代生物工程技术以分子生物学、细胞生物学、微生物学、免疫生物学、生物化学、生理学、遗传学等为支撑，以生命科学领域的重大理论和技术突破为基础，形成了一门多学科交叉渗透的综合性学科。以基因工程、细胞工程、酶工程、发酵工程、蛋白质工程等为代表的现代生物工程技术被世界各国视为一项高新技术，它广泛应用于医药卫生、农林牧渔、轻工、食品、环境、化工和能源等领域，促进了传统产业的技术改造和新兴产业的形成，对人类社会生活和经济发展将产生深远的、革命性的影响。

随着现代生物工程技术、信息技术、微纳技术的出现，生态观的渗透，人类基因组计划的完成与后基因组时代的开始，以及其他涉及生命研究的一些大型科研计划的陆续提出与实施，当代生命科学与技术领域的知识内容不仅更加丰富，而且也已呈现出有大量基础科学、工程科学甚至社会科学参与、渗透并与之融合的“复杂交叉”局面。

为了适应这种趋势，就必须改进现有生物工程实验教学体系中以简单验证为主的培养模式，用更多的综合性、设计性实验，来实现教学与学科、教学与科研的交叉，并在这些交叉过程中将科学研究素质潜移默化地折射到学生知识体系的改善与创新能力的提高上，从而更好地达到培养具备科学思维、动手能力强、高素质的优秀生物工程人才的目的。

经过近年来教学改革的推进，综合性、设计性实验在教学中比例有所提高，但在教学实践中我们发现，学生的设计与创新往往流于灵机一动的层次，如何把这些创新性想法变为可实施的研究内容，则令他们相当茫然，设计内容往往不是过分依赖范例，就是过于缺乏可操作性。与长期从事研究工作的人相比，在设计的基础资料准备、可行的实验方案确定、研究实验的组织、结果数据分析等一系列研究素质方面，都显得相当欠缺。

而当前教材大致有两类，一类是单门生物工程学科增设部分综合性大实验，这样显然比过去只有单纯的验证性实验的教学模式有所提高，但仅靠各门课程分别开设综合性大实验，也有一些不足：缺乏不同课程间的技能综合考量，各门课程时间跨度较大，容易导致素质训练的碎片化。另一类是近两年来出现的综合性大实验单列教材，这是一个可喜的现象，标志着综合性大实验进入一个整合培养的阶段。但其中也有一些薄弱之处，如案例内容较少，不利于学生解决创新起步阶段的模仿需求。

本书专注于案例示范，从综合性大实验设计的基础知识、综合性大实验实例、综合性大实验的外延三个层次设计实验教学内容。试图完整地体现从课程知识积淀、创新练习到科研训练等正式创新实践的循序渐进，以期达到学生综合创新素质的渗透式培养。其中包括以下三部分内容。

第一部分抓住综合性大实验设计的三个关键难点：立题，方案初步构思，相关资料查询。通过不同实例详细讲解了一个正确的设计方案是如何诞生的，从而破除创新实践中最令人畏惧的开头难问题。

第二部分精心选取了生物化学、微生物学、细胞生物学、分子生物学、免疫生物学、生物工艺学、生物分析、酶工程、发酵工程、制药工程、基因工程等生物工程领域的骨干实验课程的综合性大实验实例，来多方位综合展示生物工程这门学科的发展脉络和研究思路。其中，实验教材主要提供基本的知识与方法，减少了对实验过程的干预，重点放在启发实践者根据兴趣和课程特点设计具有自主特色的方案。部分实例后面还附加了教学实践中的学生构思，可作为设计参考。

第三部分通过课外科技活动，包括创新基金等实例，来说明从课程实践到正式的科研实践的飞跃过程。为有扩展研究兴趣的学生详细介绍了具体可行的操作方案，具有较强的实用价值。

本书内容设计课内学时为40～60学时，课外资料收集、方案撰写与小组讨论为60～80学时。可根据具体的专业需要选取10～15个实例，在3～4周的时间内集中完成，也可为不单独开设综合性大实验的相关各门课程教学提供参考思路。

本书是在全体参编者的共同努力下完成的。由于编写人员水平有限，难免有疏漏，还希望读者和同行专家不吝指正。这一版的内容只是生物工程综合性大实验的一个初步尝试，今后还将结合各院校开设课程的具体情况，不断修正完善，并逐步补充、扩展图形和多媒体内容。

编　者

2013年1月

目　录

第一部分
综合性大实验设计的基础知识

◎第一章　设计基础
◎第二章　实验参考资料的检索

第一章 设计基础

第一节　综合性、设计性实验概述

一、什么是综合性、设计性实验

实验是教学的重要组成部分，学生通过实验能加深对理论知识的理解，并能掌握一定的操作技能，养成严谨、认真和实事求是的科学态度。实验能开拓学生的思维，提升其观察、分析和解决问题的能力，培养学生的实践能力、创新能力和科学素质。科学技术的发展对人的创新能力的要求越来越高，为了培养高素质的具有创新能力的科学研究与应用人才，学生必须学会从实践中发现问题，并将已有的知识运用到实践中，从而解决问题。

实验可分为三类，分别是验证性实验、综合性实验、设计性实验。教育部在《普通高等学校本科教学工作水平评估方案（试行）》中对这三类实验做了明确注释。

（一）验证性实验

验证性实验是指在已有的实验步骤设计框架下进行实验操作过程，重新验证结果是否达到原理所描述的实验，旨在使学生加强对基础理论的掌握或学习某种仪器的使用方法，是一种再现式的以书本知识为主、以传授理论知识和实验技能为主要特征的教学模式。

（二）综合性实验

综合性实验是指实验内容涉及本课程的综合知识或与本课程相关课程知识的实验。学生在具有一定知识和技能的基础上，运用某一门课程或多门课程的知识对实验技能和方法进行复合型实验。综合性实验一般可以在一门课程的一个循环之后开设，也可以在几门课程之后安排一次有一定规模、时间较长的实验。综合性实验具有的特征如下：

（1）实验内容的复合性，如涉及多个知识点，多学科知识点综合及交叉；

（2）实验方法和手段的多样性和综合性；

（3）能力培养的综合性。

（三）设计性实验

设计性实验是指给定实验目的要求和实验条件，由学生自行设计实验方案并加以实现的实验。它不但要求学生综合多门学科的知识来设计实验方案，而且要求学生能充分运用已经学到的知识，去发现、解决问题。要求学生综合多学科知识和各种实验原理来设计实验方案，还要求学生能运用已有知识去发现问题、分析问题和解决问题。设计性实验是循序渐进、由浅入深的综合能力的训练过程。最初阶段实验题目和方案由教师制订，而实验步骤由学生自己拟定，自己选定实验仪器设备、绘制实验结果的图表等；进一步的设计性实验则在教师出题后，全部由学生自己组织实验；更为高级阶段是学生自己选题，自己设计，在教师的指导下进行，最大限度发挥学生学习的主动性。设计性实验具有学生学习的主动性、实验内容的探索性、实验方法的多样性等特征。

二、综合性、设计性实验的基本内涵

综合性实验是建立在验证性实验的基础上，运用相关知识或实验方法、实验手段对学生的理论学习、实验技能与思维方式进行全面训练的一种复合性实验。其特点在于实验内容的复合性、实验手段与方法的多样性，给学生更多的自主性，增强其实验动手能力，培养学生综合运用多学科的理论知识、全面分析问题和解决问题的能力。设计性实验是结合或独立于课程教学而进行的一种探索性实验，在实验教师的指导下，根据给定的实验目的和实验条件，由学生搜集资料、自行设计实验方案，选择实验器材，并对实验结果做出综合分析与处理。综合性实验要求学生对每个环节和步骤都要周密思考、认真和细心地操作，这对于培养学生严谨求实的科学态度有重要意义。综合性实验一般需要多名同学组队共同完成整个实验，合理进行人员安排和时间安排以及协调好每个人的工作是确保实验顺利进行的重要条件。综合性实验培养学生团结协作精神。

三、为什么要开设综合性、设计性实验

创新型国家需要大量的高素质、创新型的科研或应用型人才。因此，高校在教学过程中应该着力培养学生的综合分析能力、实验动手能力、数据处理能力及查阅文献资料的能力；在实验、实践过程中培养独立解决实际问题的能力、探索创新能力及组织管理能力。而上述能力和素质的培养仅仅通过理论学习是远远不够的，还需要进行大量的综合性、设计性实验训练，因为这类实验能充分调动学生的学习主动性、积极性和创造性，让学生把所学得的基础知识应用于实验的选题与自主综合设计，通过自主和创造性设计实验研究项目，独立完成选题、实验设计、动手操作到结果分析和论文撰写的全过程。学生在实验过程中，通过仔细观察实验对象的各种变化，分析和掌握其发生的原因和机制，使学到的基础理论知识与实践更好地相结合，最终达到提高发现问题、提出问题、分析问题和解决问题能力的目的，并提高自身的自学能力、实践能力，培养创新思维，树立严谨的科学研究作风和科研创新精神。

四、综合性设计性实验的设计思路和原则

（一）实验设计的思路

1. 实验设计的含义

实验设计是指在正式进行科学实验之前，实验者根据一定的目的和要求，运用有关的科学知识、原理，对实验过程中的材料、手段、方法、步骤等全部方案的制订。

2. 实验设计的内容

一个完整的综合性设计性实验方案，一般包括以下几方面的内容。

1）明确实验的目的和原理　明确实验到底要解决什么问题，要用到什么原理。

2）确定实验思路　就是根据原理对实验做出假设，并对可能产生的现象做出预期，设计实验思路。

3）设计实验步骤　根据上述实验目的、原理和思路，设计出合理的实验装置和实验操作步骤。实验设计遵循以下几个要求：简便性、可行性、安全性和精确性。

4）记录实验现象和数据　在实验中将观察到的现象如实、准确地记录下来。可以用文字、数据或符号进行记录。

5）分析得出结论　根据实验观察到的现象和记录的数据，通过分析、计算、作图、推理等处理，归纳出一般概括性判断，并用文字、图表、绘图等方法作一个简明的总结。

3. 实验设计的关键环节

1）实验设计中的假说　在实验设计中，确定实验目的是一个实验假说的形成过程中的重要环节。实验假说需注意强调预见性、客观性和多样性。

2）实验材料和实验手段的选择　选择恰当的材料和手段，是所设计的实验能够达到预期结果的重要保证。

3）反应变量的确定和控制　依据实验条件和环境因素充分控制无关变量，使实验具有科学性，结果不受干扰。

（二）实验设计的原则

1. 科学性原则

科学性是实验设计的首要原则，是指实验目的要明确，实验原理要正确，实验材料和操作程序和方法的选择要恰当，整个设计思路和实验方法都要符合基本知识和基本原理以及其他学科领域的基本原则。

2. 可行性原则

可行性原则是指在设计实验时，从实验原理、实验的实施到实验结果的产生，都具有可行性。所选用的药品、仪器、设备和方法在现有的实验条件下能够得到满足。

3. 简便性原则

设计实验时，要考虑到实验材料容易获得，实验装置比较简单，实验药品便宜，实验操作过程简便，实验步骤少，实验时间短。

4. 安全性原则

安全性是指实验设计时应尽量避免使用有毒药品和具有一定危险性的实验操作。如果必须使用，应在所设计的实验方案中详细写明注意事项，如写清对操作方法、实验条件的具体要求以防造成环境污染和人身伤害。

5. 可重复性原则

重复、随机和对照是保证实验结果正确性的三大原则。因此，在实验设计中也必须注意实验的可重复性。任何实验部必须要有足够的实验次数，才能判断结果的可靠性。

五、综合性、设计性实验的基本步骤

（一）立题

以实验小组为单位，根据已学的基础知识提出自己感兴趣的实验研究项目，并利用图书馆及网络查阅相关的文献资料，了解国内外研究现状。

（二）方案设计的内容

实验小组在立题基础上，按照规定的格式写出实验的设计方案。综合性、设计性实验方案的内容应详细并具可操作性，具体的内容和格式要求如下。

（1）题目。

（2）立题依据（研究的目的、意义，以及欲解决的问题和国内外研究现状）。

（3）实验器材与药品（器材名称、型号、规格和数量；药品或试剂的名称、规格、剂型和使用量）。

（4）实验方法与操作步骤（包括实验的技术路线、实验的进程安排、每个研究项目的具体操作过程，以及设立的观察指标和指标的检测手段）。

（5）观察结果的记录。

（6）预期结果。

（三）实验准备

根据实验的设计方案，准备实验所需材料和样品。

（四）预实验

按照实验设计方案和操作步骤认真进行预实验。在预实验过程中，要做好各项实验的原始记录。实验结束后，应及时整理实验结果，发现和分析预实验中存在的问题和需要改进、调整的内容。

（五）正式实验

按照修改后的实验设计方案和操作步骤认真进行正式实验，做好各项实验的原始记录，实验结束后，及时整理实验数据。

（六）实验结果讨论分析

各实验小组对实验数据进行归纳和处理，汇报实验的结果。

第二节　设计构思必要的基础知识

一、实验设计的概念

综合性、设计性实验要求学生具备构建实验框架的思路和文献检索能力，具备相关理论知识和实验技能，具备较强的探索研究未知实验方法与结果的能力，具备求实精神和严谨的学风。所谓实验设计，就是要求学生设计实验原理，选择实验器材，安排实验步骤，设计数据处理方法及分析实验现象。它包括设计实验方案、设计实验步骤等。要求学生理解实验原理、灵活运用实验知识和基本技能，并具备分析问题和解决问题的能力及创造能力。

二、实验设计的基本理论

实验是科学研究过程中的一个重要环节，是在人为控制条件下，研究对象的变化，以其结果论证科学结论的一种科学方法。科学研究的方法通常分为以下几步。

（一）观察

观察是科学研究方法的第一步，这里的观察，是在处于自然常态条件下进行。对事物进行观察时必须周详，并将其记录下来。而尤为重要的是要保持客观的态度。

（二）提出问题

人们对事物作缜密观察以后，进一步提出值得探讨的、有意义的问题。因此，进行研究时，不仅要提出问题，而且要提出确切的问题。此外，对问题的表述，也要清楚而正确。

（三）假说

科学方法的第三步是假说。假说，也称假设或猜测，指用来说明某种现象但未经证实的论题，也就是对所提出的问题所做出的参考答案。假说一般分为两个步骤：第一步，提出假说，即依据发现的事实材料或已知的科学原理，通过创造性思维，提出初步假定；第二步，做出预期推断，即依据提出的假说，进行推理，得出假定性的结论。一个问题常有多个可能的答案，但通常只有一个是正确的。因此，假设是对还是错，还需要加以验证，即依据假设或预期，设计实验方案，进行实验验证。

（四）实验

实验是验证假说和解决问题的最终途径，指在人为控制的条件下研究事物的变化的一种方法。这是科学方法的最大特色，也是科学方法中最困难的一步。如何求证假设可充分展现研究者的能力。在科学实验中，要掌握或贯彻以下几点。

1. 对照性

在实验设计中，通常设置对照组，通过干预或控制研究对象以消除或减少实验误差，鉴别实验中的处理因素同非处理因素的差异。

实验设计中可采用的对照方法很多，除阳性对照、标准对照、自身对照、相互对照外，常采用空白对照，即不给对照组任何处理因素。值得强调的是，不给对照组任何处理因素是相对实验组而言的，实际上对对照组还是要做一定的处理，只是不加实验组的处理因素。

2. 随机性

实验设计中的随机原则，是指被研究的样本是从总体中任意抽取的。这样做的意义在于：一是可以消除或减少系统误差，使显著性测验有意义；二是平衡各种条件，避免实验结果中的偏差。

3. 平行重复

平行重复原则，即控制某种因素的变化幅度，在同样条件下重复实验，观察其对实验结果影响的程度。任何实验都必须能够重复，这是具有科学性的标志。上述随机性原则虽然要求随机抽取样本，这能够在相当大的程度上抵消非处理因素所造成的偏差，但不能消除它的全部影响。平行重复的原则就是为解决这个问题而提出的。

4. 单因子变量

单因子变量原则，即控制其他因素不变，只改变其中某一变量，观察其对实验结果的影响。除了整个实验过程中欲处理的实验因素外，其他实验条件要求做到前后一致。

（五）结论

观察、实验的价值即在于获得验证性的结果。因此，在实验中要记录实验的事实、现象和数据，即捕捉、记录由实验变量而带来的反应变量。然后，论证、说明实验中的自变量与因变量的因果关系，从而得到实验的结果。

（1）如果所获得的结果与假设相符，则肯定假设。

（2）如果结果与假设不相符，则否定假设。

（3）如果结果与假设无关，则无从判断。

科学实验必须遵循真实、客观的基本准则，即实验中的观察一定要实事求是，一切从实验出发，使获取的事实、现象、数据尽可能地反映客观事物的本来面目。以上科学方法是进行实验设计，制订实验方案的理论依据。

第三节　实验流程的设计要素

一般来说，完善的设计方案需具备以下几个条件：实验所需三大资源，即人力、物力和时间条件满足；实验设计的“三要素”和“六原则”均符合专业和统计学要求；对实验数据的收集、整理、分析等有一套规范的规定和正确的方法。而其中准确把握实验设计的“三要素”和“六原则”，是科学实验设计的核心。

一、实验设计的“三要素”

（一）实验对象

实验所用的材料即为实验对象。实验对象选择的合适与否直接关系到实验实施的易难，以及别人对实验新颖性和创新性的评价。一个完整的实验设计中所需实验材料的总数称为样本含量。最好根据特定的设计类型估计出较合适的样本含量。样本过大或过小都有弊端。

【案例】“家庭烹饪中微波加热对青椒中维生素C含量影响研究”这一设计性实验中，青椒就是本次实验的实验对象，或称为受试对象。样本取样量应该考虑以下几个方面。

（1）家用一次烹饪的青椒数量，结合家庭人口规模，取2～3个常用典型。

（2）结合微波加热条件组合的设计（一个组合3～5次重复），计算总体样本量。

（3）市售青椒采样的代表性。例如，在超市取样，一要考虑货架因素，选取具有代表性的货架位置抽样；二要考虑包装因素，尽量选有代表性的包装，内容物过少、过多或过奇特的包装都不能选。

考虑实验失败的可能性，样本数量应该适当放大。

（二）实验因素

所有影响实验结果的条件都称为影响因素，实验研究的目的不同，对实验的要求也不同。影响因素有客观与主观，主要因素与次要因素之分。研究者希望通过研究设计进行有计划的安排，从而能够科学地考察其作用大小的因素称为实验因素。

对评价实验因素作用大小有一定干扰性且研究者并不想考察的因素称为区组因素或称重要的非实验因素；其他未加控制的许多因素的综合作用统称为实验误差。最好通过一些预实验，初步筛选实验因素并确定取哪些水平较合适，以免实验设计过于复杂，实验难以完成。

> “家庭烹饪中微波加热对青椒中维生素C含量影响研究”中，微波因素包括加热时间、微波强度、放置位置。介质因素，包括油、水、调料等。形态因素，包括常见的青椒切割方式，如整体、半切、切丝、切丁等几种方式。

这些因素若都一起考察，就会过于复杂。而我们的重点在于考察微波因素，就可以通过一定的预备实验，首先考察确定次要的介质和形态因素的实验水平，然后重点放在微波三因素的组合考察上。

（三）实验效应

实验因素取不同水平时在实验单位上所产生的反应称为实验效应。实验效应是反映实验因素作用强弱的标志，它必须通过具体的指标来体现。要结合专业知识，尽可能多地选用客观性强的指标，在仪器和试剂允许的条件下，应尽可能多选用特异性强、灵敏度高、准确可靠的客观指标。对一些半客观（比如读pH试纸上的数值）或主观指标（对一些定性指标的判断上），一定要事先规定读取数值的严格标准，只有这样才能准确地分析自己的实验结果，从而也大大提高自己实验结果的可信度。

> “家庭烹饪中微波加热对青椒中维生素C含量影响研究”中，微波加热时间水平的确定应该考虑以下几个条件。
>
> （1）不同加热时间之间的维生素C测定数字有明显的区别，即实验效应显著。这与具体的测定方法有关，如果是紫外法测定，灵敏度不如荧光法，相应的显著效应水平差距就应该大一些。
>
> （2）加热时间有较为明确的实际意义。例如，如果烹饪绝对不会超过10min，选超过这个时间的水平，虽然也能看出差异，但是没有实际的指导价值。

二、实验设计的“六原则”

（一）随机原则

随机原则即运用“随机数字表”、“随机排列表”及计算机产生“伪随机数”实现随机化。尽量运用统计学知识来设计自己的实验，减少外在因素和人为因素的干扰。

（二）对照原则

空白对照组的设立：只有通过对照的设立我们才能清楚地看出实验因素在实验中所起的作用。当某些处理本身夹杂着重要的非处理因素时，还需设立仅含该非处理因素的实验组为实验对照组。历史或中外对照组的设立：这种对照形式应慎用，其对比的结果仅供参考，不能作为推理的依据。多种对照形式同时并存。

“家庭烹饪中微波加热对青椒中维生素C含量影响研究”中，空白对照除了应该考虑样品以外的药品，还应该考虑介质这个因素。

（三）重复原则

所谓重复原则，就是在相同实验条件下必须做多次独立重复实验。一般认为重复5次以上的实验才具有较高的可信度。

（四）平衡原则

一个实验设计方案的均衡性好坏关系到实验研究的成败。应充分发挥具有各种知识结构和背景的人的作用，群策群力，方可有效提高实验设计方案的均衡性。实验设计过程中要注意时间的分配，只有在时间上分配好了，才不会出现一段时间忙碌而一段时间清闲的情况。

一个设计性实验小组，应该包括资料查询、物资采购、组织协调、安全监察、技能特长五个方面人才的配合。在大实验中，设计时应该注意多人协同工作的协调方式。如果不同观测点是不同人测定，则需详细统筹测定方法以减少不同人操作造成的可能误差，同时规定各实验环节的衔接方式，避免漏点漏人。

（五）弹性原则

所谓弹性，指的是在时间分配上留有空缺。适当的空缺是非常必要的，只有这样才能富有弹性地实施实验计划，并不断地调整好自己的实验进度。

（六）最经济原则

不论什么实验，都有它的最优选择方案，这包括在资金的使用上，也包括人力时间的损耗上，必要时可以预测一下自己实验的产出和投入的比值，这个比值越大越好，这是以实验者所拥有的实验条件作基础的。

【案例】“大肠杆菌增殖曲线”这个实验，如果按部就班地测定，总体守候时间将近20h。但若是采用比浊法测定，因为每个观察点都是单独的一个繁殖样，可以考虑把繁殖时间需要少的试样，如0.5h点、2h点、4h点、6h点，安排在繁殖时间需要长的试样已经生长了一半左右时才开始。这样总体守候的时间将大大缩减，显然更为经济。

三、实验方案的评价

对所给出的实验方案做出分析、选择、判断或找出最佳方案，包含的知识点很多，能考查分析问题和解决问题的能力。

（一）选择

包括仪器的选择、药品的选择、连接方式的选择等。仪器的选择包括各类适用的装置；药品的选择包括种类、浓度、物态等；仪器组合连接方式的选择包括仪器的先后顺序、导管接口的连接等。

（二）评价

对几个实验方案的正确与错误、严密与不严密、准确与不准确做出判断，要考虑是否合理、有无干扰现象、经济效益高低和对环境有无污染等。

（三）最佳方案的选用

几个实验方案都能达到目的，分析各方案的优劣并选出其中最佳的一个。所谓最佳，是指装置最简单、药品容易取得且价格低廉、现象明显、无干扰物质以及无污染等。

第四节　设计方案的药品器材设计

一、药品器材设计原则

（1）统计每一环节的器材基本需求。

（2）统计可能的错误引起的需求数量增加幅度。

（3）统计药品应包括该类药品配制需要的药品，如一些染色液的配制，常需要乙醇。

下面以组织培养为例介绍。

（一）药品试剂配置

在植物组织培养中，所使用的化学药剂通常为化学试剂，根据它们的纯度化学试剂可以分为优级纯（GR）、分析纯（AR）、化学纯（CP）等规格。此外，还有工业专用、生化试剂等规格。在研究型的组织培养中，可以采用分析纯或优级纯的药剂，而在生产型的组织培养中，则可采用化学纯或工业纯的化学试剂。以MS培养基为例，其使用的常用化学药剂如下。

（1）硝酸铵：也称硝铵。化学式为NH_4NO_3，相对分子质量为80.048，其纯品为无色透明菱形结晶，相对密度1.73，易溶于水，并吸收大量的热，在空气中容易潮解。水溶液呈中性反应。由于硝酸铵是一种易燃、易爆物，因此在使用中应该储存在阴冷之处。已经结块的硝酸铵切忌敲打、撞击，可用水进行溶解。

（2）硝酸钾：也称火硝。化学式为KNO_3，相对分子质量为101.104，其纯品为无色透明的棱柱结晶，相对密度2.10，易溶于水，几乎不溶于无水乙醇。

(3) 氯化钙：也称无水氯化钙。化学式为 $CaCl_2$，相对分子质量为 110.99，其纯品为白色结晶，相对密度 2.15，在空气中具强吸湿性，易溶于水同时放出大量的热。

(4) 硫酸镁：也称泻盐。化学式为 $MgSO_4 \cdot 7H_2O$，相对分子质量为 246.50，其纯品为透明菱形结晶，相对密度 1.68，具苦味，易溶于水，不溶于乙醇，在空气中稍风化。

(5) 磷酸二氢钾：也称磷酸钾复合肥。化学式为 KH_2PO_4，相对分子质量为 136.09，其纯品为正方形无色结晶，相对密度 2.33，有较强的酸味，易溶于水，不溶于乙醇。溶液呈微酸性反应。磷酸二氢钾在 96℃时会溶化成透明的液体，这样就会转化为偏磷酸钾，因此在使用时注意不要使它经受高温环境。

(6) 碘化钾：化学式为 KI，相对分子质量为 166.02，其纯品为透明的小块结晶，相对密度 3.115，在干燥的空气中稳定，易溶于水，其水溶液在遇光后因析出游离碘而逐渐变黄。

(7) 硼酸：也称正硼酸。化学式为 H_3BO_3，相对分子质量为 61.84，其纯品为六角形白色鳞片状结晶，具珠光，相对密度 1.46，溶于水，易溶于乙醇，当加热至 107℃时会失去部分的水，而转变为偏硼酸。水溶液呈酸性反应。

(8) 硫酸锰：化学式为 $MnSO_4 \cdot 5H_2O$，相对分子质量为 241.07，其纯品为红色结晶，相对密度 2.1，具金属味，易溶于水，不溶于乙醇。在制备过程中，如果溶液在－4～6℃结晶，可制成七水硫酸锰（$MnSO_4 \cdot 7H_2O$）；在 20～40℃时，可获得四水硫酸锰（$MnSO_4 \cdot 4H_2O$）；在 280℃时加热，带有结晶水的硫酸锰直至恒重，则可获得无水硫酸锰（$MnSO_4$）。

(9) 硫酸锌：也称锌矾。化学式为 $ZnSO_4 \cdot 7H_2O$，相对分子质量为 287.55，其纯品为无色菱形结晶，相对密度 1.96，在干燥的空气中会风化，易溶于水，当 39℃时溶于所含结晶水，并转变为 $ZnSO_4 \cdot 6H_2O$。

(10) 钼酸钠：化学式为 Na_2MoO_4，相对分子质量为 241.98，其纯品为无色结晶，溶于水。

(11) 硫酸铜：也称胆矾。化学式为 $CuSO_4 \cdot 5H_2O$，相对分子质量为 249.71，其纯品为深蓝色结晶，相对密度 2.29，具强烈的金属味，易溶于水，在干燥的空气中容易风化，而变成白色粉末，即无水硫酸铜。水溶液呈弱酸性反应。

(12) 氯化钴：也称氯化亚钴。化学式为 $CoCl_2 \cdot 6H_2O$，相对分子质量为 372.26，其纯品为红色单斜结晶，相对密度 1.84，在室温下稳定，极易溶于水，可溶于乙醇。在 45～52℃时加热，会逐渐变为 $CoCl_2 \cdot 4H_2O$。

(13) 乙二胺四乙酸二钠：化学式为 $Na_2EDTA \cdot 2H_2O$，相对分子质量为 372.26，其纯品为白色结晶粉末，无味、无毒、可溶于水，容易和金属离子形成络合物。

(14) 硫酸亚铁：也称黑矾、铁矾。化学式为 $FeSO_4 \cdot 7H_2O$，相对分子质量为 278.02，其纯品为淡绿色结晶，相对密度 1.89，易溶于水，不溶于乙醇，在干燥空气中风化而变为白色粉末。

(15) 甘氨酸：也称氨基乙酸。化学式为 $C_2H_5NO_2$，相对分子质量为 75.07。纯品为白色结晶粉末。味甜，能溶于水，微溶于醇，几乎不溶于醚。233℃开始分解。密封避光保存。

(16) 肌醇：也称环己六醇。化学式为 $C_6H_{12}O_6$，相对分子质量为 180.16。为构建细胞壁的材料。它在离子平衡、磷脂代谢、碳水化合物合成等过程中起着重要的作用。

(17) 烟酸：也称维生素 B_5。化学式为 $C_6H_5NO_2$，相对分子质量为 123.11。纯品为无色针状结晶。无气味，在空气中稳定，能溶于水、乙醇，不溶于醚、酯类溶剂。熔点236℃。密封避光保存。

(18) 盐酸吡哆醇：也称维生素 B_6、盐酸吡哆素。化学式为 $C_8H_{12}ClNO_3$，相对分子质量为205.64。纯品为白色结晶。无气味，在空气中稳定，能溶于水、乙醇，不溶于酸。205～212℃分解。密封避光保存。

(19) 盐酸硫胺素：也称维生素 B_1。化学式为 $C_{12}H_{17}ClN_4OS \cdot HCl$，相对分子质量为337.28。纯品为白色结晶。在空气中稳定，能溶于水、乙醇，不溶于酸。密封避光保存。

(20) 6-苄基腺嘌呤：缩写为BA，也称6-BA、普鲁马林。是一种植物生长调节剂，化学式为 $C_{12}H_{11}N_5$，相对分子质量为225.26。纯品为白色结晶，熔点235℃，难溶于水，易溶于丙酮、乙醇等有机溶剂，在酸性介质中较为稳定。其主要的生理作用为能够促进蛋白质的合成，诱导芽分化，延缓叶衰老，促进细胞分裂。

(21) 萘乙酸：缩写为NAA，也称α-萘乙酸、生长素、1-萘乙酸。是一种植物生长调节剂，化学式为 $C_{12}H_{10}O_2$，相对分子质量为186.20。纯品为白色针状结晶，熔点133～135℃，沸点285℃（分解）。在冷水中微溶，在热水中易溶，易溶于冰醋酸、丙酮、乙醚等有机溶剂。在空气中潮解，见光会变色。它有α和β两种类型，通常所说的萘乙酸指的是α型。其主要生理作用为能够诱导根分化，防止器官脱落，诱导无籽果实，促使种子萌发等。

(22) 腺嘌呤：缩写为AD，化学式为 $C_5H_5N_5 \cdot 3H_2O$，相对分子质量为189.13。纯品为白色结晶粉末。在空气中稳定，微溶于水。它是合成细胞分裂素的前体，主要的生理功能为促进细胞分裂。

(23) 赤霉酸：缩写为 CA_3，也称激动素、滥长素、九二零等。是一种植物激素，纯品为八面体双锥形白色结晶，熔点233～235℃（分解），难溶于水，其钾盐、钠盐易溶于水，易溶于丙酮、甲醇、乙醇。赤霉素的化学性质比较稳定，但应该在低温环境下进行储藏，其水溶液不稳定。其主要的生理作用为促进细胞的伸长，防止离层形成，能够解除休眠。

(24) 蔗糖：化学式为 $C_{12}H_{22}O_{11}$，相对分子质量为342.30。纯品为无色单斜型结晶、白色颗粒或晶体粉末。味甜，在空气中稳定，易溶于水，能溶于乙醇，可被稀酸水解为果糖、葡萄糖。在160～180℃分解。密封保存。

(25) 琼脂：也称洋菜。是从石花菜等海藻中所提取的白色黏胶状物质，在热水中能溶解，其溶液遇冷凝固，可用于配制培养基，作为外植体的支撑物。

(26) 肌醇：化学式为 $C_6H_{12}O_6$，相对分子质量为180.16。纯品为白色结晶粉末，有甜味，在空气中不潮解。溶于水，微溶于醇，熔点225～227℃。密封保存。

（二）设备配置

在植物组织培养过程中，根据所培养的植物种类、生产规模选择合适的器材、设施是十分必要的，只有这样才能确保整个操作过程的顺利进行。在器材、设施的选择上，不要贪大求洋，应该在其实用性上多下工夫。在研究型的组织培养操作中，往往对器材、设施的要求较高；而在生产型的组织培养中，则对器材、设施的要求较为粗放，因此管理者必须根据实际情况来进行培养器材、设施的选择。

在植物组织培养的过程中，从外植体的采收到试管苗的定植都必须要在特定的环境中进行。例如，培养基的配制要在专用的器材、设施中进行；外植体的接种也要在专用的器材、设施中进行。应该根据植物组织培养不同阶段的需要，选择不同的器材、设施。只有从降低投入、提高工效、节约劳力等诸方面加以考虑，才能降低培养成本、提高培养效率。

在植物组织培养过程中，所使用的器材种类较多，但它们通常可以分为通用器械、盛具、计量器械、灭菌器械、接种器械、培养器械等几种类型。在使用这些容器、设备时，必须要了解它们的基本用途，并学会它们的基本用法。例如，不能给容量瓶加热；必须用磨砂玻璃灯罩来熄灭正在燃烧的酒精灯；应该定期更换超净工作台的无菌滤膜等。详细操作可参考具体设备、容器的使用说明。

1. 通用器械

(1) 烧杯：用来盛放、溶解化学药剂等。常用的规格有 50mL、100mL、250mL、500mL、1000mL。

(2) 烘箱：用来烘干器械。

(3) 恒温水浴：用来溶解琼脂等物质。

(4) 玻璃搅拌棒：用来配制培养基。

(5) 洗耳球：用来辅助吸取、转移少量液体。

(6) 冰箱：用来储存化学药剂、植物材料等。

(7) 牛角勺：用来转移化学药剂。

(8) 玻璃漏斗：用来过滤溶液。

(9) 剪刀：用来修剪外植体或剪切嫩茎。

(10) 器械架：在无菌操作期间用来放置灭菌的器械。

2. 各种盛具

(1) 搪瓷浅盘：用来承载各种器械容器。

(2) 塑料盆：用于清洗培养容器。

(3) 铁丝筐：用来盛放灭菌容器等物品。

(4) 纯水水桶：用来存放去离子水或蒸馏水。常用的规格有 10L、20L。

(5) 塑料桶：用来存放洗涤溶液、废弃溶液。

(6) 各种规格的磨砂玻璃瓶：用来盛放培养母液，以及各种植物生长物质。

3. 计量器械

(1) 量筒：用来量取一定体积的液体。常用的规格有 25mL、50mL、100mL、500mL、1000mL。

(2) 容量瓶：用来配制标准溶液。常用的规格有 50mL、100mL、500mL、1000mL。

(3) 大肚移液管：用来吸取定量溶液。常用的规格有 1mL、5mL、10mL。

(4) 刻度移液管：用来吸取定量溶液。常用的规格有 1mL、5mL、10mL。

(5) 移液管架：用来放置、固定移液管。

(6) 酸度计：用来检测液体的 pH。

(7) 药物天平：用来称取配制培养基的药品。

(8) 分析天平：用来称取少量化学试剂，进行化学分析。

4. 灭菌器械

(1) 磨砂口玻璃瓶：用来对植物材料进行表面灭菌。

(2) 酒精灯：用来进行接种器材的表面灭菌。

(3) 细菌过滤器：用来过滤不能进行高温灭菌的试剂溶液。

(4) 无菌滤纸：用来吸取器材、植物材料表面的水分。

(5) 无菌脱脂棉：用来进行器械、植物材料表面的灭菌处理。

(6) 真空泵：用来吸滤灭菌。

(7) 高压灭菌锅：对培养基、接种器材进行灭菌处理。

(8) 可调试电炉：用来加热高压灭菌锅。

(9) 皮下注射器：用来对溶液进行过滤、除菌。

(10) 紫外线灭菌灯：用来对接种室、培养室、操作室等工作环境进行灭菌处理。

5. 接种器械

(1) 超净工作台：用来过滤通过接种工作台面的空气，以便进行无菌操作。

(2) 小型喷雾器：装载灭菌药液，用来给超净工作台等处喷雾灭菌。

(3) 钝头镊子：在接种操作、继代培养时移取植物材料。

(4) 尖头镊子：用来分离植物材料。

(5) 解剖刀：用来切割植物材料。

(6) 打孔器：用来切取大小一致的圆柱形植物材料。

(7) 双目显微镜：在解剖较小的外植体时，用来观测材料。

(8) 细菌滤膜：用来进行溶液的常温除菌。

(9) 接种针：用来转移细胞团、愈伤组织。

6. 培养器械

(1) 试管：用来作为外植体的培养容器。常用的规格有 2cm×15cm、3cm×15cm。

(2) 培养皿：用来作为外植体的培养容器。常用的规格有直径 9cm、12cm。

(3) 锥形瓶：即三角烧瓶，主要作为培养器材，常用的规格有 50mL、100mL。

(4) 显微镜：用来观察植物材料。

(5) 成套载玻片：用来制作植物材料显微制片。

(6) 铝箔：用于培养容器封口。

(7) 橡皮筋：用来束紧培养容器的封口材料。

(8) 血球计数器：用来进行植物细胞计数。

(9) 空调：用来调节操作间、培养室的温度。

(10) 摇床：用来进行细胞悬浮培养。

第二章 实验参考资料的检索

实验参考资料的检索，也就是查找文献，即以科学的方法利用专门的工具，从大量的文献资料中迅速、准确、完整地查找到文献资料的过程。按检索手段可分为手工检索和机器检索。手工检索是人直接查找印刷型文献的检索，主要借助图书馆来完成。机器检索又称计算机检索，是通过机器对已数字化的信息，按照设计好的程序进行查找和输出的过程。按机器检索的处理方式分，又包括脱机检索和联机检索；按存储方式分，包括光盘检索和网络检索。机检可大大提高检索效率，拓宽检索领域。目前计算机检索包括光盘数据库检索、网络数据库检索和互联网信息检索。以下介绍实验参考资料检索手段中的计算机检索。

第一节 常用实验设计参考资料相关检索系统介绍

一、数据库

（1）中国期刊全文数据库（China National Knowledge Infrastructure），是由清华同方光盘股份有限公司组织实施的中国知识基础设施工程，包含全文文献 618 万篇，题录 1500 余万条，分九大专辑，126 个专题文献数据库。网址是：http://www. cnki. net/。

（2）中国生物医学文献光盘数据库，简称 CBMdisc，是中国医学科学院医学信息研究所开发、研制的综合性医学文献数据库。

（3）中国生物医学期刊数据库（Chinese medical current contents，CMCC），是解放军医学图书馆数据库研究部研制开发的书目型数据库，收集了 1994～1998 年国内正式出版和内部发行的生物医学刊物 1000 余种。

（4）万方数据资源系统，由万方数据股份有限公司建立，其产品包括 12 大类 100 多个数据库，包含 2300 万份数据资源，分为科技信息（文摘）、数字化期刊（全文）和商务信息三个子系统。网址是：http://www. wanfangdata. com. cn/。

（5）维普中文期刊数据库，由科技部西南信息中心直属的重庆维普资讯公司编辑出版，收录 1989 年以来 12 000 种中文期刊题录文摘和全文，分 36 个专辑。其中医药卫生期刊 1000余种，年文献量 13 万条。网址是：http://www. tydata. com/。

（6）Medline，收录印刷本美国《医学索引》、《牙科文献索引》、《国际护理索引》的内容。网址是：http://ncbi. nlm. nih. gov/pubmed。

（7）Elsevier Science，是一家设在荷兰的历史悠久的跨国科学出版公司，该公司出版的期刊是世界公认的高品位学术期刊，且大多数为核心期刊，被世界上许多著名的二次文献数据库所收录。

（8）Springer，目前 Springer Link 所提供的全文电子期刊共包含 439 种学术期刊（其中近 400 种为英文期刊)，按学科分为以下 11 个“在线图书馆”：生命科学、医学、数学、化学、计算机科学、经济、法律、工程学、环境科学、地球科学、物理学与天文学，是科研人员的重要信息源。

(9) Wiley InterScience，收录了 360 多种科学、工程技术、医疗领域及相关专业期刊，30 多种大型专业参考书，13 种实验室手册的全文和 500 多个题目的 Wiley 学术图书的全文。其中被 SCI 收录的核心期刊近 200 种。具体学科涉及：生命科学与医学、数学统计学、物理、化学、地球科学、计算机科学、工程学、商业管理、金融学、教育学、法律、心理学等。网址是：http://www3. interscience. wiley. com/。

二、可提供生物医学相关期刊的网站

(1) HighWire Press，全球最大的提供免费自然科学文献全文的网站之一，由斯坦福大学图书馆于 1995 年建立，现收录有 4500 多种 Medline（生物医学数据库）期刊的 1500 多万篇文章。网址是：http://highwire. stanford. edu。

(2) Free Medical Journals，免费医学期刊网站，将开放获取期刊分免费、出版 1～6 个月后免费、出版 1 年后免费、出版 2 年后免费 4 类，目前收集了 430 余种免费获取期刊。网址是：http://www. freemedicaljournals. com/。

三、网络搜索引擎（常用的中文搜索引擎）

(1) 雅虎中国 http://cn. yahoo. com，有免费电子邮件、公文包、聊天室、新闻等信息和服务。

(2) 新浪 http://www. sina. com. cn

(3) 搜狐 http://www. sohu. com

(4) 3721 中文网址搜索引擎 http://www. 3721. com

(5) LYCOS 中国 http://www. lycos. com. cn

(6) 北大天网 ftp 搜索引擎 http://bingle. pku. edu. cn

(7) 蕃薯藤 http://www. yam. com. tw

第二节　实验参考资料的检索技巧

综合性大实验的目的是提高学生的基本实验技能，树立其创新意识，提高其创新能力。“创新”贯穿实验的整个过程，从实验的立题、实验材料的选择、实验方案的确立到最后实验结果的论证，都离不开文献资料的查阅。一般说来，完整的文献检索过程包括以下几个步骤。

一、分析检索课题，明确检索要求

需要明确以下两点。

1) *课题内容特征*　　课题所属学科；课题包含的主要概念，概念包含的分支及其相互关系；课题包含概念的英文表达形式、同义词、缩写等多种书写形式。

2) *课题形式特征*　　检索年限，一般选取最近 10 年的文献资料；文献语种；文献类型，是期刊文献还是会议论文等。

二、选择检索工具，确定检索方法

1）*核心检索系统*　文献覆盖范围全，检索规则严密，可链接全文，如前文介绍过的 Medline 数据库和 CBM（中国生物医学文献数据库）。

2）*全文数据库*　绝大部分文献均有全文，如前文介绍的中国期刊网、Elsevier。

三、确定检索标识（包含文献的外部特征和内部特征）

1）*文献外部特征*　著者、文献号、书名、刊名等。

2）*文献内部特征*　分类语言（分类号）、关键词、主题词及其他（如属种名、分子式等）。

四、文献检索途径

主题途径，关键词途径，题名途径，著者途径，分类途径，序号途径，其他途径（如美国《化学文摘》有分子式索引）。

五、制订检索策略，执行检索

针对生物大类综合性实验的特点，我们将实验资料的检索分为以下几大步骤，以不同温度对柑橘维生素 C 含量的影响为例，示范实验资料检索的过程。

（一）实验前参考资料检索

实验前参考资料检索主要是根据实验题目，查阅相关资料，从中选择有用的资料，这一步骤对整个实验成败至关重要。一般说来，实验前参考资料检索得越全面、越详细，实验过程就越清晰，实验结果也越科学。实验前参考资料检索主要解决以下几个问题。

（1）实验课题目前的研究现状，包括国内和国外相关研究进展。

（2）实验方案的设计资料查询。在了解研究现状的前提下，结合本实验室的实际情况，提出切实可行的实验方案。

（3）具体操作方法的查询。包括仪器设备的使用说明、特殊药品的性质以及所需试剂的配制方法。在进行具体资料查阅以前，首先对实验课题进行分析。本课题具有实际意义的关键词组有“温度”、“柑橘”、“维生素 C”，同义词为“抗坏血酸”，扩展词为“水果”。

1. 以“维生素 C”或者“抗坏血酸”为主题词搜索

查到的结果是 55 541 篇文章（图 2-1）。

2. 以“温度”为关键词在结果中查询

得到 202 篇文章（图 2-2）。

3. 在全文查询“柑橘”或者“水果”

得到 8 篇文献（图 2-3）。

4. 其他搜索引擎查阅

如果以上数据库查询的资料不能满足我们实验设计的需要，还可以使用其他中文搜索引擎查阅，如 Baidu、Yahoo 中国等，以 Baidu 为例，以“维生素 C 测定”为关键词查询结果如图 2-4 所示。

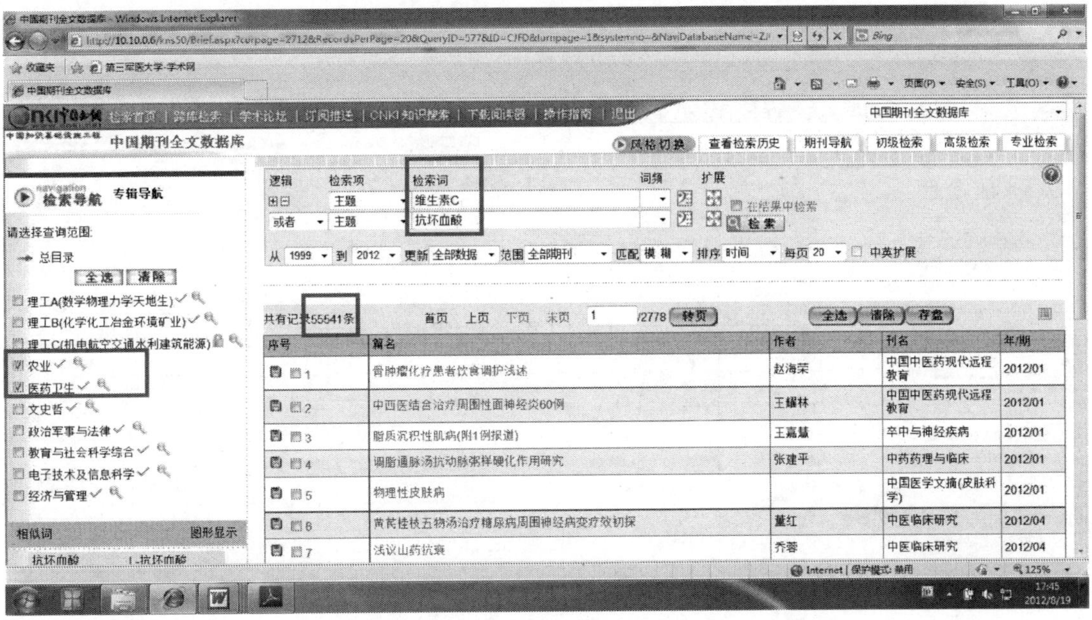

图 2-1　以“维生素 C”或“抗坏血酸”为关键词的查询结果

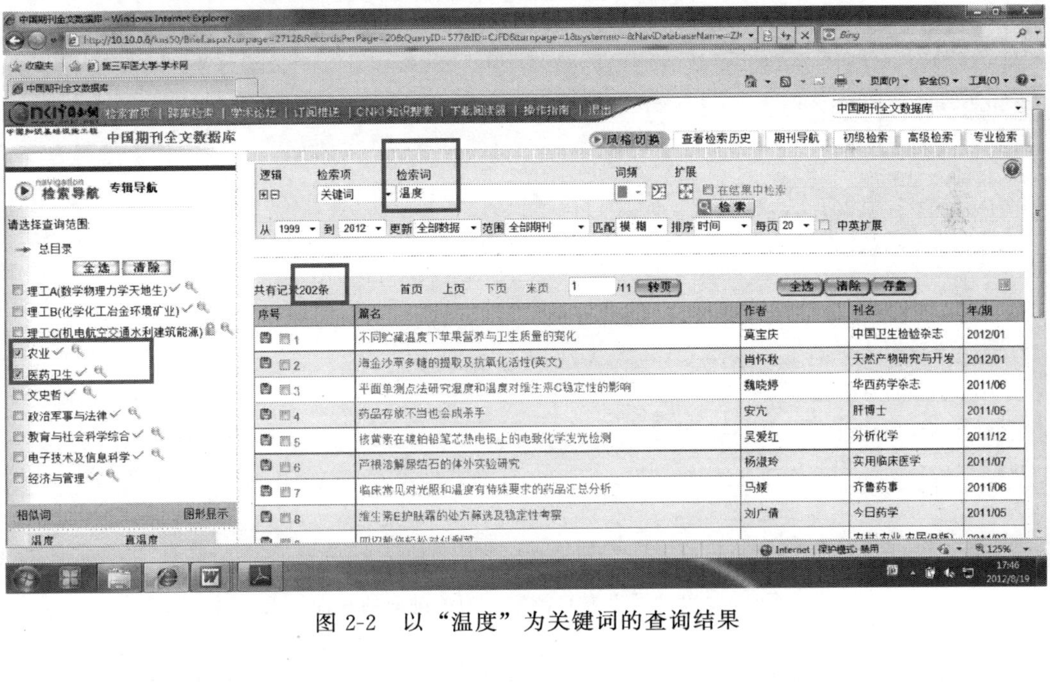

图 2-2　以“温度”为关键词的查询结果

5. 文献资料的阅读

从以上结果得知，在材料的查询过程中，动辄得到几十甚至上百篇的参考资料，参考资料的阅读质量直接影响我们立题的新意以及深度，一般说来，材料的阅读有以下三种形式。

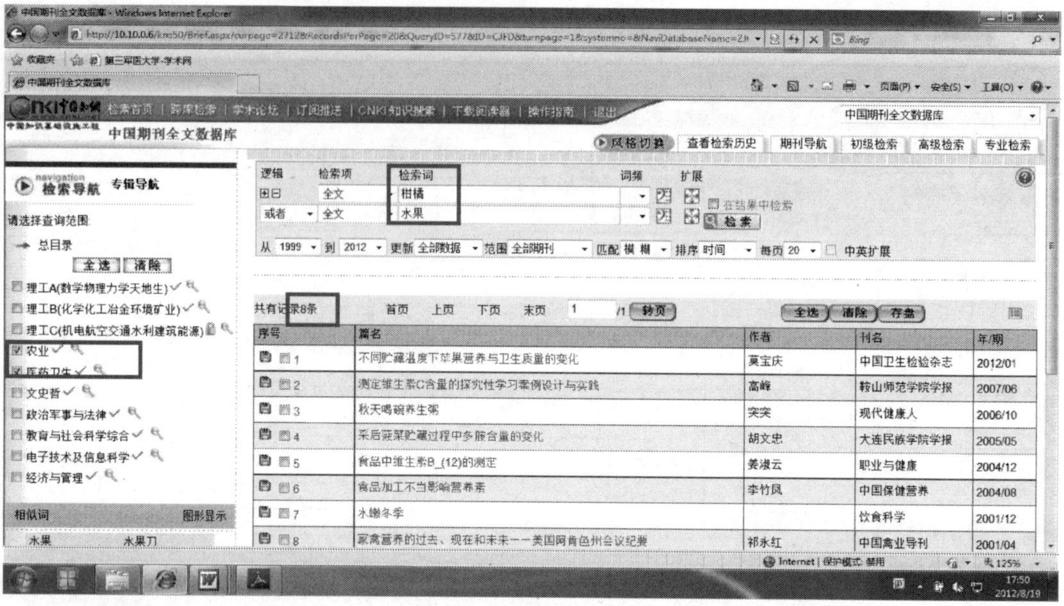

图 2-3　全文查询“柑橘”或“水果”的查询结果

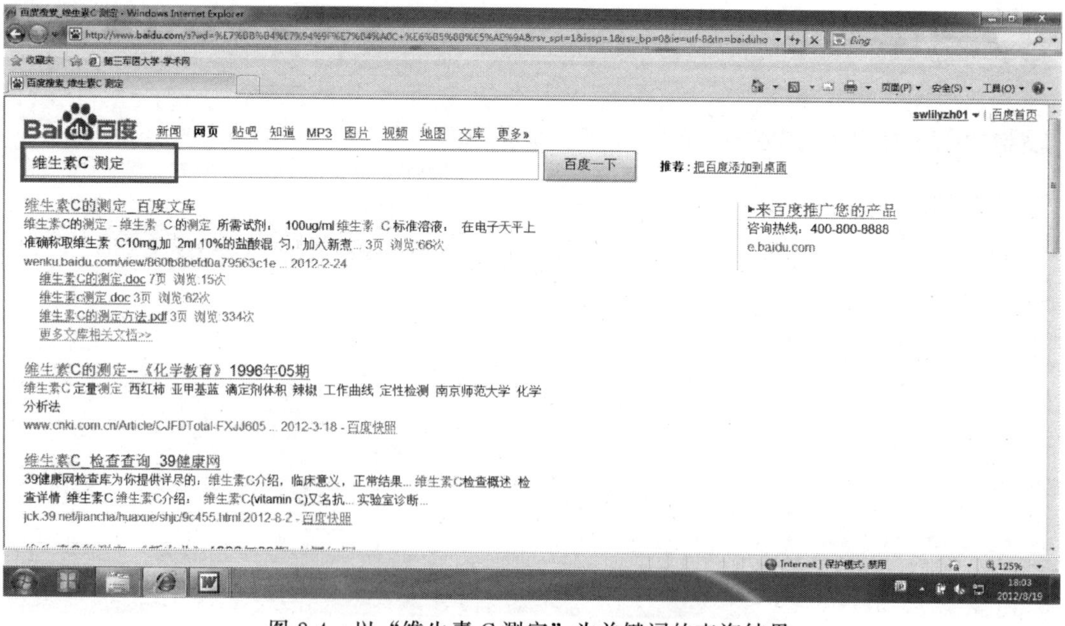

图 2-4　以“维生素 C 测定”为关键词的查询结果

（1）略读。了解材料的目录、大意、写作意图。略读以后，要作出初步判断，为有用的资料做上记号。

（2）速读。全面地、不加删减地读完材料全文，通过速读把材料分为三类：①有一般参考价值或有待斟酌的；②值得引用、内容精辟、观点新颖的；③没有参考价值或观点前后矛盾的。

（3）精读。将以上两种阅读过程中认为有参考价值的、值得引用的、观点新颖的材料仔细阅读。一般说来，应该先从综述资料入手，通过综述资料的查询，要得到关于本课题国内外目前发展的状况，有哪些最新的进展以及经典的实验方法，课题关键词及主题词等的英文表达形式，等等。综述资料的阅读，是为了对重点文献的精读做准备。需要注意的是，根据参考文献确定实验方案一定要和本实验室的实际情况相结合。以本实验为例，通过文献阅读可知，目前维生素C测定方法较多，有关维生素C的测定方法如荧光法、2,6-二氯酚靛酚滴定法、2,4-二硝基苯肼法、光度分析法、化学发光法、电化学分析法及色谱法等，各种方法对实际样品的测定均有令人满意的效果。但是，结合本实验室的药品以及仪器设备情况，我们最终只能在2,6-二氯酚靛酚滴定法、2,4-二硝基苯肼法、光度分析法三者中间选择。结合本实验对温度变化的要求，假设我们选择较容易操作的2,6-二氯酚靛酚滴定法，那么接下来还要查询2,6-二氯酚靛酚滴定法的相关文献，如实验操作步骤、具体试剂的配制、实验过程中的注意事项等。具体操作同上。

（二）实验结果分析过程中的资料检索

通过上面的文献检索，我们确定了实验方案，并且按照方案完成了实验，得到的实验结果还需要查阅文献以判断其可靠性及准确性。如本实验的结果，假设温度为4℃、24℃、44℃时，对应的维生素含量分别为24.5mg/100g、20.7mg/100g、25.9mg/100g，从结果可以看出，随着温度的升高到44℃，维生素C含量也增高，这一结果是否和理论相符呢？以维生素C和温度为关键词，查询结果有44篇文献（图2-5），由文献可知，维生素C稳定性与温度成反比，温度越高，维生素C含量应该越低。根据这一结果，在结果讨论中应该分析导致这一结果的原因。

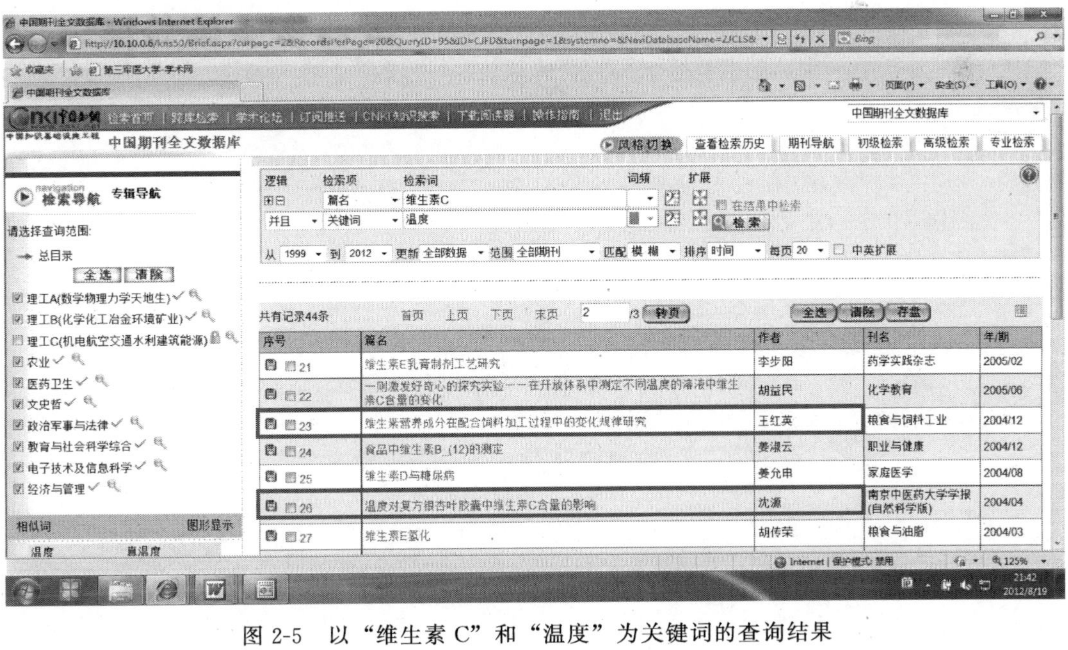

图2-5　以“维生素C”和“温度”为关键词的查询结果

第二部分

综合性大实验实例

第三章 专业基础实验

第一节 生物化学部分

一、生物化学实验设计的特点概述

（一）化学与生物化学

化学与生物化学的概念区别

化学是研究物质的组成、结构、性质（组成和结构是本性的内在根源，性质是本性的外在表现）和物质的变化以及伴随着这些变化而发生的种种现象，并研究各种物质间的规律性联系和物质变化的规律的科学。一句话，化学是研究物质的本性及其变化的科学。世界是由物质组成的，化学则是人类用以认识和改造物质世界的主要方法和手段之一，它是一门历史悠久而又富有活力的学科，它的成就是社会文明的重要标志。

生物化学是用化学的原理和方法，研究生命现象的学科，通过研究生物体的化学组成、代谢、营养、酶功能、遗传信息传递、生物膜、细胞结构及分子病等，阐明生命现象，即运用化学的理论和方法研究生命物质的边缘学科。

（二）化学与生物化学的研究内容差异

1. 化学研究的主要内容

平衡、溶液、电化学、物质结构等的基本原理，元素及其化合物；在基本原理的基础上，进一步讨论元素及其化合物的性质与反应。

2. 生物化学的研究内容

（1）研究组成生物体的大分子结构与功能。

（2）研究生物体生理活动现象（如物质代谢与调节、遗传信息传递与调控）等。

（3）研究生物体代谢反应所需要的催化剂——酶。

二、生物化学实验概念

生物化学实验课程是生物工程专业基础课程，是为了配合生物化学理论课的教学而开设的一门实验课程。任务是使学生了解和掌握生物化学基本实验技术的原理和方法，并具有实际应用和独立分析问题、解决问题的能力。通过教学，使学生了解分光光度法、层析、电泳、离心等基本实验技术的基础理论，掌握其实验技术中的基本技能，并具有综合应用其基本实验技术和优化实验条件的能力。

所以，生物化学实验是指人们运用生化理论基础知识，根据研究的目的，利用科学仪器对组成生命物质的成分、分子水平物质的结构组成成分及活性进行定性和定量分析的科学。

该课程的教学内容主要突出实验技术的基础性和实用性，把基本的生物化学实验技术融入到具体的系列实验中，在验证性实验的基础上，将其逐步提升为综合性、设计性大实验。通过该课程的学习，使学生全面掌握生物化学实验技术与方法，包括对实验实施、实验观察、实验记录、实验数据处理和实验结果分析的一系列实验过程的掌握。在此基础上进一步培养学生对实验构思与设计、综合运用理论知识与实验技能及辩证分析问题的基本素质和实验操作技能。使学生学会如何利用实验手段进行科学研究，提高学生从事科学研究的综合素质。

在掌握了相关实验的基本原理之后，为了培养学生的创新思维和独立分析问题、解决问题的综合能力，将实验中的部分内容提升为学生自主设计实验的内容。鼓励学生用所学到的知识和技能，利用本实验室现有的仪器设备和试剂等条件，老师提出要求，学生以 2～3 人为一组，从网络上查阅相关资料，设计出一个综合性、探索性的实验方案，并派代表依据小组设计的实验方案发言，在经过学生讨论、实验教师点评的基础上学生修改实验设计方案，经过确认后，学生实施实验。在执行实验过程中，依据设计—讨论—确认—试剂量的计算及配制—实验观察—测定—结果记录—分析讨论—完成实验报告的顺序，学生均以小组为单位分工合作完成。

这种“理论—实践—理论—综合实践”的过程能使学生深刻理解生物化学实验的技术与理论知识紧密结合的重要性，并熟练运用已经学习的多种实验技术，充分利用本实验室已有的实验设备和条件，将自己的思想、想法付诸实践。学生自主设计实验将实验的技术性、综合性、探索创新性融合在一起，通过学生的独立实验设计，激发学生对进行生物化学观察的兴趣，使其充分运用观察仪器，在观察中寻找问题和发现问题，培养学生的创新思维和独立分析问题、解决问题的能力。在设计性与综合性实验中，要求学生养成实事求是的科学态度，对实验结果的数据，无论其符不符合自己的预期结果，均要如实记录，并实事求是地作出相应的结论。这门课程的开设，从根本上转变了生命科学专业学生的知识结构，推动了教学内容现代化的进程。

三、缓冲溶液的配制

缓冲溶液是一种能在加入少量酸、碱或水时大大减小 pH 变化的溶液，即由一定物质所组成的溶液，在加入一定量的酸、碱或水时，其氢离子浓度改变甚微或几乎不变，此种溶液称为缓冲溶液。这种作用称为缓冲作用，其溶液内所含物质称为缓冲剂。缓冲剂的组成，多为弱酸及这种弱酸与强碱所组成的盐，或弱碱与强碱所组成的盐。调节二者的比例可以配制成各种不同 pH 的缓冲液。例如，某一缓冲液由弱酸（HA）及其盐（BA）所组成，它的解离方程式如下：

$$HA \rightleftharpoons H^+ + A^-$$

$$BA \rightleftharpoons B^+ + A^-$$

若向缓冲液中加入碱（NaOH），则

$$HA + NaOH \longrightarrow NaA(弱酸盐) + H_2O$$

若向缓冲液中加入酸（HCl），则

$$BA + HCl \longrightarrow BCl(弱酸) + HA$$

由此可见，向缓冲液中加酸或加碱，主要的变化就是溶液内弱酸（HA）的增加或减少。因为弱酸（HA）的解离度很小，所以它的增加或减少对溶液内氢离子浓度影响不大，可起到缓冲作用。

【实例 1】乙酸钠（以 NaAc 表示）与乙酸（以 HAc 表示）缓冲液。加入盐酸溶液，其缓冲作用为

$$HAc + NaAc + HCl \longrightarrow 2HAc + NaCl$$

加入氢氧化钠溶液，共缓冲作用为

$$HAc + NaAc + NaOH \longrightarrow 2NaAc + H_2O$$

【实例 2】磷酸钠与酸性磷酸钠缓冲液。加入盐酸溶液，其缓冲作用为

$$NaH_2PO_4 + Na_2HPO_4 + HCl \longrightarrow 2NaH_2PO_4 + NaCl$$

加入氢氧化钠溶液，其缓冲作用为

$$NaH_2PO_4 + Na_2HPO_4 + NaOH \longrightarrow 2Na_2HPO_4 + H_2O$$

四、玻璃器皿的相关知识

（一）清洗方法

清洁的玻璃器皿是实验得到正确结果的先决条件，因此，玻璃器皿的清洗是实验前的一项重要准备工作。清洗方法根据实验目的、器皿的种类、所盛放的物品、洗涤剂的类别和沾污程度等的不同而有所不同。现分述如下。

1. 新玻璃器皿的洗涤方法

新购置的玻璃器皿含游离碱较多，应在酸溶液内浸泡 4～6h。酸溶液一般用 2%的盐酸或洗涤液。浸泡后用自来水冲洗干净并晾干。放置在器皿柜中备用。

2. 使用过的玻璃器皿的洗涤方法

（1）试管、培养皿、三角烧瓶、烧杯等可用瓶刷或海绵沾上肥皂或洗衣粉或去污粉等洗涤剂刷洗，然后用自来水充分冲洗干净。热的肥皂水去污能力更强，可有效地洗去器皿上的油污。洗衣粉和去污粉较难冲洗干净而常在器壁上附有一层微小粒子，故要用水多次甚至10 次以上充分冲洗，或可用稀盐酸摇洗一次，再用水冲洗干净后，放置于搪瓷盘上，放入烘箱内烘干。

玻璃器皿经洗涤后，若内壁的水是均匀分布成一薄层，表示油垢完全洗净，若挂有水珠，则还需用洗涤液浸泡数小时，然后再用自来水充分冲洗。

若需精确配制化学药品，或科研上精确实验用的玻璃器皿，要求自来水冲洗干净后，再用蒸馏水淋洗 3 次，晾干或烘干后备用。

（2）玻璃吸管吸过血液、血清、糖溶液或染料溶液等的玻璃吸管，使用后应立即投入盛有自来水的量筒或塑料桶内，免得干燥后难以冲洗干净。待实验完毕，再集中冲洗。若吸管顶部塞有棉花，则冲洗前先将吸管尖端与装在水龙头上的橡皮管连接，用水将棉花冲出，然

后再装入吸管自动洗涤器内冲洗，没有吸管自动洗涤器的实验室可用冲出棉花的方法多冲洗片刻。必要时再用蒸馏水淋洗。洗净后，放搪瓷盘中晾干，若要加速干燥，可放烘箱内烘干。

吸管的内壁如果有油垢，同样应先在洗涤液内浸泡数小时，然后再行冲洗。

（二）使用方法

1. 量筒的使用

量筒是最普通的量取液体的仪器，它是一种厚壁的，有刻度的玻璃圆筒，量筒的体积有数种。实验中应根据所取液体的体积大小来选用，量取液体时，用拇指和食指拿住量筒的上部，让量筒竖直，使视线与量筒内液体弯月面最低点保持水平，然后读出量筒上的刻度，视线偏高或偏低都会造成误差。

2. 容量瓶的使用

容量瓶常用于制备一定体积的准确浓度的溶液，它是一种细颈梨形的平底玻璃瓶，带有磨口塞子，颈上标有刻度线和使用温度。

容量瓶除有无色的还有棕色的，供制备避光的溶液。容量瓶的规格有：5mL，10mL，25mL，50mL，100mL，200mL，500mL，1000mL，2000mL。根据制备的溶液量的大小选用。

用容量瓶配制溶液，一般先将溶质在烧杯中用少量溶剂溶解，再将溶液沿玻璃棒转移到容量瓶中，烧杯用少量溶剂冲洗 2～3 次并入瓶中，而后一边加溶剂一边摇动容量瓶，使溶液逐步稀释。这样，可避免混合后体积的变化。当稀释至溶液面接近标线时，应等待 1～2min，使附在瓶颈内壁的溶剂流下，且液面上的小气泡消失后，再逐滴加入溶剂恰至刻度，即溶液弯月面最低点和标线相切。这时溶液还是不均匀的，必须将容量瓶塞好塞子，反复倒置并用力摇动几次，使溶液充分混合均匀（图 3-1）。

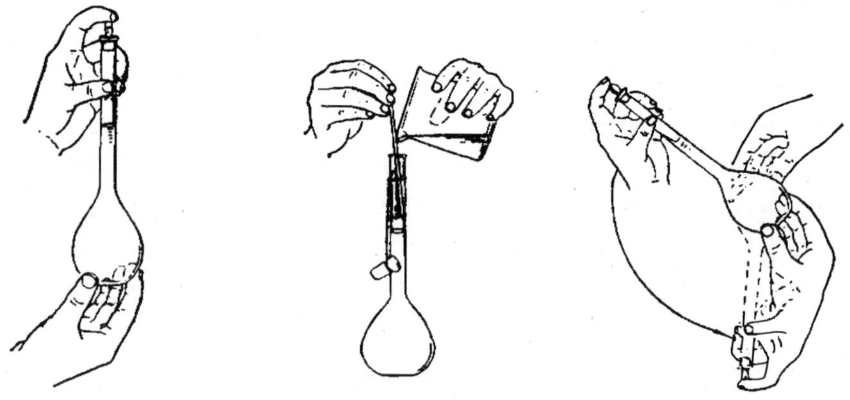

容量瓶的拿法　　溶液转移入容量瓶　　振荡容量瓶

图 3-1　容量瓶的使用

注意事项：①容量瓶使用前先检查瓶塞是否漏水；②烧杯、容量瓶使用前要洗净，并用蒸馏水漂洗 2～3 次；③配好的溶液不要储存在容量瓶中；④用后及时用水洗净。

3. 移液管的使用

移液管用于量取一定体积的液体，常用的有刻度直管式和单标线胖肚式，前者称为吸量管，后者称为移液管，两者的使用方法基本相同。

移液管常用规格有 20mL 和 25mL，使用温度为 20℃或 25℃。移液管使用前，应将其洗净，即依次用洗液、自来水、蒸馏水洗至内壁不挂水珠为止。以移液管吸取液体时，用右手拇指和中指拿住移液管上端管口下 2～3cm 处，使管下端伸入液面下 2～3cm（不应伸入太深，以免外壁沾有过多液体，但也不应太浅，以免液面下降时吸入空气），左手将洗耳球捏紧（赶走空气）后，将洗耳球的小口对准移液管管口并慢慢放松，缓缓地吸上液体。注意移液管中液面上升的情况，也要注意令移液管随容器中液面下降而往下伸，当液体从移液管上升到刻度标线以上 1～2cm 时，迅速移开洗耳球，用右手食指堵住上部管口。提起移液管，将移液管下端靠在容器壁上，稍松食指，同时用拇指及中指轻轻转动管身，使液面缓慢、平稳地下降，直到溶液的弯月面最低点与标线相切，立即停止转动并按紧食指，使液体不再流出，取出移液管移入准备接受溶液的容器中，仍使其出口尖端接触器壁，并让接受容器倾斜而使移液管直立。右手拇指及中指继续拿住移液管，抬起食指，使液体自由地顺器壁流下。待全部液体流尽后约等 15s，然后取出移液管，不要将移液管中最后一滴吹出（图 3-2）。

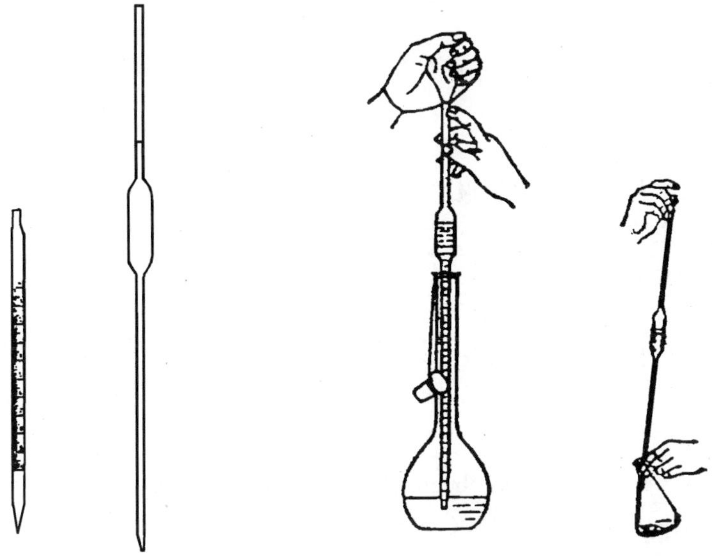

吸量管　移液管　(1) 用洗耳球吸取溶液　(2) 放液体法

图 3-2　移液管的使用

移液管用完后，应立即放在专用架上，不可在桌上乱放，短时间内不再用它吸取同一溶液时，应立即洗净后放回原处。

五、生物化学实验设计实例

设计性实验的要求有如下几点。

（1）老师给出题目，要求学生以 2～3 人为小组，上网或查阅相关的资料进行了解，小组讨论提出实验方案。

（2）实验检测方法可相同，但选用材料上要求有差异，要注意修正由于材料不同而造成提取方法上的差异性。

（3）也可自己设计其他的实验手段，但要求注意实验方案的合理性、安全可靠性，必须定量测量蛋白质的含量。

（4）所用的材料自己准备，所需试剂浓度与用量自己要计算好。

（5）设计性实验方案要提前两周交老师，由老师组织全班学生讨论，经过审核同意后方能执行。

六、常用生物化学实验参考资料

（一）参考教材

1. 王秀奇，秦淑媛，高天慧，等. 1999. 基础生物化学实验. 2版. 北京：高等教育出版社

2. 李建斌等. 2005. 生物化学实验原理和方法. 2版. 北京：北京大学出版社

3. 蒋立科，罗曼. 2007. 生物化学实验设计与实践. 北京：高等教育出版社

4. 杨安钢，刘新平，药立波. 2008. 生物化学与分子生物学实验技术. 北京：高等教育出版社

5. 陈钧辉，李俊. 2008. 生物化学实验. 4版. 北京：科学出版社

（二）参考期刊

1. 中国生物化学与分子生物学报
2. 生物化学与生物物理学报
3. Biochemistry（美国）
4. Biochemical Journal（英国）
5. Journal of Biological Chemistry

（三）参考网站

1. 中国生化网：http://www.cbcchem.com.cn/
2. 生物帮：http://www.bio1000.com/
3. 生化仪器网：http://www.bio17.net/
4. 美国生物化学教材：http://www.biology.arizona.edu/biochemistry/biochemistry.html
5. 互联网科学杂志——生物化学：http://www.netsci-journal.com
6. Chemistry & Biology：http://biomednet.com/cbiology/cmb.htm
7. 生物化学和生物物理学协会：http://www.elsevier.nl/catalogue
8. 生物化学资源：http://www.biores.com
9. 生物化学：http://www.missouri.edu/

七、生物化学实验实例

实例一：考马斯亮蓝 G-250 法测定蛋白质含量

【实验目的】

学习和掌握考马斯亮蓝 G-250 测定蛋白质含量的原理和方法。

【实验原理】

由 Bradford 于 1976 年建立的考马斯亮蓝法，是根据蛋白质与染料相结合的原理设计的。这一方法是目前灵敏度最高的蛋白质测定法。

其突出优点包括：①灵敏度高；②测定快速、简便，只需加一种试剂；③干扰物质少。所以，考马斯亮蓝法可以用于电泳分离蛋白质和比色测定蛋白质含量。

考马斯亮蓝 G-250 测定蛋白质含量属于染料结合法的一种。考马斯亮蓝 G-250 在游离状态下呈红色，当它与蛋白质结合变为青色，前者最大光吸收在 465nm，后者在 595nm。在一定蛋白质浓度范围内（0～1000μg/mL），蛋白质-色素结合物在 595nm 波长下的光吸收与蛋白质含量成正比，故可用于蛋白质的定量测定。蛋白质与考马斯亮蓝 G-250 结合在 2min 左右达到平衡，完成反应十分迅速，其结合物在室温下 1h 内保持稳定；该反应非常灵敏，可测微克级蛋白质含量。

【实验试剂和器材】

1. 试剂

牛血清白蛋白；考马斯亮蓝 G-250；乙醇；磷酸（85%）。

2. 仪器

紫外可见分光光度计；离心机；万分之一分析天平；恒温水浴锅；10mL 量筒；研钵；烧杯；10mL 容量瓶；刻度吸管；具塞刻度试管；漏斗，漏斗架；剪刀。

3. 材料

黄豆芽。

【实验步骤】

1. 标准曲线的制作

1）0～100μg/mL 标准曲线的制作　　取 6 支试管，按下表数据配制 0～100μg/mL 牛血清白蛋白溶液各 1mL。

管号	1	2	3	4	5	6
1000μg/mL 牛血清白蛋白量/mL	0	0.02	0.04	0.06	0.08	0.10
蒸馏水量/mL	1.00	0.98	0.96	0.94	0.92	0.90
蛋白质含量/μg	0	20	40	60	80	100

准确吸取所配各管溶液 0.1mL，分别放入 10mL 具塞试管中，加入 5mL 考马斯亮蓝 G-250 蛋白试剂，盖塞，将试管中溶液纵向倒转混合，放置 2min 后用 10mm 光径的比色杯在 595nm 下比色并做出标准曲线。

2）0～1000μg/mL 标准曲线的制作　另取 6 支试管，按下表数据配制 0～1000μg/mL 牛血清白蛋白溶液各 1mL。

管号	7	8	9	10	11	12
1000μg/mL 牛血清白蛋白量/mL	0	0.2	0.4	0.6	0.8	1.0
蒸馏水量/mL	1.0	0.8	0.6	0.4	0.2	0
蛋白质含量/μg	0	200	400	600	800	1000

与步骤 1）操作相同，做出 0～1000μg/mL 的标准曲线。

2. 样品提取液中蛋白质浓度的测定

称取黄豆芽下胚轴 2g 放入研钵中，加 2mL 蒸馏水研成匀浆，转移到离心管中，再用 6mL 蒸馏水分次洗涤研钵，洗涤液收集于同一离心管中，放置 0.5～1h 以充分提取，然后在 4000r/min 离心 20min，弃去沉淀，将上清液转入容量瓶，以蒸馏水定容至 10mL 待测。

测定：吸取提取液 0.1mL（需做一次重复），放入具塞刻度试管中，加入 5mL 考马斯亮蓝 G-250 蛋白试剂，充分混合，放置 2min 后，用 10mm 光径比色杯在 595nm 下比色，记录吸光度，并通过查标准曲线得到每毫升溶液中蛋白质的含量。以标准曲线中 1 号试管做空白对照。

3. 结果计算

$$\text{样品蛋白质含量（}\mu\text{g/g 鲜果）}=\frac{A\times\dfrac{\text{提取液总体积（mL）}}{\text{测定取用体积（mL）}}}{\text{样品重（g）}}$$

式中，A 为在标准曲线上查得的蛋白质含量，单位为 μg。

【附注】

（1）蛋白质标准溶液的配制：称取 100mg 牛血清白蛋白，溶于 100mL 蒸馏水中，即为 1000μg/mL 的原液。

（2）考马斯亮蓝 G-250 蛋白试剂的配制：称取 100mg 考马斯亮蓝 G-250，溶于 50mL 90%乙醇中，加入 85%（W/V）的磷酸 100mL，最后用蒸馏水定容到 1000mL。此溶液可在常温下存放一个月。

（3）蛋白质与考马斯亮蓝 G-250 结合的反应十分迅速，在 2min 左右反应达到平衡；其结合物在室温下 1h 内保持稳定。因此测定时，不可放置太长时间，否则将使测定结果偏低。

【思考题】

制作标准曲线及测定样品时，为什么要将各试管中溶液纵向倒转混合？

实例二：紫外吸收法测定蛋白质含量

【实验目的】

（1）掌握紫外分光光度法测定蛋白质含量的原理。

（2）学习紫外分光光度计的仪器原理及使用方法。

【实验原理】

紫外吸收法有以下优点：①测定快速、简便和不消耗样品；②低浓度盐类不干扰测定，样品可回收。所以，适用于提纯的蛋白质，在蛋白质和酶的生物化学制备中广泛应用。

由于蛋白质中存在着含有共轭双键的酪氨酸和色氨酸，因此蛋白质具有吸收紫外光的性质，吸收高峰在 280nm 波长处。在此波长范围内，蛋白质溶液的吸收值与其浓度成正比，可作定量测定。本法的缺点如下。

（1）对于测定那些与标准蛋白质中酪氨酸和色氨酸含量差异较大的蛋白质，有一定的误差。故该法适于测定与标准蛋白质氨基酸组成相似的蛋白质。

（2）若样品中含有嘌呤、嘧啶等吸收紫外光的物质，会出现较大干扰。例如，在制备酶的过程中，层析柱的流出液内有时混杂有核酸，应予以校正，核酸强烈吸收波长为 280nm 的紫外光，它对 260nm 紫外光的吸收更强。但是，蛋白质恰恰相反，280nm 的紫外吸收值大于 260nm 的紫外吸收值。利用它们的这些性质，通过计算可以适当校正核酸对于测定蛋白质浓度的干扰作用。但是，因为不同的蛋白质和核酸的紫外吸收是不相同的，虽然经过校正，测定结果还存在着一定的误差。

【实验试剂和器材】

1. 试剂

标准蛋白质溶液：从下述溶液中任选一种。

（1）牛血清白蛋白溶液：准确称取经凯氏定氮法校正的结晶牛血清白蛋白，配制成浓度为 1mg/mL 的溶液。

（2）卵清蛋白质溶液：将约 1g 卵清溶于 100mL 0.9%氯化钠溶液中，离心，取上清液。按微量凯氏定氮法测其蛋白质含量，用 0.9%氯化钠溶液稀释至蛋白质浓度为 1mg/mL。

2. 仪器

紫外分光光度计；吸量管；试管和试管架。

3. 材料

白萝卜。

【实验步骤】

1. 标准曲线的制作

管号	1	2	3	4	5	6	7	8
标准蛋白质溶液/mL	0	0.5	1.0	1.5	2.0	2.5	3.0	4.0
蒸馏水/mL	4	3.5	3.0	2.5	2.0	1.5	1.0	0
蛋白质浓度/(mg/mL)	0	0.125	0.25	0.375	0.50	0.625	0.75	1.0
A 值或 OD_{280}								

按上表分别向每支试管内加入各种试剂，混匀。选用光程为 1cm 的石英比色杯，在 280nm 波长处分别测定各管溶液的吸光度。以吸光度为纵坐标，蛋白质浓度为横坐标，绘出标准曲线。

2. 样品提取液中蛋白质浓度的测定

称取去皮的白萝卜 2g 放入研钵中，加 2mL 蒸馏水研成匀浆，转移到离心管中，再用

6mL 蒸馏水分次洗涤研钵，洗涤液收集于同一离心管中，放置 0.5h 充分提取，然后在 4000r/min 离心 20min，弃去沉淀，将上清液转入容量瓶，以蒸馏水定容至 10mL 待测。

取待测溶液 1mL，加入蒸馏水 3mL，混匀，在 280nm 的光密度值处进行比色，并从标准曲线上查出待测蛋白质的浓度。

3. 某些溶液蛋白质浓度的测定

将待测的蛋白质溶液稀释至光密度为 0.2～2.0，在波长 260nm 和 280nm 处，分别测出光密度值（OD_{260}和 OD_{280}）。计算出 OD_{280}/OD_{260} 的比值后，从下表中查出校正因子 F 值，同时可查出该样品内混杂的核酸的百分含量，将 F 值代入，再由下述经验公式直接计算出该溶液的蛋白质浓度。

$$蛋白质浓度(mg/mL) = F \times \frac{1}{d} OD_{280} \times D$$

式中，OD_{280} 为该溶液在 280nm 波长下的光密度值；d 为石英比色杯的厚度（cm）；D 为溶液的稀释倍数。

附表：

紫外吸收法测定蛋白质含量的校正因子

OD_{280}/OD_{260}	核酸/%	校正因子	OD_{280}/OD_{260}	核酸/%	校正因子
1.75	0.00	1.116	0.846	5.50	0.656
1.63	0.25	1.081	0.822	6.00	0.632
1.52	0.50	1.054	0.804	6.50	0.607
1.40	0.75	1.023	0.784	7.00	0.585
1.36	1.00	0.994	0.767	7.50	0.565
1.30	1.25	0.970	0.753	8.00	0.545
1.25	1.50	0.944	0.730	9.00	0.508
1.16	2.00	0.899	0.705	10.00	0.478
1.09	2.50	0.852	0.671	12.00	0.422
1.03	3.00	0.814	0.644	14.00	0.377
0.979	3.50	0.776	0.615	17.00	0.322
0.939	4.00	0.743	0.595	20.00	0.278
0.874	5.00	0.682			

【思考题】

1. 本方法有何缺点及优点？
2. 若样品中含有核酸类杂质，应如何校正？

实例三：双缩脲法测定蛋白质含量

【实验目的】

（1）学习和掌握蛋白质含量测定的原理。

（2）掌握双缩脲法测定蛋白质含量的操作技术。

【实验原理】

双缩脲法的优点：较快速，不同的蛋白质产生颜色的深浅相近。

双缩脲法的缺点：灵敏度差。双缩脲法是实验室常用的方法，常用于需要快速得到结果的实验，但并不十分精确。

双缩脲（$NH_3CONHCONH_3$）是两分子尿素经 180℃左右加热后，释放出一分子氨后得到的产物。

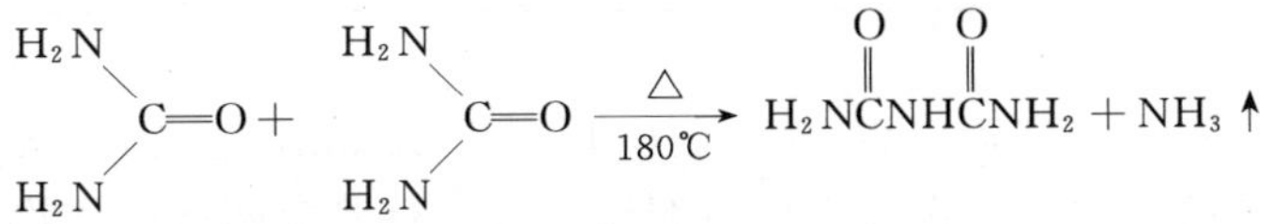

在强碱溶液环境下，双缩脲与 $CuSO_4$ 形成紫色络合物，称为双缩脲反应：

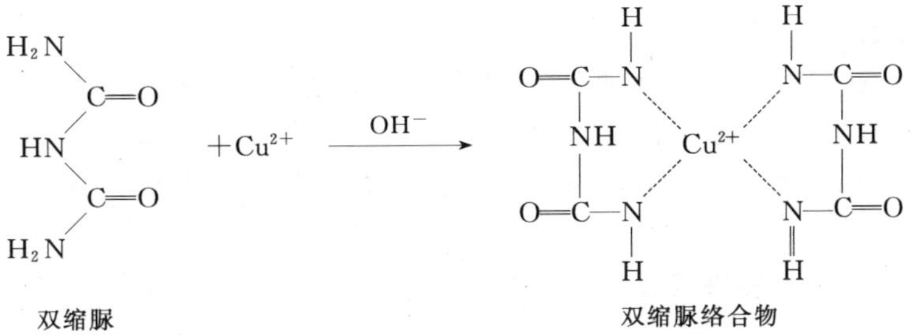

凡具有两个酰胺基或两个直接连接的肽键，或通过一个中间碳原子相连的肽键，这类化合物都有双缩脲反应。紫色络合物颜色的深浅与蛋白质浓度成正比，而与蛋白质分子质量及氨基酸成分无关，故可用来测定蛋白质含量。可测定 1～10mg 蛋白质。干扰这一测定的物质主要有硫酸铵、Tris 缓冲液和某些氨基酸等。

【实验试剂和器材】

1. 试剂

（1）标准蛋白质溶液：用标准的结晶牛血清白蛋白（BSA），配制成 10mg/mL 的标准蛋白溶液。

（2）双缩脲试剂：称以 1.50g 硫酸铜（$CuSO_4 \cdot 5H_2O$）和 6.0g 酒石酸钾钠（$KNaC_4H_4O_6 \cdot 4H_2O$），用 500mL 水溶解，在搅拌下加入 300mL 10% NaOH 溶液，用水稀释到 1000mL，储存于棕色试剂瓶中。此试剂可长期保存。若试剂瓶中有黑色沉淀出现，则需要重新配制。

2. 仪器

可见分光光度计；试管 15 支等。

3. 材料

绿豆芽。

【实验步骤】

1. 标准曲线的制作

取 6 支试管，分别加入 0mL，0.2mL，0.4mL，0.6mL，0.8mL，1.0mL 的标准蛋白质溶液，用蒸馏水补足到 1mL，然后加入 4mL 双缩脲试剂。

管号	1	2	3	4	5	6
10mg/mL 的牛血清标准溶液/mL	0	0.2	0.4	0.6	0.8	1.0
蒸馏水/mL	1.0	0.8	0.6	0.4	0.2	0
双缩脲试剂/mL	4	4	4	4	4	4
蛋白质浓度/(mg/mL)	0	2.0	4.0	6.0	8.0	10.0
A 值（540nm）						

将各管充分摇匀后，在室温（20～25℃）下放置 30min，于 540nm 处进行比色测定。用未加蛋白质溶液的第一支试管作为空白对照液。取平行测定两次的平均值，以蛋白质的含量为横坐标，吸光度为纵坐标绘制标准曲线。

2. 样品的测定

样品的提取：称取黄豆芽下胚轴 2g 放入研钵中，加 2mL 蒸馏水研成匀浆，转移到离心管中，再用 6mL 蒸馏水分次洗涤研钵，洗涤液收集于同一离心管中，放置 30min 充分提取，然后在 4000r/min 离心 20min，弃去沉淀，将上清液转入容量瓶，以蒸馏水定容至 10mL 待测。

取 3 支试管，按照下表进行操作：

管号	1	2	3
待测液/mL	0	1.0	1.0
蒸馏水/mL	1.0	0.0	0.0
双缩脲试剂/mL	4	4	4
A 值（540nm）			

将各试管充分摇匀后，在室温（20～25℃）下放置 30min，于 540nm 处进行比色测定，根据吸光度查标准曲线，求出比色液中的蛋白质含量。

注意样品浓度不要超过 10mg/mL。

3. 结果计算

根据待测溶液的吸光度查标准曲线，查出所取待测液的蛋白质含量 m(μg)；提取液总体积为 V(mL)，样品鲜重为 M(g)，测定时加样量为 V_1(mL)；计算物体中的蛋白质含量，公式如下：

$$\text{蛋白质含量} = (Vm)/(V_1M)$$

【思考题】

干扰本实验的因素有哪些?

【学生设计性实验案例】

考马斯亮蓝 G-250 法测定蛋白质含量

本组人员：董银晓 吴舒洁 孙婷 谢阳

【实验目的】

学习与掌握考马斯亮蓝 G-250 法（Bradford 法）测定蛋白质含量的原理和方法。

【实验原理】

考马斯亮蓝G-250在游离状态下呈红色，当它与蛋白质结合后变成青色，前者最大光吸收在465nm，后者在595nm。在一定的蛋白质浓度范围内（0～1000mg/mL），蛋白质-色素结合物在595nm波长下的光吸收与蛋白质含量成正比，故可用于蛋白质的定量测定。

Bradford法的突出优点如下。

(1) 灵敏度高，据估计比Lowry法约高4倍，其最低蛋白质检测量可达1mg。

(2) 测定快速、简便，只需加一种试剂。完成一个样品的测定，只需要5min左右。

(3) 干扰物质少。如干扰Lowry法的K^+、Na^+、Mg^{2+}、Tris缓冲液、蔗糖、甘油、巯基乙醇、EDTA等均不干扰此测定法。

此法的缺点如下。

(1) 由于各种蛋白质中的精氨酸和芳香族氨基酸的含量不同，因此Bradford法用于不同蛋白质测定时有较大的偏差，在制作标准曲线时通常选用牛血清白蛋白为标准蛋白质，以减少这方面的偏差。

(2) 仍有一些物质干扰此法的测定，主要的干扰物质有：去污剂、Triton X-100、十二烷基硫酸钠（SDS）和0.1mol/L NaOH。

(3) 标准曲线也有轻微的非线性，因而不能用Beer定律进行计算，只能用标准曲线来测定未知蛋白质的浓度。

【实验试剂和器材】

1. 试剂

(1) 标准蛋白质溶液：称取100mg牛血清白蛋白，溶于100mL蒸馏水中，制得1000μg/mL的原液。

(2) 考马斯亮蓝G-250染料试剂：称100mg考马斯亮蓝G-250，溶于50mL 95%的乙醇后，再加入120mL 85%的磷酸，用水稀释至1L。

2. 仪器

可见分光光度计；离心机；分析天平（万分之一）；量筒，10mL×1；烧杯；移液管，1mL×2；试管，10mL×14；漏斗，漏斗架。

3. 材料

奶粉。

【实验步骤】

1. 标准曲线的制作

(1) 0～100μg/mL标准曲线的制作：按如下数据配制0～100μg/mL牛血清白蛋白溶液各1mL。

加入试剂及蛋白质含量	管号					
	1	2	3	4	5	6
1000μg/mL标准牛血清白蛋白溶液/mL	0	0.02	0.04	0.06	0.08	0.10
蒸馏水量/mL	1.00	0.98	0.96	0.94	0.92	0.90
蛋白质含量/μg	0	20	40	60	80	100

准确吸取所配各管溶液 0.1mL，分别放入 10mL 试管中，加入 5mL 考马斯亮蓝 G-250 蛋白试剂，纵向倒转混合，放置 2～5min 后即可开始用比色皿，在分光光度计上测定各样品在 595nm 处的吸光度 A_{595}。

注意：不可使用石英比色皿（因不易洗去染色），可用塑料或玻璃比色皿，使用后立即用少量 95%的乙醇荡洗，以洗去染色。塑料比色皿决不可用乙醇或丙酮长时间浸泡。

（2）0～1000μg/mL 标准曲线的制作：另取 6 支试管，按如下数据配制 0～1000μg/mL 牛血清白蛋白溶液各 1mL。

加入试剂及蛋白质含量	管号					
	7	8	9	10	11	12
1000μg/mL 牛血清蛋白量/mL	0	0.2	0.4	0.6	0.8	1.0
蒸馏水量/mL	1.0	0.8	0.6	0.4	0.2	0
蛋白质含量/μg	0	200	400	600	800	1000

与（1）操作相同，以标准蛋白质量（μg）为横坐标，以吸光度 A_{595} 为纵坐标，作图，即得到一条标准曲线。

2. 样品溶液中蛋白质浓度的测定

将一包奶粉（20g）溶于 180mL 水中，吸取溶液 0.1mL（需重复做一次），放入试管中，加入 5mL 考马斯亮蓝 G-250 蛋白试剂，充分混合，放置 2min 后用 10mm 光径比色杯在 595nm 下比色，记录 A 值（吸光度），并通过标准曲线查得每毫升溶液中蛋白质的含量。以标准曲线 1 号试管作空白对照。

【结果计算】

$$样品蛋白质含量(\mu g/mL)=\frac{A\times\dfrac{提取液总体积}{测定取用体积}}{样品重(g)}$$

式中，A 为在标准曲线上查得的蛋白质含量，单位为 μg。

【注意事项】蛋白质与考马斯亮蓝 G-250 结合的反应十分迅速，在 2min 左右反应达到平衡；其结合物在室温下 1h 内保持稳定。因此测定时不可放置太长时间，否则将使测定结果偏低。

【参考文献】

1. 蔡武成，袁厚积. 1982. 生物物质常用化学分析法. 北京：北京工业大学出版社. 93-99

2. 张龙翔，张庭芳，李令媛. 1981. 生化实验方法和技术. 北京：高等教育出版社. 164-169

3. 秦建. 生物化学实验（自编教材）. 56-59

点评：小组团队能认真查阅相关文献材料，善于思考，能借鉴与学习别人的实践经验，设计出较好的实验方案，实验方案可行，实验结果符合要求。通过本实验增强了学生对学习的兴趣，提高了学生动脑、动手等能力。

双缩脲法测定蛋白质含量

吴双迟组

【实验原理】

双缩脲（$NH_2CONHCONH_2$）是两个尿素分子经 180℃左右加热，放出一个氨分子后得到的产物。在强碱性溶液中，双缩脲与硫酸铜形成紫色的络合物，称为双缩脲反应。凡是有两个酰胺基或两个直接连接的肽键，或能够以一个中间碳原子相连的肽键，这类化合物都有双缩脲反应。紫色络合物颜色的深浅与蛋白质浓度成正比，而与蛋白质分子质量及氨基酸成分无关，故可用来测定蛋白质的含量。

【实验步骤】

取待测样品制成蛋白质浓度为 1～10mg/mL 的蛋白质溶液，加双缩脲试剂染色 30min，用可见分光光度计进行比色，对照标准曲线得出样品蛋白质含量。每个样品做 3 次重复测定，取平均值。

【实验备注】

双缩脲法适用于被测的三种样品，实验操作简便迅速，但其缺点是灵敏度较低，蛋白质含量为 1～20mg/mL 时测定结果较准确。因此实验前要估计被测样品的蛋白质含量，把样品稀释至蛋白质浓度为 1～20mg/mL。

【参考文献】

1. 李宁. 2006. 几种蛋白质测定方法的比较. 山西农业大学学报，26（2）：132-134
2. 蔡武成，袁厚积. 1982. 生物物质常用化学分析法. 北京：北京工业大学出版社
3. 张龙祥，张庭芳，李令媛. 1981. 生物实验方法和技术 . 北京：高等教育出版社
4. 杨玉芳. 2007. 蛋白质含量测定方法. 明胶科学与技术，27（2）：98-101

实例四：维生素 C 含量测定

方法一　2,6-二氯酚靛酚滴定法测定维生素 C 含量

【实验目的】

学习利用 2,6-二氯酚靛酚滴定法测定维生素 C 含量的原理和操作方法。

【实验原理】

维生素 C（抗坏血酸）是水溶性维生素，在碱性溶液中加热并有氧化剂存在时，抗坏血酸易被氧化破坏。抗坏血酸具有很强的还原性，在中性和酸性环境中，能还原 2,6-二氯酚靛酚为无色的还原型 2,6-二氯酚靛酚。而抗坏血酸同时被氧化成脱氢抗坏血酸。氧化型的 2,6-二氯酚靛酚在酸性溶液中呈红色，在中性或碱性溶液中呈蓝色。因此，当用 2,6-二氯酚靛酚滴定含有抗坏血酸的酸性溶液时，在抗坏血酸尚未全部被氧化时，滴下的 2,6-二氯酚靛酚立即被还原成无色。但溶液中的抗坏血酸一旦被氧化完时，则滴下的 2,6-二氯酚靛酚立即使溶液呈现红色。所以，当溶液从无色转变成微红色时，即表示溶液中的抗坏血酸刚刚全部被氧化，此时即为滴定终点。从滴定 2,6-二氯酚靛酚标准溶液的消耗量，可以计算出被测物质中抗坏血酸的含量。

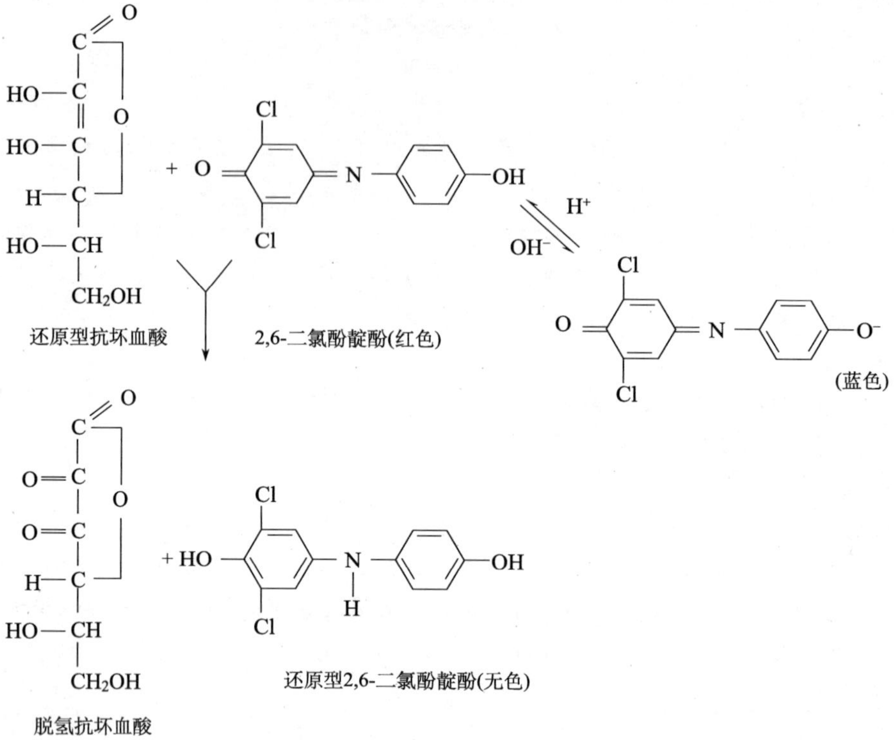

【实验试剂和器材】

1. 试剂

2%草酸；0.001mol/L 2,6-二氯酚靛酚溶液；1%草酸；1mL 含 0.1mg 抗坏血酸的标准溶液。

2. 仪器

100mL 锥形瓶；10mL 移液管；1mL 移液管；微量滴定管；100mL 容量瓶；小漏斗；研钵。

3. 材料

白萝卜等。

【实验步骤】

(1) 准确称取萝卜 5g 放入研钵中，立即加 2%草酸 10mL 迅速研磨，放置片刻，将上层清液移入 100mL 容量瓶中，残渣留于研钵中，加少量 2%草酸，如此反复提取 2～3 次，最后连同残渣一并移入容量瓶中，用 1%草酸定容至刻度，用脱脂棉过滤瓶中的提取液，收集清液备用。

(2) 测定：取上述提取液 10mL 于锥形瓶中，用 5mL 微量滴定管以 0.001mol/L 2,6-二氯酚靛酚溶液进行滴定，滴定至溶液出现粉红色，并保持 0.5min 还不褪色即达终点，整个滴定过程要迅速，不宜超过 2min。因本滴定条件下，一些非维生素 C 还原物质的还原作用较迟缓，快速滴定可以避免或减少它们的影响。

(3) 标准滴定：准确吸取新配制的 0.1mg/mL 抗坏血酸标准液 1mL 于锥形瓶中，用 1%草酸稀释至 10mL。用 0.001mol/L 2,6-二氯酚靛酚进行滴定至粉红色能存在 15s 为终点，记下用去的2,6-二氯酚靛酚的毫升数，并求出1mL 2,6-二氯酚靛酚溶液相当于抗坏血酸多少毫克（T）。

【结果计算】

$$维生素C毫克数/100g样品=\frac{100V_1VT}{V_2W}$$

式中，V_1 为样品提取液的总毫升数；V_2 为滴定时所取的样品提取液的毫升数；V 为滴定样品提取液所耗用的2,6-二氯酚靛酚的平均毫升数；T 为1mL 2,6-二氯酚靛酚溶液相当于标准抗坏血酸的毫克数；W 为被测样品的质量（mg）。

【思考题】

本实验所用1%草酸溶液和2%草酸溶液各起了什么作用?

方法二　磷钼酸法测定维生素C的含量

【实验目的】

学习利用磷钼酸法测定维生素C含量的原理和操作方法。

【实验原理】

钼酸铵在一定条件（有硫酸和偏磷酸根离子存在）下与维生素C反应生成蓝色结合物。在一定浓度范围（样品浓度控制在25～250μg/mL）吸光度与浓度呈线性关系。在偏磷酸存在下，样品中存在的还原糖及其他常见的还原性物质均无干扰，因而专一性好，且反应迅速。

$$\underset{\quad}{MoO_4^{2-}}+\underset{（还原型）}{维生素C}\xrightarrow{HPO_3^-,\ H_2SO_4}\underset{钼蓝}{Mo(MoO_4)_2}+\underset{（氧化型）}{维生素C}$$

【实验试剂和器材】

1. 试剂

（1）5%钼酸铵：5g钼酸铵加蒸馏水定容至100mL。

（2）草酸（0.05mol/L)-EDTA（0.02mmol/L）溶液：称取草酸6.3g和EDTA 0.75g，用蒸馏水溶解后定容至1000mL。

（3）硫酸（1∶19)：取19份体积蒸馏水加入1份体积硫酸，便加入边搅拌。

（4）冰醋酸（1∶5)：取5份体积水加入1份体积冰醋酸即成。

（5）偏磷酸-乙酸溶液：取粉碎好的偏磷酸3g，加入48mL（1∶5）冰醋酸，溶解后加蒸馏水稀释至100mL，必要时过滤；此试剂放冰箱中可保存3天。

（6）标准维生素C溶液（0.25mg/mL)：准确称取维生素C 25mg，用蒸馏水溶解，加适量草酸-EDTA溶液，然后用蒸馏水稀释至100mL，放冰箱中储存，可用一周。

2. 仪器

紫外可见分光光度计；恒温水浴锅；离心机；研钵；刻度吸管；试管。

3. 材料

广柑。

【实验步骤】

1. 标准曲线的制作

取试管10支，进行如下操作。

项目	管号									
	0	1	2	3	4	5	6	7	8	9
0.25mg/mL 标准维生素 C 溶液/mL	0	0.1	0.2	0.3	0.4	0.5	0.6	0.7	0.8	0.9
蒸馏水/mL	1	0.9	0.8	0.7	0.6	0.5	0.4	0.3	0.2	0.1
草酸-EDTA 溶液/mL	2	2	2	2	2	2	2	2	2	2
偏磷酸-乙酸/mL	0.5	0.5	0.5	0.5	0.5	0.5	0.5	0.5	0.5	0.5
硫酸（1∶19)/mL	1.0	1.0	1.0	1.0	1.0	1.0	1.0	1.0	1.0	1.0
5%钼酸铵/mL	2.0	2.0	2.0	2.0	2.0	2.0	2.0	2.0	2.0	2.0
摇匀 30℃水浴 15min										
维生素 C 含量/μg	0	25	50	75	100	125	150	200	225	250
A_{760}										

以吸光度为纵坐标，维生素 C 含量（μg）为横坐标绘制标准曲线。

2. 样品测定

将广柑洗净擦干，准确称取果肉 5g，置于研钵内，加入少许草酸-EDTA 溶液，研碎，反复 3 次，最后一并倒入 100mL 容量瓶内，然后用草酸-EDTA 溶液定容至 100mL，4000r/min 离心 10min，取上清液，待用。

取上清液 0.5mL，加蒸馏水 0.5mL，其余按制作标准曲线的第三步（即加草酸-EDTA）做起，根据吸光度查标准曲线。

3. 结果计算

$$m = \frac{m_0 V_1}{m_1 V_2 \times 10^3} \times 100$$

式中，m 为 100g 样品中含抗坏血酸的质量（mg）；M_0 为查标准曲线所得维生素 C 的质量（μg）；V_1 为稀释总体积（mL）；M_1 为称样质量（g）；10^3 为 μg 换算成 mg。

学生设计性实验案例

实验室：DS2B210　　　　2012 年 5 月 26 日

学院	生物工程	年级、专业、班	10 级生工 1 班	姓名	杜俊峰 王琪	成绩	
课程名称	生物化学实验		实验项目名称	维生素 C 含量的测定		指导老师	
老师评语	教师签名： 年　月　日						

一、设计目的

学习测定维生素 C 含量的原理和操作方法。

二、设计的依据

本实验利用碘酸钾作为氧化剂，即在一定量的盐酸酸性试液中加碘化钾-淀粉指示剂，用已知浓度的碘酸钾滴定。当碘酸钾滴入后即释放出游离的碘，此碘被维生素 C 还原，直至维生素 C 完全氧化为脱氢维生素 C 后，再滴以碘酸钾液时，释放出的碘因无维生素 C 的作用，可使淀粉指示剂呈蓝色，即为终点。其反应如下：

$$KIO_3 + 5KI + 6HCl \longrightarrow 6KCl + 3H_2O + 3I_2$$

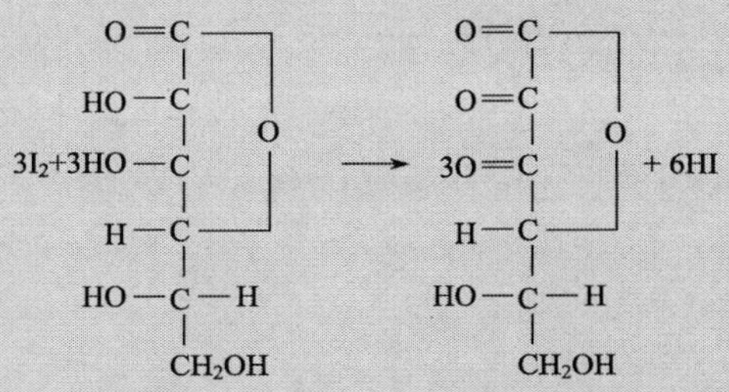

维生素C　　　　脱氢维生素C

三、实验试剂和器材

试剂：碘酸钾，碘化钾，淀粉，2%盐酸。

仪器：研钵，烧杯，100mL 容量瓶，0.5mL、2mL、5mL 移液管，滴定管，漏斗，纱布，分析天平。

材料：柚子。

四、可行性分析

在 pH=3 的盐酸酸性介质中，碘能定量地将还原型维生素 C 氧化为脱氢维生素 C，以淀粉为指示剂，用标准曲线法测定样品中维生素 C 的含量，从而建立了一种测定维生素 C 的新方法。该法具有准确度和精密度较高、操作简便、终点变色敏锐、对滴定剂（碘的乙醇溶液）不需要标定等特点。

五、设计思路与创新

1. 试剂制备

（1）0.5%淀粉液：称取可溶性淀粉 0.5g，用蒸馏水调成浆状，注入 100mL 蒸馏水，煮沸至透明状，冷后用棉花过滤。

（2）0.001mol/L KIO_3 液：精确称取 KIO_3 0.3568g（KIO_3 预先在 102℃烘 2h，在干燥器中冷却备用），准确配成 1000mL，得到 0.01mol/L KIO_3 液。再稀释 10 倍即为 0.001mol/L。

2. 样品试液的制备

将柚子洗净，用纱布拭干其外部所附着的水分，若样品清洁可不必洗涤。样品若为大型果蔬，先纵切为 4～8 等份，取其 20～30g 为一份，除去不能食用部分，切碎。若为大型叶菜，沿中脉切分为两等份，取其一份切碎。称取 20g 作分析用。

将称取的样品放研钵中，加 2%的盐酸 5～10mL，研磨至呈浆状。小心无损地将研钵中样品移至 100mL 容量瓶中，用 2%盐酸液冲洗研钵后，也倒入容量瓶中，并加 2%盐酸至 100mL，充分混合。用清洁干燥两层纱布过滤入干燥的烧杯中，滤液作测定用。

3. 样品液的测定

在 50mL 的烧杯中，用移液管注入 1%的 KI 0.5mL，0.5%淀粉液 2mL，以及上述制得的溶液 5mL；再加蒸馏水至总体积为 10mL（加 2.5mL）。用 0.001mol/L KIO_3 液滴定，要一滴一滴加入，并时时摇动烧杯，至微蓝色不褪为终点（1min 不褪为止）。记录所用 KIO_3 液毫升数。

同上法再测定 3 次。用各次测定的平均值，计算维生素 C 含量。

计算公式如下：

$$W = \frac{V \times 0.088}{B} \times \frac{b}{a} \times 100$$

式中，W 为 100g 样品含的抗坏血酸毫克数；V 为滴定样品所用的 KIO_3 毫升数；0.088 为 1mL 0.001mol/L 碘酸钾溶液相当的抗坏血酸的量（mg/mL）；B 为滴定时所用样品溶液毫升数；b 为制成样品液的总毫升数；a 为样品的克数。

实验室：DS2B210　　　　2012 年 5 月 28 日

学院	生物工程	年级、专业、班	10 级生工 02 班	姓名	王潇颖 刘永澜	成绩	
课程名称	生物化学实验		实验项目名称	维生素 C 含量的测定		指导老师	

一、设计目的

学习紫外分光光度计的仪器原理及使用方法。

掌握紫外吸收法测定维生素 C 含量的原理。

二、设计的依据

由于维生素 C 分子中含有共轭双键，因此维生素 C 具有吸收紫外线的性质。维生素 C 的紫外最大吸收波长与溶液的 pH 有着密切关系。在 pH＝2.0 时，溶液的最大吸收波长在 245nm；在 pH＝12 时，溶液的最大吸收波长在 300nm；pH 为 5～10 时，溶液的最大吸收波长在 267nm，并且在pH＝6.0 时吸光度最大。所以，选择测定溶液的 pH＝6.0。在此波长范围内，维生素 C 溶液的吸光度与其含量成正比关系，可用作定量测定。

由于维生素 C 易被空气中的氧所氧化，再加上制剂辅料对测定的干扰，测定前必须先进行处理。采用紫外分光光度法测定维生素 C 时，存在于维生素 C 或复合维生素制剂中的辅料一般不对测定产生干扰。所以本法既可以测定维生素 C 各种制剂及复合维生素片剂中维生素 C 的含量，也可以测定多种饮料中的维生素 C 含量。

三、实验试剂和器材

1. 试剂

（1）100μg/mL 标准维生素 C 溶液的配制：称取 0.0504g 抗坏血酸溶于 10mL 混酸溶液并定容到 500mL 容量瓶中。混酸溶液配制：3mL 的 3％H_3PO_4 和 7mL 的 8％HAc 混合。稀释定容至 50mL 容量瓶中。

（2）氯化铜溶液（1mg/mL）的配制：准确称取无水 $CuCl_2$ 0.0021g，以双蒸水溶解并定容到 100mL 的容量瓶中，稀释到 10μg/mL 备用。

（3）样品的配制：取 1mL 柠檬汁，移至 100mL 容量瓶中，用蒸馏水稀释定容。

2. 器具

紫外分光光度计，石英比色杯；试管和试管架；吸量管；电子天平；恒温水浴。

四、设计思路与创新

1. 标准曲线的绘制

准确移取 100μg/mL 标准维生素 C 溶液 1.00mL、2.00mL、5.00mL、10.00mL、25.00mL 于 5 个 50mL 的容量瓶中；加入 3.00mL 浓度为 5×10^{-3}mol/L 的氯化铜溶液，以少量双蒸水稀释，混匀；于 70℃恒温水浴中反应 5min，双蒸水稀释到刻度，放置 20min；以试剂空白为参比，于 267nm 波长处分别测定吸光度；以维生素 C 浓度为横坐标，吸光度为纵坐标绘制标准曲线。

2. 样品测定

取少量稀释后的样品液，并测量其吸光度。测量三次后取平均值作为样品的吸光度。得到样品吸光度后与标准曲线进行比较从而得到样品中的维生素 C 的含量。

五、可行性分析

紫外吸收法简便、灵敏、快速，不消耗样品，测定后仍能回收使用。低浓度的盐，如生化制备中常用的 $(NH_4)_2SO_4$ 等和大多数缓冲液不干扰测定。

进行紫外吸收法测定时，由于维生素 C 吸收高峰常因 pH 的改变而有变化，因此要注意溶液的 pH，测定样品时的 pH 要与测定标准曲线的 pH 相一致。

参考万方数据库中的文献。

点评：学生以小组为团队，利用所学知识和网络资源，写出较好的设计实验方案，具有实际可操作性，有一定的意义。

实例五：醋酸纤维素薄膜电泳法分离血清蛋白

【实验目的】

(1) 学习电泳的一般原理。

(2) 了解醋酸纤维素薄膜电泳操作技术。

(3) 学会电泳分离血清蛋白及定性和定量分析的方法。

【实验原理】

带电粒子在电场作用下，向着与其所带电荷相反的方向泳动的现象叫电泳。由于被分离物质各组分所带电荷的性质、数量和分子颗粒的大小、形状的不同，在同一电场作用下其移动方向和速度也不同，即它们的电泳迁移率不同，因此其经过一定时间电泳后即可被分离开，利用该性质，可将混合物中各组分进行分离分析。

利用醋酸纤维素薄膜作为电泳的支持物的电泳方法叫醋酸纤维素薄膜电泳法。该实验利用醋酸纤维素薄膜作为电泳支持物，分离各种血清蛋白。由于主要蛋白质等电点低于pH8.6，因此其在巴比妥缓冲液中带负电荷，在电场中向正极移动。血清中含有清蛋白、α-球蛋白、β-球蛋白、γ-球蛋白和各种脂蛋白等。由于它们的氨基酸组成、分子质量、等电点及形态不同，在电场中迁移速度不同。

在 pH 为 8.6 的巴比妥缓冲液中电泳，染色后可显示 5 条主要区带（图 3-3）：清蛋白＞α_1-球蛋白＞α_2-球蛋白＞β-球蛋白＞γ-球蛋白。

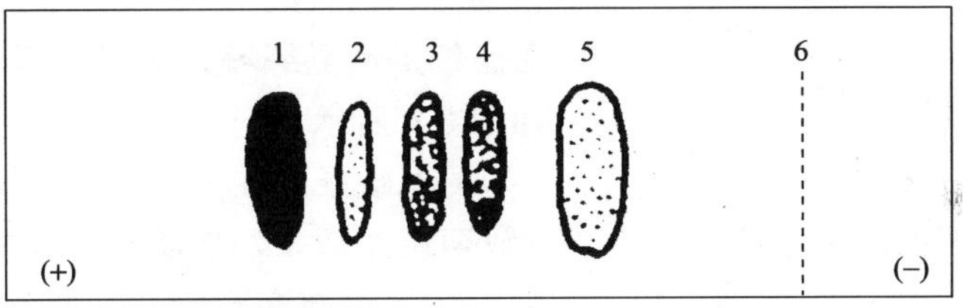

图 3-3　电泳图

图中 1 为清蛋白；2，3，4，5 分别为 α_1-球蛋白，α_2-球蛋白，β-球蛋白及 γ-球蛋白；6 为点样原点

【实验试剂和器材】

1. 试剂

1) 巴比妥-巴比妥钠缓冲液（pH8.6，0.07mol/L，离子强度 0.06）　称取 1.66g 巴比妥（AR）和 12.76g 巴比妥钠（AR），置于三角烧瓶中，加蒸馏水约 600mL，稍加热溶解，冷却后用蒸馏水定容至 1000mL。置 4℃保存，备用。

2) 血清蛋白染色

(1) 染色液（0.5%氨基黑 10B）：称取 0.5g 氨基黑 10B，加蒸馏水 40mL，甲醇（AR）50mL，冰醋酸（AR）10mL，混匀溶解后置具塞试剂瓶内储存。

(2) 漂洗液：取 95%乙醇（AR）45mL，冰醋酸（AR）5mL 和蒸馏水 50mL，混匀置具塞试剂瓶内储存。

(3) 透明液：临用前配制。

甲液：取冰醋酸（AR）15mL，无水乙醇（AR）85mL，混匀置试剂瓶内，塞紧瓶塞，备用。

乙液：取冰醋酸（AR）25mL，无水乙醇（AR）75mL，混匀置试剂瓶内，塞紧瓶塞，备用。

2. 器材

水平槽电泳仪；醋酸纤维素薄膜（2cm×8cm）；培养皿（直径 9～10cm）；玻璃板（12cm×12cm）；试管若干及试管架；吸量管（2mL，5mL）；毛细玻管等。

3. 材料

小牛血清。

【实验步骤】

1. 浸泡

将 2cm×8cm 醋酸纤维素薄膜无光面距短边一端 1.5cm 处用铅笔画一条线，为点样区域，置于盛有 pH8.6 巴比妥缓冲液的培养皿中，浸泡 30min 以上。

2. 点样

用镊子取出浸透的薄膜，夹在两层粗滤纸内吸干多余缓冲液，平铺在玻璃板上（将无光面朝上），在载玻片上滴一滴小牛血清，将盖玻片的一边在血清上蘸一下，再将盖玻片的这一端轻轻地印在点样线上，形成一条均匀的直线。（注意：使血清完全渗透至薄膜内，形成有一定宽度、粗细均匀的直线）。此步是实验的关键，点样前应在滤纸上反复练习，掌握点样技术后再正式点样。如图 3-4 所示。

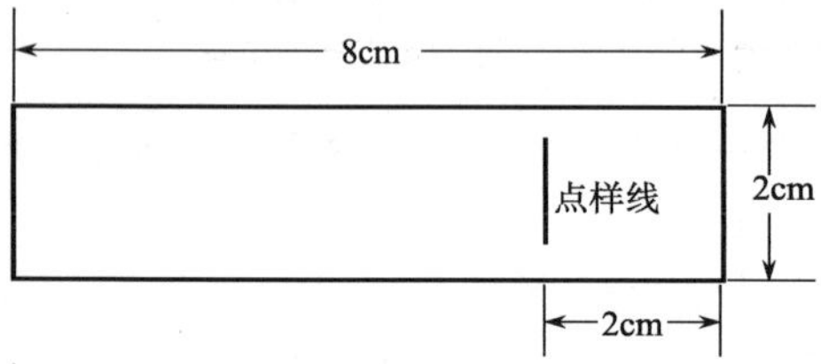

图 3-4 电泳点样的位置

根据电泳槽膜支架的宽度，剪裁尺寸合适的滤纸条。在两个电极槽中，各倒入等体积的电极缓冲液，在电泳槽的两个膜支架上，各放两层滤纸条，使滤纸一端的长边与支架前沿对齐，另一端浸入电极缓冲液内（图 3-5）。当滤纸条全部润湿后，用玻璃棒轻轻挤压膜支架上的滤纸以驱赶气泡，使滤纸的一端能紧贴在膜支架上。滤纸条是两个电极槽与醋酸纤维素薄膜相连的桥梁，因而称为滤纸桥。

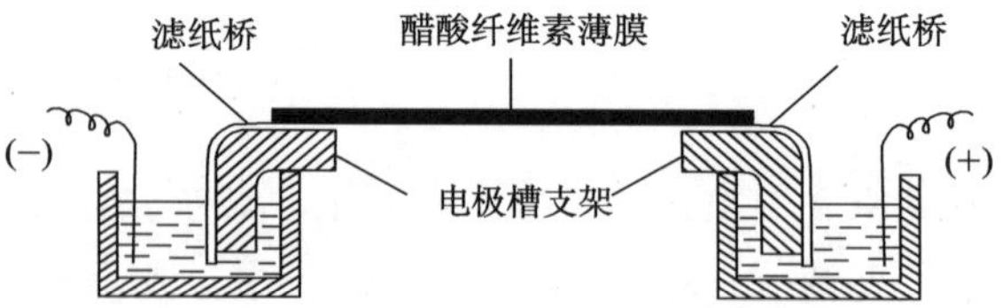

图 3-5 醋酸纤维素薄膜电泳装置

3. 电泳

将点样端薄膜平贴（－）极电泳槽的滤纸桥上（点样面朝上），另一端薄膜平贴（＋）极电泳槽的滤纸上，盖上电泳槽盖，使薄膜平衡 10min。通电，调节电压 90V，再调节电流，使每厘米膜宽度的电流强度为 0.3mA。电泳 10～15min 后，再调节电压至 110V 或 120V，使电流强度提高至每厘米膜宽度 0.5mA，电泳 60min。

4. 染色

电泳完毕后将薄膜取下，放在盛有氨基黑 10B 染液的培养皿中，浸染 5min。

5. 漂洗

将薄膜从染液中取出后移至漂洗液的培养皿内，漂洗数次，直到背景蓝色脱去，条带清晰为止，可得到色带清晰的电泳图谱。

6. 透明

将薄膜脱色吹干后，浸入甲液 2min，再立即放入乙液中浸 1min，取出平贴在干净的玻板上，两者间不能有气泡，透明 2～3min。

7. 结果判断与定量

一般血清蛋白电泳经蛋白染色后，可显示 5 条区带，未经透明处理的电泳图谱可直接用于定量测定。采用洗脱法测定各蛋白组分相对百分含量。

将显色后的电泳区带依次剪下，并在阴极端剪一块与清蛋白区带面积相同的薄膜作为空白，分别放在试管中，在含清蛋白区带及空白膜的试管中，各加入 0.4mol/L NaOH 4mL，其余各管加入 2mL，摇匀后，置 37℃水浴中保温 30min，每隔 10min 充分振摇一次，使各染色区带颜色完全洗脱下来。冷却后，用 722 型可见分光光度计，在 620nm 波长处比色，测定各组分吸光度，按顺序标以 $A_{清}$、$A_{\alpha1}$、$A_{\alpha2}$、A_{β}、A_{γ}。按下列方法计算血清各组分所占的百分比。

（1）先计算吸光度总和（简写为 T）：$T=2\times A_{清}+A_{\alpha1}+A_{\alpha2}+A_{\beta}+A_{\gamma}$。

（2）再计算血清中各组分相对百分含量如下。

计算公式	正常值
清蛋白（%）$=\frac{2\times A_{清}}{T}\times100\%$	54%～73%
α_1-清蛋白（%）$=\frac{A_{\alpha1}}{T}\times100\%$	2.78%～5.1%
α_2-清蛋白（%）$=\frac{A_{\alpha2}}{T}\times100\%$	6.3%～10.6%
β-清蛋白（%）$=\frac{A_{\beta}}{T}\times100\%$	5.2%～11%
γ-球蛋白（%）$=\frac{A_{\gamma}}{T}\times100\%$	12.5%～20%

【注意事项】

（1）醋酸纤维素薄膜的预处理中，浸泡时间应充分，让其自然沉于培养皿底下。保证膜片上有一定量的缓冲液，恢复原多孔的网状结构。

（2）点样时，在薄膜无光泽的一面点样，且点样量要适中。

（3）电泳时，薄膜的点样端要靠近负极。

（4）必须严格控制缓冲液 pH=8.6。

（5）在操作过程中戴一次性手套进行实验。

【思考题】

阐述醋酸纤维素薄膜电泳原理及优点。

实例六：肝细胞核中核酸（RNA和DNA）的分离与测定

【实验目的】

（1）学习从肝细胞核中分离核酸并掌握测定核酸的方法。

（2）熟练使用分光光度计。

【实验原理】

依据离心原理，从肝细胞中提取出的核沉淀溶于蔗糖-氯化钙溶液中抽提，得核酸粗制品。再用三氯乙酸及有机溶剂抽提，除去小分子物质和脂类，最后用0.3mol/L高氯酸（90℃）除去蛋白质，获得较纯的核酸物质，可进行测定。注意：为防止核酸大分子的变性降解，在提纯过程中必须在0～4℃的条件下操作。

可通过核糖和脱氧核糖颜色反应的性质，即核糖与苔黑酚试剂反应呈鲜绿色，脱氧核糖与二苯胺试剂反应生成蓝色化合物而核糖无此反应，通过分光光度计比色并计算粗略获得核酸含量。

【实验试剂和器材】

1. 试剂

（1）细胞提取液，配1000mL。

10mmol/L三羟甲基氨基甲烷（Tris）；

5mmol/L乙二胺四乙酸二钠（EDTA），调pH=7.4（定容于1000mL容量瓶，再调pH）；

0.025mol/L蔗糖（新鲜配制）；

0.1mol/L氯化镁·$6H_2O$。

（2）10mmol/L Tris-HCl缓冲液（pH=7.4），配500mL。

（3）0.025mol/L蔗糖-3mmol/L氯化钙溶液，配500mL。

（4）95%乙醇，配500mL。

（5）0.5mol/L三氯乙酸（TCA），配500mL。

（6）0.3mol/L高氯酸（PCA），配250mL。

（7）二苯胺试剂（新鲜配制），配500mL。

将1.5g二苯胺溶于100mL冰醋酸中，再加1.5mL浓H_2SO_4溶液，用蒸馏水定容。

（8）苔黑酚试剂：将0.5g苔黑酚溶于100mL 0.1%$FeCl_3$的浓HCl溶液中，配500mL。

（9）标准RNA溶液（40μg/mL），配200mL。

（10）标准DNA溶液（0.15mg/mL），配200mL。

2. 仪器

玻璃匀浆器；解剖器械；显微镜；恒温水浴；离心机；分光光度计；电炉。

3. 材料

新鲜大鼠的肝或猪肝。

【实验步骤】

1. 操作流程

（1）细胞破碎。

（2）收集核沉淀。

（3）核酸的分离。

（4）RNA、DNA 的定量测定：①标准曲线绘制；②核中 RNA、DNA 含量测定。

（5）计算每克肝鲜重含 RNA 和 DNA 的毫克数。

2. 详细步骤

1）*细胞破碎*　　小白鼠脱颈椎处死后，迅速剖腹取出肝脏，用冰冷的细胞提取液洗 3 次，滤纸吸干，称重约 3g，放入盛有冰的细胞提取液烧杯内，用手术剪将肝组织剪成小块状，用提取液洗 2 次，至无色或浅粉色，再剪成细小块状，转入玻璃匀浆器（图 3-6）中，加提取液 2mL，匀浆破碎细胞，呈糜状。用显微镜检查细胞是否破碎，待完全（95%）破碎，再加细胞提取液定容至 10mL，制成肝匀浆。

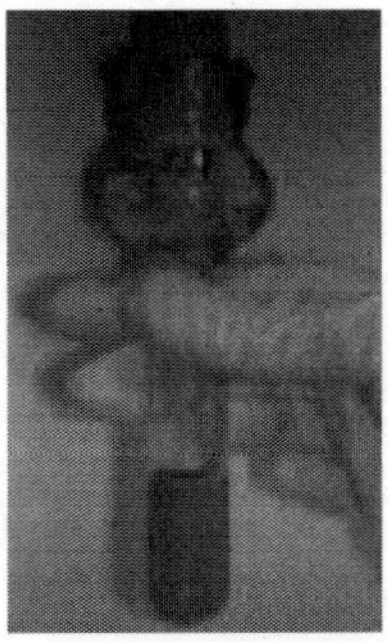

图 3-6　玻璃匀浆器

2）*收集核沉淀*

（1）在肝糜中添加 6mL 冰细胞提取液制成肝匀浆液。

（2）离心：①离心管盛 8mL 肝匀浆液，配平。700r/min 离心 10min。②弃去上清液，将沉淀悬于 8mL 冰的 0.1mol/L Tris-HCl 缓冲液中，配平。700r/min 离心 10min，获得无红细胞的细胞核沉淀。

3）*核酸的分离*

（1）细胞核沉淀中缓慢加入 6mL 冰的 0.025mol/L 蔗糖-3mmol/L $CaCl_2$ 溶液，制备悬液，配平。1500r/min 离心 10min，收集沉淀。

（2）弃去上清液，收集的沉淀中加入 5mL 冰三氯乙酸，充分搅匀，配平。2000r/min 离心 5min。

（3）取沉淀加入 5mL 95%乙醇摇匀，将其转入试管中并置于 60～70℃水浴锅中水浴 5min。冷却后再转入离心管内，配平。2000r/min 离心 5min。

再重复上述操作一次。

（4）取沉淀加 5mL 0.3mol/L 高氯酸溶液，转入试管内，置于 90℃水浴 30min，注意搅拌。取出冷却后，转入离心管中，配平。2000r/min 离心 5min。收集上清液，弃去沉淀，获得核酸。保留核酸提取液测定 DNA、RNA 含量。待检测。

4）*RNA、DNA 的定量测定*

A. RNA 标准曲线的制作

取 7 支试管，其中一管为空白管（加 2mL 蒸馏水，苔黑酚 2mL）作对照。其余的依次加入 40μg/mL 的 RNA 标准液 0.1mL、0.2mL、0.5mL、1.0mL、1.5mL、2mL，然后分别向 6 支试管中加入蒸馏水，使最终体积为 2mL，再向各试管加入 2mL 苔黑酚显色剂。混匀后，置沸水浴中显色 15min，用分光光度计在 640nm 处测定吸光度，以空白管为对照。以吸光度为纵坐标，以 DNA 的毫克数为横坐标，绘制标准曲线。

RNA 标准曲线制作相关项目如下。

项目＼试管	1	2	3	4	5	6	7
40μg/mL RNA/mL	0	0.1	0.2	0.5	1.0	1.5	2.0
蒸馏水/mL	2.0	1.9	1.8	1.5	1.0	0.5	0
苔黑酚/mL	2.0	2.0	2.0	2.0	2.0	2.0	2.0

混匀后，置于沸水浴中显色 15min，在波长 640nm 处比色检测吸光度，绘标准曲线。

B. DNA 标准曲线的制作

取 7 支试管，其中一支试管是空白管（加蒸馏水 2mL，二苯胺 2mL）作为对照。其余 6 支试管依次加入 0.15mg/mL 的标准 DNA 液 0.1mL、0.2mL、0.5mL、1.0mL、1.5mL、2.0mL，然后分别向 6 支试管加入蒸馏水，使最终体积为 2mL，再向各管加入二苯胺 2mL。混匀后，置于沸水浴中显色 15min，用分光光度计在 600nm 处测吸光度，以空白管为对照。以吸光度为纵坐标，以 DNA 的毫克数为横坐标，绘制标准曲线。

DNA 标准曲线制作相关项目如下。

项目＼试管	1	2	3	4	5	6	7
0.15μg/mL DNA/mL	0	0.1	0.2	0.5	1.0	1.5	2.0
蒸馏水/mL	2.0	1.9	1.8	1.5	1.0	0.5	0
二苯胺/mL	2.0	2.0	2.0	2.0	2.0	2.0	2.0

混匀后，置于沸水浴中显色 15min，在 600nm 处比色检测吸光度，绘标准曲线。

C. 核中 RNA、DNA 含量的测定

(1) RNA 含量的测定。取 2 支试管，一支加入样品液 2mL 和显色剂苔黑酚试剂 2mL，另一支试管加入蒸馏水 2mL 和苔黑酚试剂 2mL（为对照管），混匀后，置沸水浴中显色 15min，用分光光度计在 640nm 处测吸光度，查标准曲线，计算 RNA 含量。

RNA 含量测定相关项目如下。

项目＼试管	1	2
样品液/mL	2.0	0.0
蒸馏水/mL	0.0	2.0
苔黑酚/mL	2.0	2.0

(2) DNA 含量的测定。取 2 支试管，一支试管加入样品液 2mL 和二苯胺试剂 2mL。另一支试管加入蒸馏水 2mL 和二苯胺试剂 2mL（为对照管），混匀后，置沸水浴中显色 15min，用分光光度计在 600nm 处测吸光度，查标准曲线，计算 DNA 含量。

DNA含量测定相关项目如下。

项目＼试管	1	2
样品液/mL	2.0	0.0
蒸馏水/mL	0.0	2.0
二苯胺/mL	2.0	2.0

5）结果计算　每克肝鲜重含RNA和DNA的毫克数。

【注意事项】

(1) 本实验分两次完成，第一次绘制标准曲线，第二次测核酸的含量（也可由教师提供标准曲线）。

(2) 若目视颜色反应做定性实验，则可一次完成。

(3) 制备肝匀浆需要在低温下进行，主要是抑制酶分解核酸，以防其影响核酸的定量测定。

【思考题】

快速鉴定RNA和DNA的方法是什么？

第二节　微生物学部分

一、微生物学实验设计的特点概述

针对微生物学实验的设计应该注意以下几个知识点的特点。

(一) 消毒灭菌的概念及方法

因为微生物是肉眼看不见的，所以微生物学的初学者常不知道外界环境和与外界接触的身体各部位均有微生物的存在。实际上微生物广泛分布于室内外的空气、水和土壤中，桌椅的表面，衣服上，以及皮肤、黏膜（如鼻腔、口腔、喉头等的黏膜）等处，因此，可以说微生物是无缝不钻，无孔不入的。在第一次进入微生物学实验室时，建立起“微生物无处不在”这一概念特别重要，因为这样才能体会到采用无菌技术和维持环境卫生的必要性，才能防止外界微生物对培养物的污染，才能防止病原性细菌或病毒通过手或衣服进入人体而引起传染。

消毒（disinfection）与灭菌（sterilization）的意义有所不同。消毒一般是指消灭病原菌和其他有害微生物的营养体，灭菌则是指杀灭一切微生物的营养体、芽孢和孢子。只有在培养基、发酵设备等处于无菌状态的前提下，微生物接种后才能实现纯种培养，最终得到所需的产品。防止微生物进入机体或物体的方法，称为无菌操作或无菌技术。进行微生物学实验需严格遵守无菌操作规定。因此，在实验设计的各个环节，都必须重视消毒灭菌的设计。

消毒与灭菌的方法很多，一般包括加热、过滤、照射和使用化学药品等方法。

1. 加热灭菌法

加热灭菌法又分干热灭菌和湿热灭菌两类。

（1）干热灭菌。有火焰烧灼灭菌和热空气灭菌两种。火焰烧灼灭菌适用于接种环、接种针和金属用具如镊子等的灭菌，无菌操作时的试管口和瓶口也在火焰上作短暂烧灼灭菌。通常所说的干热灭菌是指在电烘箱内灭菌（图 3-7），此法适用于玻璃器皿，如移液管和培养皿等的灭菌，在热空气 160～170℃下保温 2h 进行灭菌。

（2）湿热灭菌。

高压蒸汽灭菌法：是将物品放在高压蒸汽灭菌锅内 1.05kg/cm^2（15 磅力/英寸^2[①]），121.3℃保持 15～30min 进行灭菌（图 3-8）。时间的长短可根据灭菌物品种类和数量的不同而有所变化，以达到彻底灭菌为准。这种灭菌适用于培养基、工作服、橡胶类物品等的灭菌。

图 3-7　电烘箱

图 3-8　高压蒸汽灭菌锅

间歇灭菌法：有少数培养基，如明胶培养基、牛乳培养基、含糖培养基等，用干热灭菌和高压蒸汽灭菌法均会受到破坏，必须用间歇灭菌法。此法是用阿诺氏流动蒸汽灭菌器进行灭菌。该器底层盛水，顶部插有温度计，加热后水蒸气温度达到 100℃时，即循环流动于器内，水蒸气碰到器内物体时，又凝成水，流至底层储水处，故不致干涸。灭菌时，将培养基放在器内，每天加热 100℃ 30min，连续三天，第一天加热后，其中的营养体被杀死，将培养基取出放室温下 18～24h，使其中的芽孢发育成为营养体，第二天再加热 100℃ 30min，发育的营养体又被杀死，但可能仍留有芽孢，故再重复一次，使培养基彻底灭菌。一般凡能用高压蒸汽灭菌的物品均不采用此法灭菌。

煮沸消毒法：注射器和解剖器械等可用煮沸消毒法。一般微生物学实验室中煮沸消毒时间为 10～15min。在有条件的地方，人用注射器和手术器械一般均采用高压蒸汽灭菌法或干热灭菌法灭菌。

2. 过滤除菌法

许多材料，如血清与糖溶液，用一般加热消毒灭菌方法均会被热破坏，因此，应采用过滤除菌的方法。应用最广泛的过滤器有蔡氏（Seitz）过滤器和滤膜过滤器。蔡氏过滤器是

① 1 磅力每平方英寸（lbf/in^2）＝$6.894\,76\times10^3$ Pa

用银或铝等金属做成的，分为上、下两节，过滤时，用螺旋把石棉板紧紧地夹在上、下两节滤器之间，然后将溶液置于滤器中抽滤。每次过滤必须用一张新滤板。滤膜过滤器的结构与蔡氏过滤器相似，只是滤膜是一种多孔纤维素（乙酸纤维素或硝酸纤维素），孔径一般为0.45μm，过滤时，液体和小分子物质通过，细菌被截留在滤膜上，但若要将病毒除掉，则需更小孔径的滤膜。

3. 紫外线照射灭菌法

紫外线波长为200～300nm，具有杀菌作用，其中以265～266nm杀菌力最强。无菌室或无菌接种箱空气可用紫外线灯照射灭菌。

4. 化学药品消毒灭菌法

化学药品消毒灭菌法是应用能杀死微生物的化学制剂进行消毒灭菌的方法。实验室桌面、用具以及洗手用的溶液均常用化学药品进行消毒灭菌。常用的有2%煤酚皂溶液（来苏尔）、0.25%新洁尔灭、1%升汞、3%～5%的甲醛溶液、75%乙醇溶液等。

（二）消毒灭菌前的准备

1. 培养皿的包装

培养皿常用旧报纸包紧密，一般以5～8套培养皿作一包（图3-9），少于5套工作量太大，多于8套不易操作。包好后进行干热灭菌。如将培养皿放入铜筒内进行干热灭菌，则不必用纸包，铜筒有一圆筒形的带盖外筒，里面放一装培养皿的带底框架，此框架可自圆筒内提出，以便装取培养皿。

图3-9　培养皿的包扎

2. 移液管的包装

准备好干燥的移液管，在距其粗头顶端约0.5cm处，塞一小段约1.5cm长的棉花，以免使用时将杂菌吹入其中，或不慎将微生物吸出管外。棉花要塞得松紧恰当，过紧，吹吸液体太费力；过松，吹气时棉花会下滑。然后分别将每支移液管尖端斜放在旧报纸条的近右端，与报纸约呈45°，并将右端多余的一段纸覆折在移液管上，再将整根移液管卷入报纸，左端多余的报纸打一小结（图3-10）。如此包好的很多移液管可再用一张大报纸包好，进行干热灭菌。

如果有装移液管的铜筒，可将分别包好的移液管一起装入铜筒，进行干热灭菌；若预计一筒灭菌的移液管可一次用完，也可不用报纸包而直接装入铜筒灭菌，但要求将移液管的尖端插入筒底，粗端在筒口，使用时，铜筒卧放在桌上，用手持粗端拔出。

3. 试管和三角烧瓶等的包装

试管管口和三角烧瓶瓶口塞以棉花塞（棉塞制作方法见图3-11），然后在棉花塞与管口和瓶口的外面用两层报纸（不可用油纸）与细线包扎好，进行干热灭菌。试管塞好棉花塞后也可一起装在铁丝篓中，用大张报纸将一篓试管口进行一次包扎（图3-12），包纸的目的在于避免保存期间灰尘侵入。

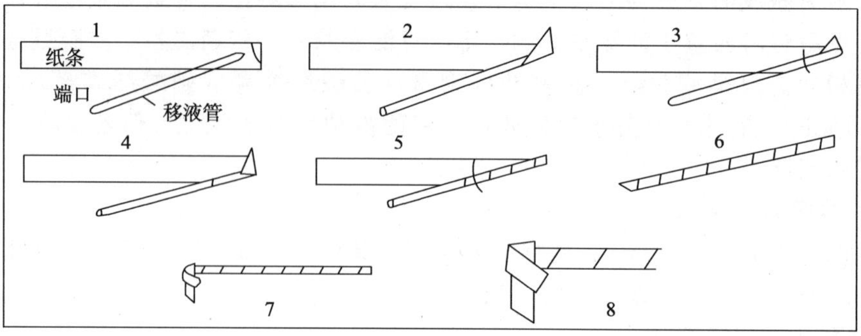

图 3-10　移液管的包扎

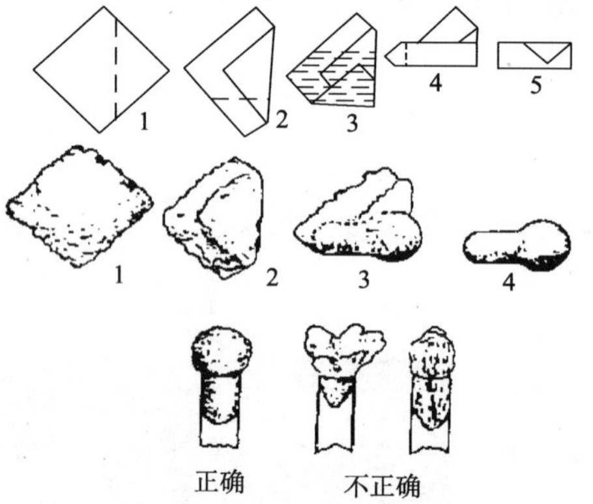

图 3-11　棉塞制作

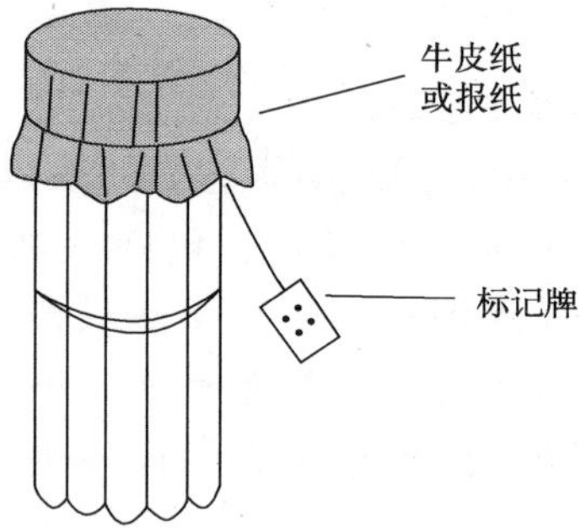

图 3-12　试管的包扎

空的玻璃器皿一般用干热灭菌，若需湿热灭菌，则要多用几层报纸包扎，外面最好再加一层牛皮纸。如果试管盖的是铝帽，则不必包纸，可直接干热灭菌。用塑料帽，则宜湿热灭菌。

（三）实验阶段的无菌操作

1. 采样

针对不同的采样方式，需要考虑如何防止非样品微生物的污染。如果是远程采样，则应该设计如何防止路途中的污染。一些远程采样，还需要设计如何携带器材，以便既符合教材中要求的无菌操作原理，又方便快捷。

2. 接种

（1）超净工作台需要事先灭菌 30min 左右，在实验安排上，应该计算上这段时间。而超净工作台工作时间超过 2h，往往需要再度灭菌，因此分阶段进行的实验应该计算重复灭菌时间。

（2）打开培养皿的时间应尽量短。用于接种的器具必须经干热或火焰等灭菌。接种环的火焰灭菌方法为：通常接种环在火焰上充分烧红（接种柄一边转动一边慢慢地来回通过火焰三次），冷却，先接触一下培养基，待接种环冷却到室温后，方可用其挑取含菌材料或菌体，迅速地接种到新的培养基上；然后，将接种环从柄部至环端逐渐通过火焰灭菌，复原。不要直接烧环，以免残留在接种环上的菌体爆溅而污染空间。平板接种时，通常把平板的面倾斜，把培养皿的盖打开一小部分进行接种。在向培养皿内倒培养基或接种时，试管口或瓶壁外面不要接触底皿的边，试管或瓶口应倾斜一下在火焰上通过。

3. 无菌操作的注意事项

1）操作环境与工具的消毒

无菌培养室：每天都要用0.2%的新洁尔灭拖洗地面一次（拖布要专用），紫外线照射消毒30～50min。

超净工作台：台面每次实验前要用75%乙醇擦洗。然后紫外线消毒30min。

操作用具：移液器、废液缸、污物盒、试管架等用75%乙醇擦洗后置于超净工作台内同时紫外线消毒。

工作服：定期高压消毒，每次使用前，与无菌室同时照射消毒。

2）无菌着装规范

头：严格无菌环境下，长发需全部塞入帽子中，并戴口罩。一般实验环节，要求束发。

体：严格无菌环境要求穿无菌工作服。一般实验环节要求着长袖紧袖口衣。

手：应无伤痕。严格无菌环境需要戴消毒手套。一般实验环节每次接触非无菌器皿后均用75%乙醇消毒。

脚：严格无菌环境需要使用专用鞋。一般实验环节需要着普通干净鞋。

实验前应除下首饰及手表。

3）火焰消毒　　在无菌环境进行培养或做其他无菌工作时，首先要点燃酒精灯或煤气灯（图3-13）。以后一切操作，如安装吸管帽、打开或封闭瓶口等，都需在火焰近处并经过烧灼进行。

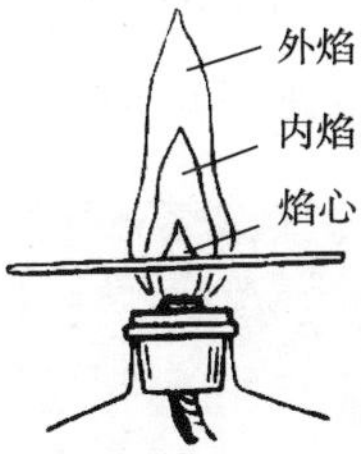

图3-13　酒精灯焰

注意：金属器械不能在火焰中烧的时间过长，以防退火，而烧过的金属镊或接种环要待冷却后才能接触微生物，以免造成损伤。

（四）实验后阶段的消毒灭菌

1. 器皿处理

（1）装有固体培养基的器皿应先将培养基刮去，然后洗涤。带菌的器皿在洗涤前先浸在2%煤酚皂溶液（来苏尔）或0.25%新洁尔灭消毒液内24h或煮沸0.5h，再用上法洗涤。带病原菌的培养物最好先进行高压蒸汽灭菌，然后将培养物倒去，再进行洗涤。

（2）吸过血液、血清、糖溶液或染料溶液等的玻璃吸管（包括毛细吸管），使用后应立即投入盛有自来水的量筒或标本瓶内，免得干燥后难以冲洗干净。

（3）量筒或标本瓶底部应垫以脱脂棉花，否则吸管投入时容易破损。待实验完毕，再集中冲洗。若吸管顶部塞有棉花，则冲洗前先将吸管尖端与装在水龙头上的橡皮管连接，用水将棉花冲出，然后再装入吸管自动洗涤器内冲洗，没有吸管自动洗涤器的实验室可用冲出棉花的方法多冲洗片刻。必要时再用蒸馏水淋洗。洗净后，放搪瓷盘中晾干，若要加速干燥，可放烘箱内烘干。

（4）吸过含有微生物培养物的吸管也应立即投入盛有2%煤酚皂溶液或0.25%新洁尔灭消毒液的量筒或标本瓶内，24h后方可取出冲洗。

（5）检查过活菌的载玻片或盖玻片应先在2%煤酚皂溶液或0.25%新洁尔灭溶液中浸泡24h，然后按上法洗涤与保存。

2. 洗手

接种前应该用肥皂洗手，等手干了以后，用75%酒精棉球擦拭；做完实验清理工作后，也应该重复这个过程，以避免污染的手把致病微生物带出实验室。

（五）接种

1. 斜面接种

（1）在肉膏蛋白胨斜面试管上，用记号笔写上将接种的菌名、日期和接种者。

（2）点燃酒精灯或煤气灯。

（3）将菌种试管和待接种的斜面试管，用大拇指和食指、中指、无名指握在左手中，并将中指夹在两试管之间，使斜面向上，成水平状态。在火焰边用右手松动试管塞，以利于接种时拔出。

（4）右手拿接种环通过火焰烧灼灭菌，在火焰边用右手的手掌边缘和小指，小指和无名指分别夹持棉塞（或试管帽），将其取出，并迅速烧灼管口（图3-14）。

图3-14　斜面接种

（5）将灭菌的接种环伸入菌种试管内，先将环接触试管内壁或未长菌的培养基，达到冷却的目的，然后再挑取少许菌苔。将接种环退出菌种试管，迅速伸入待接种的斜面试管，用环在斜面上自试管底部向上端轻轻地划直线，勿将培养基划破，也不要使环接触管壁或管口。

（6）接种环退出斜面试管，再用火焰烧管口，并在火焰边将试管塞塞上。将接种环逐渐接近火焰，再烧灼。如果接种环上沾的菌体较多，应先将环在火焰边烤干，然后烧灼，以免未烧死的菌种飞溅出而污染环境，接种病原菌时更要注意此点。

2. 液体培养基接种

向肉膏蛋白胨液体培养基中接种少量菌体时，其操作步骤基本与斜面接种时相同，不同之处是挑取菌体的接种环放入液体培养基后，应在液体表面处的管内壁上轻轻摩擦，使菌体从环上脱落，混进液体培养基，塞好试管塞后，摇动液体，使菌体在液体中分布均匀，或用试管振荡器混匀。

向液体培养基中接种量大或要求定量接种时，可将无菌水或液体培养基注入菌种试管，用接种环将菌苔刮下，再将菌种悬液以无菌吸管定量吸出加入，或直接倒入液体培养基。如果菌种为液体培养物，则可用无菌吸管定量吸出加入或直接倒入液体培养基。整个接种过程都要求无菌操作。

3. 穿刺接种

用接种针挑取菌种（针必须挺直），自培养基的中心垂直地刺入半固体培养基中，直至接近管底，但不要穿透（图 3-15），然后沿原穿刺线将针拔出，塞上试管塞，烧灼接种针。

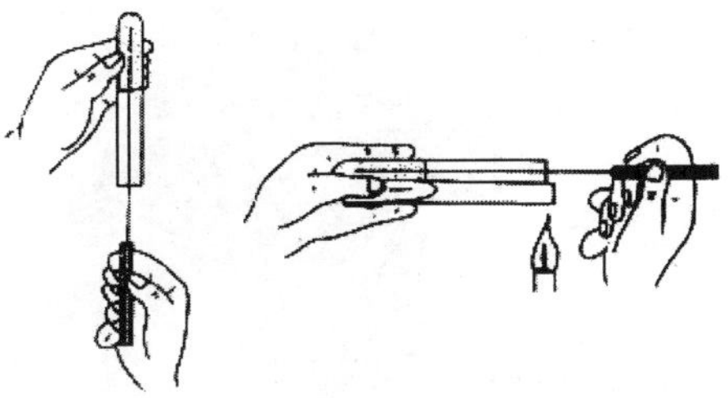

图 3-15　穿刺接种

4. 划线接种

挑取菌种：取接种环在火焰上灭菌，待接种环烧红，再将接种环斜放，沿环向上，烧至可能碰到培养皿的部分，再移向环端，如此很快地来回通过火焰数次。从装有菌种的试管或培养皿中挑取菌种。注意：挑取前应在无菌种处的空白琼脂处试温度，若发出溅泼声，表示太烫，应略靠片刻待冷却后再取挑菌种。

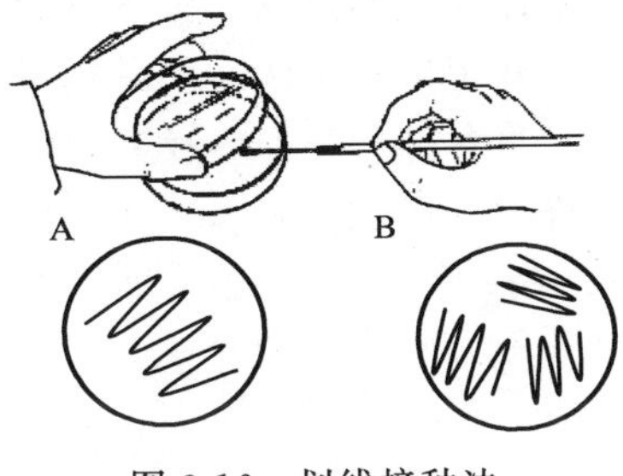

图 3-16　划线接种法
A. 单一方面；B. 多方面

划线：左手拿起准备接种的培养皿，开启一缝，将粘有菌种的接种环，在琼脂表面以之字形划线。注意：接种环与琼脂表面的角度要小，移动的压力不能太大，否则会刺破琼脂。单个样接种划线区域可包括培养皿的中心部分（图 3-16）。而多个样接种，应在接完第一个样以后，左手闭合皿盖放下培养皿。右手拿接种环在火焰上烧灼，如前法再次挑取菌种。然后左手将培养皿拿起，以上次接种的部位为起点，向左转动一定的角度（视接种总个数定，如接种三个，则每次转动 120°，图 3-16），再如前法在琼脂上划线。整个划线操作均要求无菌操作，即靠近火焰，而且动作要快。

（六）镜检

1. 镜检常识

（1）显微镜光线调节：凡检查染色标本时，光线应强；检查未染色标本时，光线不宜太强。可通过扩大或缩小光圈、升降聚光器调节光线。显微镜结构如图 3-17 所示。

（2）镜头转换。先用低倍镜观察，因为低倍镜视野较大，易发现目标和确定检查的位置。标本置镜台上，用标本夹夹住，移动推动器，使观察对象处在物镜正下方，转动粗准焦螺旋调节器，使物镜降至距标本约 0.5cm 处，由目镜观察，此时可适当地缩小光圈，否则视野中只见光亮一片，难见到目的物，同时用粗准焦螺旋调节器慢慢升起镜筒，直至物像出现后再用细准焦螺旋调节器调节到物像清楚时为止，然后移动标本，认真观察标本各部位，找到合适的目的物，并将其移至视野中心，准备用高倍镜观察。

再将高倍镜转至正下方，在转换物镜时，需用眼睛在侧面观察，避免镜头与玻片相撞。然后由目镜观察，并仔细调节光圈，使光线的明亮度适宜，同时用粗准焦螺旋调节器慢慢升起镜筒至物像出现后，再用细准焦螺旋调节器调节至物像清晰为止，找到最适宜观察的部位后，将此部位移至视野中心，准备用油镜观察。

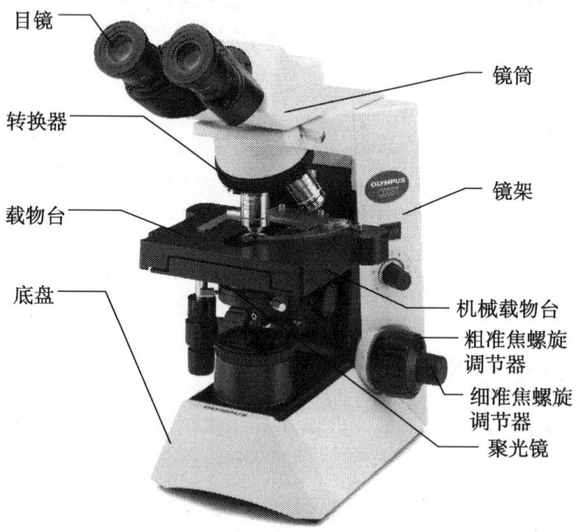

图 3-17　奥林巴斯显微镜的结构示意图

最后是油镜观察，用粗准焦螺旋调节器将镜筒提起约 2cm，将油镜转至正下方。在玻片标本的镜检部位滴上一滴香柏油。从侧面注视，用粗准焦螺旋调节器将镜筒小心地降下，使油镜浸在香柏油中，其镜头几乎与标本相接，应特别注意不能压在标本上，更不可用力过猛，否则不仅会压碎玻片，也会损坏镜头。从目镜内观察，进一步调节光线，使光线明亮，再用粗准焦螺旋调节器将镜筒徐徐上升，直至视野出现物像为止，然后用细准焦螺旋调节器校正焦距。如油镜已离开油面而仍未见物像，必须再从侧面观察，将油镜降下，重复操作至物像看清为止。

观察完毕，上旋镜筒。先用擦镜纸拭去镜头上的油，然后用擦镜纸蘸少许二甲苯（香柏油溶于二甲苯）擦去镜头上残留油迹，最后再用干净擦镜纸擦去残留的二甲苯。切忌用手或其他纸擦镜头，以免损坏镜头。用绸布擦净显微镜的金属部件。将各部分还原，反光镜垂直于镜座，将接物镜转成“八”字形，再向下旋。同时把聚光镜降下，以免物镜与聚光镜发生碰撞。

显微电子照相：参考各厂家具体电子教程。

2. 镜检应用的染色观察方法

微生物的常用镜检观察法为单染色法和革兰氏染色。前者是利用单一染料对细菌进行染色的一种方法，操作简便，适用于菌体一般形态的观察。后者不仅能观察到细菌的形态，而且可将所有细菌区分为两大类：染色反应呈蓝紫色的称为革兰氏阳性菌，用 G^+ 表示；染色反应呈红色（复染颜色）的称为革兰氏阴性菌，用 G^- 表示。这两种染色方法的基本流程如图 3-18。

（1）涂片：取两块干净的载玻片，各滴一小滴生理盐水于载玻片中央，用无菌操作（图 3-18），分别挑取金黄色葡萄球菌和枯草芽孢杆菌至两载玻片的水滴中（每一种菌制一片），调匀并涂成薄膜。注意滴生理盐水时不宜过多，涂片必须均匀。

（2）干燥：于室温中自然干燥。

（3）固定：涂片面向上，于火焰上通过 2～3 次，使细胞质凝固，以固定细菌的形态，并使其不易脱落。但不能在火焰上烤，否则细菌形态将毁坏。

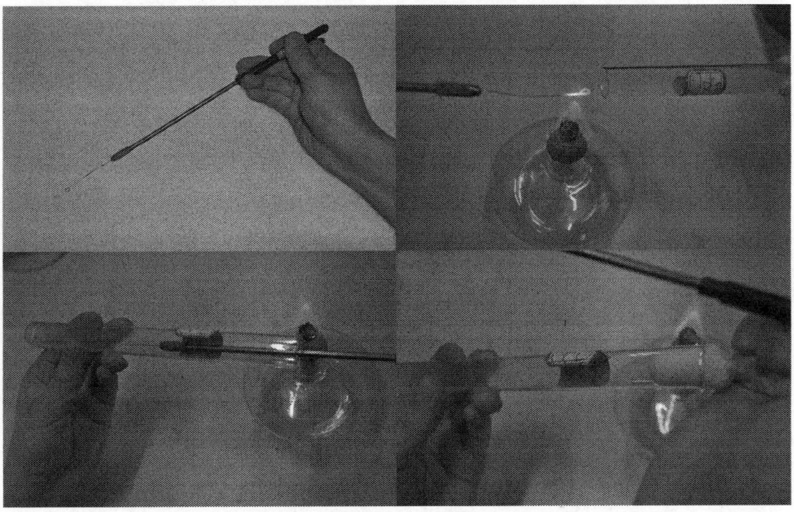

图 3-18 涂片过程的无菌操作

(4) 染色。

单染色法：放标本于水平位置，滴加染色液于涂片薄膜上，染色时间长短随染色液的不同而定。吕氏碱性美蓝染色液染 2～3min，石炭酸复红染色液染 1～2min。染色时间到后，用自来水冲洗，直至冲下的水无色时为止。注意冲洗水流不宜过急、过大，水由玻片上端流下，避免直接冲在涂片处。冲洗后，将标本晾干或用吹风机吹干，待完全干燥后才可置油镜下观察。

革兰氏染色：加草酸铵结晶紫一滴初染约 1min，水洗。然后滴加碘液进行媒染。冲去残水，并覆盖约 1min，水洗。将载玻片上面的水甩净，并衬以白背景，用 95%乙醇滴洗至流下的乙醇刚刚不出现紫色时为止，20～30s，立即用水冲净乙醇。最后用番红液复染 1～2min，水洗。同单染，将标本晾干或用纸吸干水分，或用吹风机吹干，待完全干燥后才可置油镜下观察（图 3-19）。

3. 镜检观察的计数法

利用血球计数板在显微镜下直接计数，是一种常用的微生物计数方法。此法的优点是直观、快速。将经过适当稀释的菌悬液（或孢子悬液）放在血球计数板载玻片与盖玻片之间的计数室中，在显微镜下进行计数。由于计数室的容积是一定的（0.1mm^2），因此可以根据在显微镜下观察到的微生物数目来换算成单位体积内的微生物总数目。由于此法计得的是活菌体和死菌体的总和，故又称为总菌计数法。

血球计数板，通常是一块特制的载玻片，其上由 4 条槽构成 3 个平台。中间的平台又被一短横槽隔成两半，每一边的平台上各刻有一个方格网，每个方格网共分 9 个大方格，中间的大方格即为计数室，微生物的计数就在计数室中进行（图 3-20）。

计数室的刻度一般有两种规格：一种是一个大方格分成 25 个中方格，而每个中方格又分成 16 个小方格（图 3-20A）；另一种是一个大方格分成 16 个中方格，而每个中方格又分成 25 个小方格（图 3-20B）。但无论是哪种规格的计数板，每一个大方格中的小方格数都是相同的，即 16×25＝400 个小方格。

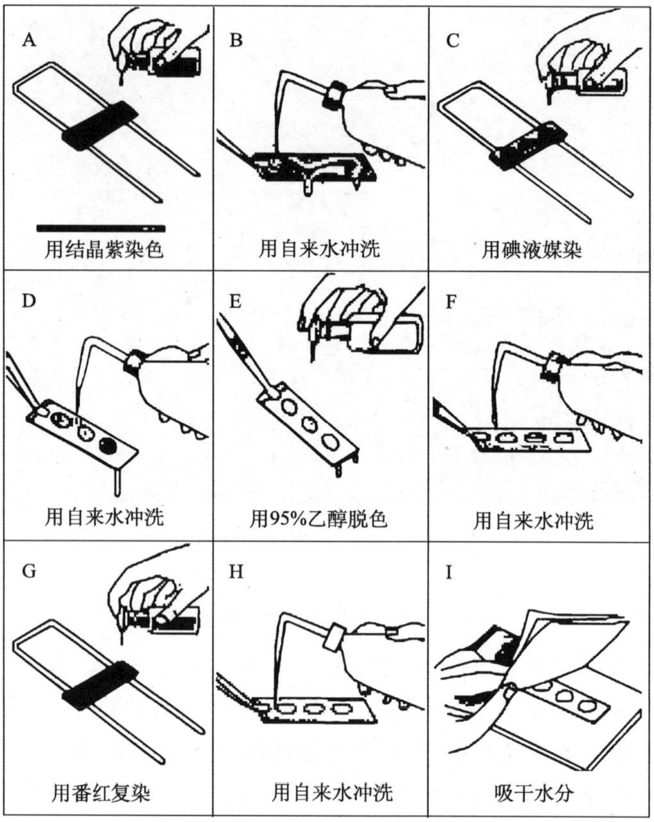

图 3-19　革兰氏染色程序

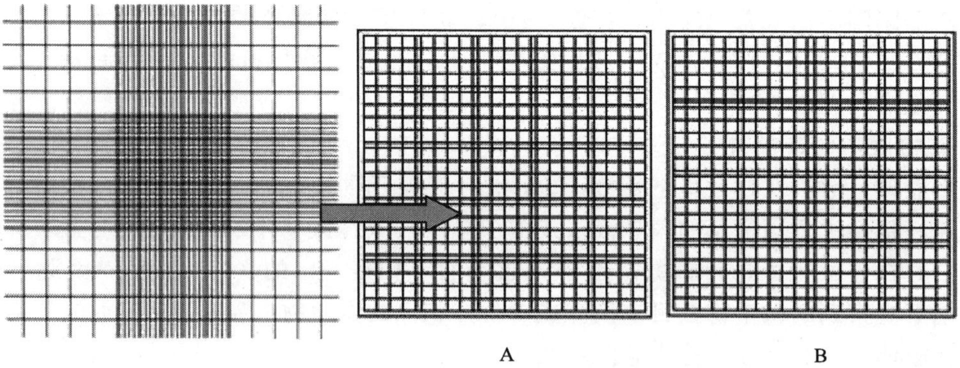

图 3-20　计数网的区分与分格

每一个大方格边长为 1mm，则每一个大方格的面积为 $1mm^2$，盖上盖玻片后，载玻片与盖玻片之间的高度为 0.1mm，所以计数室的容积为 $0.1mm^3$。

在计数时，通常数 5 个中方格的总菌数，然后求得每个中方格的平均值，再乘上 16 或 25，就得出一个大方格中的总菌数，然后再换算成 1mL 菌液中的总菌数。

下面以一个大方格有 25 个中方格的计数板为例进行计算：设 5 个中方格中总菌数为 A，

菌液稀释倍数为 B，因 $1mL=1cm^3=1000mm^3$，那么

$$一个大方格中的总菌数（即 0.1mm^3 中的总菌数）=\frac{A}{5}\times 25\times B（个）$$

$$1mL 菌液中的总菌数=\frac{A}{5}\times 25\times 10\times 1000\times B=50\ 000A\times B（个）$$

同理，若是 16 个中方格的计数板，设 5 个中方格的总菌数为 A'，稀释倍数为 B'，则

$$1mL 菌液中的总菌数=\frac{A'}{5}\times 16\times 10\times 1000\times B'=32\ 000A'\times B'（个）$$

二、微生物学特性对设计的影响

（一）设计立题

应该首先在熟悉第一部分的基础知识的基础上，参考最新科研信息，有意识地分析一定数量的科研文章的设计思路。否则，创新思维难以打开，容易出现思路重合，甚至几乎原封不动地照抄范例。

【例】常见思维局限

（1）若举了酸奶发酵过程的分析检测这个例子，设计就都以酸奶发酵实验指导为主体内容，改动局限于测定的时间、温度等细节变化。

（2）若要求测定环境微生物，并设立对照，往往就只能联想到开水与非开水的微生物含量，或者比较这间教室和另外一间教室的微生物含量。

【例】较好的立题构思

（1）2～3 种酸奶外包装对酸奶菌存活期的影响。

（2）日清扫模式对某教学楼教室空气微生物的影响。

（二）实验方案

1. 无菌处理

（1）器材预算量的放宽：因为灭菌非一时可完成，不能临时补充，因此比起其他实验来说，预算就显得特别重要，甚至是成败的关键。无菌实验容器的准备应该为实验必需量的 1.5 倍以上。

（2）常用器材的预备：一些实验指导中未列出的常用器材，如无菌水、无菌三角瓶或烧杯、无菌漏斗和量筒、无菌玻璃棒和吸管，可酌量准备。

（3）器材灭菌时间计算：不能光计算灭菌的 30min，应该计算前后预热及冷却时间，初学者通常需要 2～4h。

（4）超净工作间和超净工作台的紫外线消毒：通常需要 30min 左右。同时超净工作台的使用也是有一定无菌时间的，若实验持续时间太长，如超过 2h，设计时应考虑再次紫外线消毒。

2. 采样

由于课程实验非科研实验，学生对专业技能的熟悉程度也不能和专业人员相比，因此，对于一些有危险的微生物采样，需要慎重评估其设计方案的可行程度。

【例】高危区域如旗杆高处与低处的微生物数量比较，传染病房内与医院走廊内空气微

生物种类或数量的比较，或池塘中深水区的植物叶片表面的微生物检测等，都属于有一定危险性的实验。应该在实验具体方法不变的情况下转变采样的地点或采样对比方法。例如，可以把医院微生物检测这个思路，转化为比较消毒前后医院走廊的空气微生物相对数量。

3. 接种与培养

（1）菌种来源：由于微生物的菌种并不能像化学药品一样容易购买，因此实验设计首先应该明确可以利用的现有菌种。同时，即使现有菌种，往往可能需要事先活化或培养母液再转接，因此实验中应该考虑这部分实验所花费的时间。

（2）培养时间：与普通科研实验不同，设计性实验有明确的学时限制。因此在实践中，有些明显需要超过太多学时才能完成的设计，显然不能同注重创新内容而不局限单独实验的具体时间的科研项目相比。

【例】跟踪一周内室内温度和冰箱内酸奶制品的质量变化，即使只计算测定时间，需要的学时数也大大超过了课程可能给予的时间。对于这样的实验，在冬季室内温度较低的情况下，简单地将时间缩短到一两天内，实验数据难以体现差异。所以变室温为采用培养箱内培养温度 30℃左右（模拟夏季温度）与冰箱内储存，就比较容易在限定的时间内，体现出不同温度对于酸奶制品的保质效果。

【例】测定某微生物的生长曲线，由于微生物生长的时间性要求，取样与测定需要的时间达到 24h，设计必须避开晚间 8h。

4. 对照设计

设计性实验不能简单地验证某个实验内容，而需包含一定的研究性和创新性，因此，不能采取简单的设计思维方式，即罗列几个实验内容而不注意其中的合理联系。

【例】将人体微生物采样和其他环境微生物采样进行简单的叠加，出现类似比较人脸部微生物与地面或楼梯把手上微生物数量这样明显缺乏实验结果参考价值的设计方案。这类实验方案可以保留人体微生物采集的思路，转而比较洗涤方式这一因素对微生物数量的影响。

三、常用微生物学实验参考资料

（一）参考书目

1. 黄秀梨，辛明秀. 2008. 微生物学实验指导. 2 版. 北京：高等教育出版社
2. 周长林. 2010. 微生物学实验与指导. 2 版. 北京：中国医药科技出版社
3. 朱旭芬. 2011. 现代微生物学实验技术. 杭州：浙江大学出版社
4. 周德庆. 2006. 微生物学实验教程. 2 版. 北京：高等教育出版社

（二）参考期刊

1. 国内核心期刊

（1）微生物学报

（2）微生物通报

（3）生物工程学报

2. 国外期刊（并附录 SCI 收录影响因子）

（1）Annual Review of Microbiology，IF=13.412

（2）Cell，IF＝29.431

（3）Cellular Microbiology，IF＝6.333

（4）Clinical Microbiology Reviews，IF＝10.443

（5）Current Opinion in Microbiology，IF＝8.005

（6）Drug Resistance Updates，IF＝6.172

（7）Environmental Microbiology，IF＝4.559

（8）FEMS Microbiology Reviews，IF＝10.00

（三）参考网站

1. http://micronet.im.ac.cn　中国微生物信息网络。内含中国微生物菌种目录、中国经济真菌数据库、细菌名称数据库、革兰氏阴性杆菌编码数据库、微生物物种编目数据库等。

2. http://www.bact.wisc.edu/microtextbook/index.html　Winconsin 大学细菌学系的微生物网上教材。内容简明扼要，像名词解释，适合快速了解微生物学的内容。

3. http://www.e-journals.org/microbiology/　微生物学电子期刊链接。

4. http://ecocyc.org/background.shtml　细菌学网站。

5. http://www.epa.gov/nerlcwww/　美国环保中心，环境微生物。

6. http://micro.med.harvard.edu/　哈佛大学医学院微生物和分子遗传学系。

7. http://www.kluweronline.com/issn/0959-3993　世界微生物学与生物技术杂志。

8. http://www.mmb.ed.ac.uk/　爱丁堡大学微生物科学学院。

9. http://cmgm.stanford.edu/micro/　斯坦福大学微生物学与免疫学系。

10. http://www.journals.asm.org/minireviews.shtml/　美国微生物协会杂志文章集锦。

11. http://www.cabi.org/institut.imi./imi.htm　国际真菌学研究所（IMI）。

12. http://www.bocklabs.wisc.edu/welcome.html　微生物学研究所。

四、实验案例

实例一：环境微生物的检测

【实验目的】

（1）了解周围环境中微生物的分布状况，并根据不同环境设计合适的取样和对照实验方法。

（2）懂得无菌操作在微生物实验中的重要性。

（3）学会以无菌操作接种平板培养基的方法。

（4）对微生物菌落形态的初步识别。

（5）参考操作规则，初步学习生物多媒体系统及软件的基本操作。

【实验原理】

本次实验中通过选择从空气、器具、人体各部位取样，接种于琼脂平板上，来观察环境中微生物的存在。而平板培养基含有微生物生长所需的营养成分，当取自不同来源的样品接种于培养基上，在37℃温度下培养1～2天，每一菌体即能通过很多次细胞分裂而进行繁殖，形成一个可见的细胞群体的集落，称为菌落。

每种细菌所形成的菌落都有它自己的特点。例如，菌落的大小，表面干燥或湿润、隆起或扁平、粗糙或光滑，边缘整齐或不整齐，菌落透明或半透明，颜色以及质地疏松或紧密等。因此，可通过平板培养来检查环境中细菌的数量和类型。

从周围环境和体表各部取样生长出来的微生物，虽然大多数属正常菌群，但当进入破损的皮肤或传入口内或眼睛等处也会引起传染，这一方面是因为通过培养，微生物的量大；另一方面，有些微生物在一定的部位是非致病菌，但当条件改变时也可能致病（称为条件致病菌），因此必须详细阅读操作步骤并听从指导者的说明，特别是用过的棉签和工作完毕后的培养物等均要放在指定的容器内，接种环不仅在用前必须烧灼灭菌，而且用后也应立即烧灼。这是整个微生物学实验课程和今后进行微生物学实验时均需注意的。

【实验器材】

酒精灯或煤气灯；试管架；接种环；无菌水；灭菌棉签（装在试管内）；肉膏蛋白胨琼脂平板（一组1～2块）；记号笔（或蜡笔）；废物缸。

【实验步骤】

（1）学习实验原理。

（2）学习实验参考资料。

（3）应用多媒体系统设计并提交实验草案。

（4）与指导教师讨论并修改实验草案。

（5）按正式方案实验。

（6）观察实验结果，应用MOTIC图像分析系统分析实验结果。

（7）提交实验报告。

【设计参考】

1. 平板标记方法

培养皿的记号一般写在皿底上。如果写在皿盖上，同时观察两个以上培养皿的结果，打开皿盖时，容易混淆。字尽量小些，写在皿底的一边，不要写在当中，以免影响观察结果。标记基本要素有如下几点：①班级、组别或姓名；②日期；③接种微生物的品名（如为采样，需写明来源，如实验室空气或无菌室空气或头发等）。

2. 空气采样接种方法

将一个肉膏蛋白胨琼脂平板放在采样地点，移去皿盖，使琼脂培养基表面暴露在空气中；1h后盖上皿盖。

3. 器具采样接种方法

1）取棉签　　左手拿含有棉签的试管，在火焰旁用右手的手掌边缘和小指、无名指夹持棉塞（或试管帽），将其取出，将管口很快地通过煤气灯（或酒精灯）的火焰，烧灼管口；轻轻地倾斜试管，用右手的拇指和食指将棉签小心地取出。放回棉塞（或试管帽），并将空试管放在试管架上。

2）弄湿棉签　　左手取灭菌水试管，如上法拔出棉塞（或试管帽）并烧灼管口，将棉签插入水中，再提出水面，在管壁上挤压一下以除去过多的水分，小心将棉签取出，烧灼管口，放回棉塞（或试管帽），并将灭菌水试管放在试管架上。

3）取样　用湿棉签在取样器具上擦拭约 $2cm^2$。

4）接种　在火焰旁用左手拇指和食指或中指使平皿开启成一缝。再将棉签伸入，在琼脂表面顶端接种（滚动一下），立即闭合皿盖。将原放棉签的空试管拔出棉塞（或试管帽），烧灼管口，插入用过的棉签，将试管放回试管架。

4. 人体微生物采样与接种方法

1）手指（洗手前与洗手后）

（1）分别在两个琼脂平板上标明洗手前与洗手后（班级、姓名、日期等各项在每次写标签时也是必不可少的）。

（2）移去皿盖，用未洗过的手指在琼脂平板的表面轻轻地来回划线，盖上皿盖。

（3）用肥皂和刷子，用力刷手，在流水中冲洗干净，干燥后，在另一琼脂平板表面来回移动，盖上皿盖。

2）头发　在揭开皿盖的琼脂平板的上方，用手将头发用力摇动数次，使细菌降落到琼脂平板表面，然后盖上皿盖。

3）咳嗽　将去盖琼脂平板放在离口 6～8cm 处，对着琼脂表面用力咳嗽，然后盖上皿盖。

其他部位采样可按器具采样接种方法。

5. 远程取样

远程取样需要注意路途中的污染，取样结果如为棉签，取样后应迅速放入灭菌试管中，塞好棉塞带回。如为空气取样，应在取样后用酒精棉球擦拭外周，放入大的灭菌容器中带回。

6. 培养

接种完毕后，所有的琼脂平板翻转，使皿底在上，放 37℃培养箱，培养 1～2 天。

7. 结果观察记录方法

（1）在划线的平板上，如果菌落很多而重叠，则数平板最后 1/4 面积内的菌落数。不是划线的平板，也一分为四，数 1/4 面积的菌落数。

（2）根据菌落大小、形状、高度、干湿等特征观察不同的菌落类型。但要注意，如果细菌数量太多，会使很多菌落生长在一起，或者限制了菌落生长而使其变得很小，因而外观不典型，故观察菌落的特点时，要选择分离得很开的单个菌落。

菌落特征描写方法如下。

a. 大小：大、中、小、针尖状。可先将整个平板上的菌落粗略观察一下，再决定大、中、小的标准，或由教师指出一个大小范围。

b. 颜色：黄色、金黄色、灰色、乳白色、红色、粉红色等。

c. 干湿情况：干燥、湿润、黏稠。

d. 形态：圆形、不规则等。

e. 高度：扁平、隆起、凹下。

f. 透明程度：透明、半透明、不透明。

g. 边缘：整齐、不整齐。

【设计提示与思考】

1. 空白对照

（1）未接种的平板一块，按一般取样的同等培养条件培养，观察培养结果是否有菌落出现。如有则提示什么问题？

（2）取平板一块，用无菌棉签蘸无菌水，用划线接种法在平板上涂布。按一般取样的同等培养条件培养，观察培养结果是否有菌落出现。如有则提示什么问题？

2. 对照设计

对照设计注意是否具有对照价值，以及可对照的基础，避免设计为对照而对照。

实例二：大肠杆菌生长曲线的测定

【实验目的】

了解大肠杆菌生长曲线的基本特征，从而认识微生物在一定条件下生长、繁殖的规律。在此基础上，学会科学合理地安排实验，设计出时间上最经济合理的生长曲线测定方法。

【实验原理】

一定量的微生物，接种在适合的新鲜液体培养基中，在适宜的温度下培养，以菌数的对数作纵坐标，生长时间作横坐标，做出的曲线叫生长曲线。一般可分为延迟期、对数期、稳定期和衰亡期四个时期。不同的微生物有不同的生长曲线，同一种微生物在不同的培养条件下，其生长曲线也不一样。因此，测定微生物的生长曲线对于了解和掌握微生物的生长规律是很有帮助的。

测定微生物生长曲线的方法很多，有血球计数法、平板菌落计数法、称重法、比浊法等。本实验采用比浊法测定，由于细菌悬液的浓度与混浊度成正比，因此，可利用分光光度计测定菌悬液的光密度值来推知菌液的浓度，并将所测得的光密度值（OD 值）与其对应的培养时间作图，即可绘出该菌在一定条件下的生长曲线。现已有直接用试管就可以测定 OD 值的光电比色计，只要接种一支试管，定期用它测定，便可做出该菌的生长曲线。

【实验器材】

(1)72 型或 72.1 型分光光度计。

(2)自控水浴振荡器或摇床。

(3)无菌吸管和盛有 5mL 肉膏蛋白胨液体培养基的大试管若干支，根据实验具体设计确定。

(4)培养 18～20h 的大肠杆菌培养液。

【实验步骤】

若做单纯的生长曲线实验，可根据晚上有 8h 不能测定和取样的要求，设计一个可以避开晚间，同时取样和放样时间最少的方案。若做多因素对大肠杆菌生长繁殖的影响研究，可根据具体情况设计方案。实验最少重复 3 次以上，应根据取样点，计算出需要的各种器材和药品量。因实验耗时较长，建议 4 人以上组成小组进行实验。组长需安排好轮替时间表。实验取样后放置入冰箱，待所有取样完成后，统一比色测定。

【设计参考】

1. 编号

取盛有肉膏蛋白胨液体培养基的大试管，用记号笔标明培养时间，即 0h、1.5h、3h、

4h、6h、8h、10h、12h、14h、16h、20h。同一时间的重复样可在时间后用 A、B、C、D 等标示。

2. 接种

用 1mL 无菌吸管，每次准确地吸取 0.2mL 大肠杆菌培养液，分别接种到已编号的肉膏蛋白胨液体培养基大试管中，接种后振荡，使菌体混匀。

3. 培养

根据实验方案，将接种后的试管置于自控水浴振荡器或摇床上，37℃振荡培养。分别在设计时间内将编号为对应时间的试管取出。注意，未培养样和已经结束的培养样本均放冰箱中储存。

4. 比浊测定

以未接种的肉膏蛋白胨培养基作空白对照，选用 540～560nm 波长进行光电比浊测定。从最稀浓度的菌悬液开始依次进行测定，对浓度大的菌悬液用未接种的肉膏蛋白胨液体培养基适当稀释后测定，使其光密度值为 0.1～0.65，记录 OD 值时，注意乘上所稀释的倍数。

5. 结果表格参考

培养时间	0	1.5	3	4	6	8	10	12	14	16	20
OD 值											

【思考题】

1. 为什么说用比浊法测定的细菌生长只是表示细菌的相对生长状况？

2. 在生长曲线中为什么会出现稳定期和衰亡期？在生产实践中怎样缩短延迟期？怎样延长对数期及稳定期？怎样控制衰亡期？试举例说明。

实例三：微生物培养过程及产物的分析研究

【实验目的】

综合运用微生物基本操作技术与检测方法，对微生物培养过程及产物进行分析检测。重点考察多实验综合设计能力，以及实现设计构思的各种基本实验技能的掌握情况。

【实验原理】

本实验涉及的实验技术包括无菌操作，液培接种与培养，平板接种与培养，菌落观察，生长曲线测定等多方面。

【实验器材】

根据设计草案的需要与指导教师商定。

【实验步骤】

（1）课前安排：要求以酸奶发酵过程以及酸奶制品为例，研究选择适合的质量监测指标，然后可在酵母菌、乳酸菌、大肠杆菌、枯草杆菌这四种微生物中任意选择一种或几种，设计出详细的研究预案。

（2）上课前一周提交设计草案。

（3）上课前根据批准的正式方案领取实验器材并完成实验准备工作。

(4) 完成测定。

【设计参考】

1. 培养基配制

仅列出最常见的一种，若需要其他种，可自查参考资料。

1) 牛肉膏蛋白胨培养基的配方 (1000mL) 牛肉膏 3g；蛋白胨 10g；NaCl 5g；琼脂 15～20g；水 1000mL；pH7.4～7.6。

2) 操作步骤

(1) 称量。按培养基配方比例依次准确地称取牛肉膏、蛋白胨、NaCl 放入烧杯中。牛肉膏常用玻棒挑取，放在小烧杯或表面皿中称量，用热水溶化后倒入烧杯。也可放在称量纸上，称量后直接放入水中，这时如稍微加热，牛肉膏便会与称量纸分离，然后立即取出纸片。蛋白胨很易吸潮，在称取时动作要迅速。另外，称药品时严防药品混杂，一把牛角匙用于一种药品，或称取一种药品后，洗净、擦干，再称取另一药品，瓶盖也不要盖错。

(2) 溶化。在上述烧杯中可先加入少于所需要的水量，用玻棒搅匀，然后，在石棉网上加热使其溶解。待药品完全溶解后，补充水分到所需的总体积。如果配制固体培养基，将称好的琼脂放入已溶化的药品中，再加热溶化，在琼脂溶化的过程中，需不断搅拌，以防琼脂糊底使烧杯破裂。最后补足所失的水分。

(3) 调 pH。在未调 pH 前，先用精密 pH 试纸测量培养基的原始 pH，如果 pH 偏酸，用滴管向培养基中逐滴加入 1mol/L NaOH，边加边搅拌，并随时用 pH 试纸测其 pH，直至 pH 达 7.6。反之，则用 1mol/L HCl 进行调节。注意 pH 不要调过头，以避免回调，否则，将会影响培养基内各离子的浓度。

对于有些要求 pH 较精确的微生物，其 pH 的调节可用酸度计进行（使用方法可参考有关说明书）。

(4) 过滤。趁热用滤纸或多层纱布过滤，以利结果的观察。一般无特殊要求的情况下，这一步可以省去（本实验无需过滤）。

(5) 分装。按实验要求，可将配制的培养基分装入试管内或三角烧瓶内。

分装过程中注意不要使培养基沾在管口或瓶口上，以免沾污棉塞而引起污染。液体分装的分装高度以试管高度的 1/4 左右为宜。固体分装，其装量不超过试管高的 1/5，灭菌后制成斜面。分装三角烧瓶的量以不超过三角烧瓶容积的一半为宜。半固体分装试管一般以试管高度的 1/3 为宜，灭菌后垂直待凝。

(6) 加塞。培养基分装完毕后，在试管口或三角烧瓶口上塞上棉塞，以阻止外界微生物进入培养基内而造成污染，并保证有良好的通气性能。

(7) 包扎。加塞后，将全部试管用麻绳捆扎好，再在棉塞外包一层牛皮纸，以防止灭菌时冷凝水润湿棉塞，其外再用一道麻绳扎好。用记号笔注明培养基名称、组别、日期等。三角烧瓶加塞后，外包牛皮纸，用麻绳以活结形式扎好，使用时容易解开，同样用记号笔注明培养基名称、组别、日期等。

(8) 灭菌。将上述培养基以 1.05kg/cm^2，121.3℃，20min 高压蒸汽灭菌。如因特殊情况不能及时灭菌，则应放入冰箱内暂存。

(9) 搁置斜面。将灭菌的试管培养基冷却至 50℃左右，将试管棉塞端搁在玻棒上，搁置的斜面长度以不超过试管总长的一半为宜。

(10) 无菌检查。将灭菌的培养基放入 37℃的温室中培养 24～48h，以检查灭菌是否彻底。

2. 器具消毒方法

见本节基础知识部分。

3. 相关指标的测定

可检索网络文献。

【设计提示与思考】

1. 设计题目举例：酸豆奶发酵过程的分析检测，几种酸奶制品的质量检测。

2. 设计草案应该简述设计的意义，涉及的主要实验方法，需要的具体器材，以及组内分工。

注意，需要慎重考虑需要灭菌的器材，因为灭菌需要时间，如果计算缺失，无法在实验进程中立刻补充，可能导致实验环节无法进行下去。

实例四：微生物生长影响因子的研究

【实验目的】

了解温度、pH、紫外线及常用化学消毒剂等对微生物的影响，设计考察不同的生长影响因子变量及其组合对某种微生物生长的影响，可联系生活生产实际对考察内容的结果进行分析。

【实验原理】

影响微生物生长的外界因素很多，其一是营养物质，其二是许多物理、化学因素。当环境条件的改变在一定限度内，可引起微生物形态、生理、生长、繁殖等特征的改变；当环境条件的变化超过一定限度时，则导致微生物的死亡。研究环境条件与微生物之间的相互关系，有助于了解微生物在自然界的分布与作用，也可指导人们在食品加工中有效地控制微生物的生命活动，保证食品的安全性，延长食品的货架期。

温度是影响微生物生长繁殖最重要的因素之一。在一定温度范围内，机体的代谢活动与生长繁殖随着温度的上升而增加，当温度上升到一定程度，开始对机体产生不利的影响，如再继续升高，则细胞功能急剧下降以至死亡。

pH 对微生物生命活动的影响主要是通过以下几个方面实现的：一是使蛋白质、核酸等生物大分子所带电荷发生变化，从而影响其生物活性；二是引起细胞膜电荷变化，导致微生物细胞吸收营养物质的能力发生变化；三是改变环境中营养物质的可给性及有害物质的毒性。不同微生物对 pH 条件的要求各不相同，它们只能在一定 pH 范围内生长。

电磁辐射包括可见光、红外线、紫外线、X 射线和 γ 射线等，均具有杀菌作用。在辐射能中无线电波波长最长，对生物作用最弱；红外辐射波长为 800～1000nm，可被光合细菌作为能源；可见光部分的波长为 380～760nm，是蓝细菌等藻类进行光合作用的主要能源；紫外辐射的波长为 136～400nm，有杀菌作用。可见光、红外辐射和紫外辐射的最强来源是太阳，由于大气层的吸收，紫外辐射与红外辐射不能全部达到地面；而波长更短的 X 射线、γ 射线、β 射线和 α 射线（由放射性物质产生），往往引起水与其他物质的电离，对微生物起有害作用，故被作为一种灭菌措施。

紫外线以 265～266nm 波长的杀菌力最强，其杀菌机制是复杂的，细胞原生质中的核酸及其碱基对紫外线吸收能力强，吸收峰为260nm，而蛋白质的吸收峰为280nm，当这些辐射能作用于核酸时，便能引起核酸的变化，破坏分子结构，主要是对DNA的作用，最明显的是形成胸腺嘧啶二聚体，妨碍蛋白质和酶的合成，引起细胞死亡。

紫外线的杀菌效果，因菌种及生理状态而异，照射时间、距离和剂量的大小也对其有影响，由于紫外线的穿透能力差，不易透过不透明的物质，即使一薄层玻璃也会使其被滤掉大部分，在食品工业中适于厂房内空气及物体表面消毒，也有用于饮用水消毒的。适量的紫外线照射，可引起微生物的核酸物质DNA结构发生变化，培育新性状的菌种。因此，紫外线常常作为诱变剂用于育种工作中。

常用的化学消毒剂主要有重金属及其盐类、有机溶剂（酚、醇、醛等）。重金属盐类对微生物都有毒害作用，其机制是金属离子容易和微生物的蛋白质结合而发生变性或沉淀。汞、银、砷的离子对微生物的亲和力较大，能与微生物酶蛋白的—SH基结合，影响其正常代谢。汞化合物是常用的杀菌剂，杀菌效果好，用于医药业中。重金属盐类虽然杀菌效果好，但对人有毒害作用，所以严禁用于食品工业中防腐或消毒。有杀菌作用的有机化合物种类很多，其中酚、醇、醛等能使蛋白质变性，是常用的杀菌剂。

1. 酚及其衍生物

酚又称石炭酸，杀菌原理是使微生物蛋白质变性，并具有表面活性剂作用，破坏细胞膜的通透性，使细胞内含物外溢致死。酚浓度低时有抑菌作用，浓度高时有杀菌作用，2%～5%酚溶液能在短时间内杀死细菌的繁殖体，杀死芽孢则需要数小时或更长的时间。许多病毒和真菌孢子对酚有抵抗力。适用于医院的环境消毒，不适于食品加工用具以及食品生产场所的消毒。

2. 醇类

醇类是脱水剂、蛋白质变性剂，也是脂溶剂，可使蛋白质脱水、变性，损害细胞膜而具杀菌能力。70%的乙醇杀菌效果最好，超过70%浓度的乙醇杀菌效果较差，其原因是高浓度的乙醇与菌体接触后迅速脱水，表面蛋白质凝固，形成了保护膜，阻止了乙醇分子进一步渗入。

乙醇常常用于皮肤表面消毒，实验室用于玻棒、玻片等用具的消毒。醇类物质的杀菌力随着分子质量的增大而增强，但分子质量大的醇类水溶性比乙醇差，因此，醇类中常常用乙醇作消毒剂。

3. 甲醛

甲醛是一种常用的杀细菌与杀真菌剂，杀菌原理是与蛋白质的氨基结合而使蛋白质变性致死。市售的福尔马林溶液就是37%～40%的甲醛溶液。0.1%～0.2%的甲醛溶液可杀死细菌的繁殖体，5%的浓度可杀死细菌的芽孢。甲醛溶液可作为熏蒸消毒剂，对空气和物体表面有消毒效果，但不适宜于食品生产场所的消毒。

【实验试剂和器材】

（1）菌种：建议选择大肠杆菌、金黄色葡萄球菌、酿酒酵母菌或枯草杆菌。

（2）培养基：建议使用牛肉膏蛋白胨琼脂培养基。

（3）溶液及试剂：根据实验设计申请，建议至少应该准备2.5%碘酒，0.1%升汞，5%石炭酸，75%乙醇，5%甲醛，无菌生理盐水等。

（4）仪器及设备：根据实验设计申请，建议至少应该准备无菌培养皿，无菌滤纸，试管，吸管，三角涂棒，黑纸片。恒温培养箱、分光光度计为必备。

【实验步骤】

(1) 熟悉实验参考资料。

(2) 设计并提交实验草案。提示：可选单因子多水平实验（5 个以上水平），也可选3 种以上因子用正交试验法组合实验。

(3) 与指导教师讨论并修改实验草案。

(4) 按正式方案实验。

(5) 观察并分析实验结果。

(6) 提交实验报告。

【设计参考】

1. 温度实验

在牛肉膏蛋白胨琼脂斜面培养基上接种实验对象菌种 4 支，放在 0℃、25℃、37℃和50℃条件下培养，24h 后观察菌苔生长情况。

2. 紫外线杀菌实验

(1) 将已经灭菌并冷却到 50℃左右的牛肉膏蛋白胨琼脂培养基倒入无菌培养皿中，水平放置待凝固。

(2) 用无菌吸管吸取 0.1mL 培养 18h 的实验对象菌种加入上述平板中，用无菌三角涂棒涂布均匀。

(3) 在超净工作台中，以无菌操作的方法将黑色纸片放入培养皿中，紫外线照射15min，取出，用纸包好，在 37℃温室中培养 24h 后观察。

3. 化学消毒剂实验

(1) 将已经灭菌并冷却到 50℃左右的牛肉膏蛋白胨琼脂培养基倒入无菌培养皿中，水平放置待凝固。

(2) 用无菌吸管分别吸取 0.1mL 培养 18h 的实验对象菌种菌液 A（1 皿）和实验对象菌种 B（1 皿）加入上述平板中，用无菌三角涂棒涂布均匀。

(3) 将已经涂布好的平板底皿划分为 4 等份，每一等份内标明一种消毒剂的名称。

(4) 用无菌镊子将已灭菌的小圆滤纸分别浸入装有各种消毒剂的试管中浸湿。

(5) 将上述贴好滤纸片的含菌平板倒置放于 37℃条件下培养 24h 后观察抑菌圈的大小。

4. pH 实验

(1) 在当地分离的细菌斜面培养基中加入适量无菌生理盐水制成菌悬液，调节 OD_{600} 值均为 0.05。

(2) 无菌操作，吸取 0.1mL 菌悬液，接种于 5mL 的牛肉膏蛋白胨液体培养基的试管中，37℃条件下培养 24～48h。

(3) 培养结束后，用分光光度计测定培养物的 OD_{600} 值。

【思考题】

1. 本实验中单因子实验和多因子实验分别有何特点和用处？

2. 如果比较不同消毒剂的抑菌作用，应该如何选择合适的水平？也就是，选取浓度和生产生活实际有何关联？

五、设计思路参考

实例一：电梯内微生物检测

【实验目的】

(1) 电梯空间狭小，人员拥挤，通风不良，按钮表面、电梯间空气易受各种微生物的污染。为了解学校电梯的污染情况，对电梯内空气微生物污染进行监测。

(2) 掌握培养基接种微生物和培养的方法。

(3) 掌握培养基上菌落的识别方法以及细菌的镜检操作。

【实验步骤】

(1) 将5个培养皿分别标上标号（分别为空电梯、满电梯高、满电梯低、楼梯、电梯外）。将标明空电梯的培养皿放在空电梯的地面上；将标明满电梯高的培养皿放在装有5个人的电梯中，由一个人端着（身高175cm），与他的头平行；将标明满电梯低的培养皿放在放满电梯高的培养皿的电梯中，电梯不停从一楼到五楼再返回；将标明楼梯的培养皿放在文科楼一楼至二楼楼梯的第五级处挨着扶手的台阶上；将标明电梯外的培养皿放在文科楼大门前的草坪中，距草坪靠近文科楼那侧的边界处；将这5个培养皿静置30min，再将各培养皿盖上盖子取回。

(2) 将这5个培养皿分别放入培养箱中培养48h。

(3) 将培养皿从培养箱中取出，用肉眼对各培养基中的菌落进行观察，并测量、拍照(将直尺放在旁边拍照，方便测量)。

(4) 用单染色和革兰氏染色法分别对菌群取样染色并进行镜检。

【实验结果】

培养基位置	菌落数目	菌落颜色	菌落表面状况	菌落大小	菌落透明度
空电梯	2	黄色	光滑	小	一透明一不透明
楼梯	5	白色	不光滑	一大四小	透明
电梯外	3	白色	不光滑	一大两小	两透明一不透明
满电梯高	3	白色	光滑	小	不透明
满电梯低	9	白色	光滑	小	不透明

【实验讨论】

空电梯内的微生物虽然与室外基本相等，可以看出当电梯满员的时候电梯上方微生物含量低于下方，但是明显下方微生物含量还是高于电梯外。主要原因在于电梯内通风工作做得不够。根据空气与物体表面的细菌总数可初步判断污染程度，室内的链球菌绝大多数是绿色的溶血性链球菌，寄居于正常人上呼吸道，可通过飞沫传播到周围空气，其数量与人群密度和空气污浊度有关，卫生学意义较大，可作为空气污染评价指标，电梯空气中的革兰氏阳性球菌占优势，且抵抗力较强，可引起呼吸道感染、婴幼儿感染。空气中真菌可作为吸入性抗原，对特异性个体引发变态反应，也可通过食入、接触等引起过敏，由真菌吸入所致的哮喘可用真菌抗原吸入激发所证实。

电梯机房的通风：按机房体积，15次/h，一般采用风机通风。详见《2003全国民用建筑工程设计技术措施》表1.2.26。实验测定时，所乘坐的电梯通风设备未能正常运转，即载重量为 1000kg 的轿厢完全密闭。

结论：密闭的电梯不仅会造成空气中氧气的耗散，同时据我们实验中微生物测定结果，未能及时通风的电梯微生物含量远远高于电梯外环境，建议保证电梯的通风时间及次数。人是公共场所空气微生物的重要来源，所以，我们一定要做好电梯空气监测监控，做好通风工作。

实例二：酸奶对大肠杆菌的抑菌作用研究设计思路

【实验目的及立题意义】

酸奶中所含丰富的乳酸菌是机体肠道正常菌群中的优势菌，能够产生有机酸（如乳酸、乙酸、丙酸等）、双乙酰、过氧化氢等化合物，抑制腐败菌和病原菌。大肠杆菌在正常条件下是机体肠道的正常菌群，但在异位时或当机体抵抗力下降时又可能成为条件致病菌，引起各种感染。研究表明，乳酸菌通过自身的生长繁殖及其所产生的代谢物等，可改善动物胃肠道内部微环境、降低 pH，抑制有害菌生长，对肠道细菌如大肠杆菌、沙门菌引起的疾病有治疗作用，也有保健作用。

通过酸奶的体外抑菌实验，探讨酸奶对致病性大肠杆菌的抑制特性，并对乳酸菌发酵酸奶的机制有所认识。

【实验器材】

酸奶（市售）；大肠杆菌（实验室提供）；牛肉膏蛋白胨培养基；摇床；恒温箱；培养皿；无菌 L 形玻璃棒；金属管；镊子；离心机；游标卡尺。

【实验内容】

（1）酸奶成分分离，取 3mL 酸奶 12 000r/min 离心，分离得到上清液以及酸奶悬浊液。

（2）利用固体培养的方法测定酸奶对大肠杆菌的抑菌效果，取 5 个平皿，每个平皿用无菌的 L 形玻璃棒匀涂 200μL 大肠杆菌悬液，干后打孔。在每个平皿底部分区（分 3 个区），用金属管在每个区打 1 个孔，孔径为 7.0mm，再用镊子将孔内琼脂块挑出，然后封底。在 3 个区的孔内分别加入酸奶原液、酸奶上清液、酸奶浊悬液。37℃培养 16h，观察抑菌圈大小并用游标卡尺测量其直径，根据抑菌圈直径大小作为判定其抑菌能力强弱的标准。

（3）利用液体培养的方法测定抑菌能力的大小，取 64 支试管分成 4 组，每组标号 X-1、X-2、X-3、X-4、X-5、X-6、X-7、X-8；第一组试管均加入 1mL 酸奶原液和 0.2mL 大肠杆菌，第二组试管均加入 1mL 酸奶上清液和 0.2mL 大肠杆菌，第二组试管均加入 1mL 酸奶浊悬液和 0.2mL 大肠杆菌。37 ℃振荡培养，第四组试管均加入 1mL 无菌水和 0.2mL 大肠杆菌，于 0h、1h、2h、4h、6h、8h、10h、12h 测定各不同时间段光密度值（OD 值），以各组未接种试管为参比。

（4）统计分析数据经 Excel 软件初步整理后，利用 SPSS 10.0 单因子方差分析中 LSD 法进行统计分析。

【实验步骤】

（1）星期五，培养基配制及灭菌，培养皿、试管等仪器灭菌；酸奶离心分离。

200mL 牛肉膏蛋白胨液体培养基，分装到 40 支试管中（每支试管 5mL）；200mL 牛肉膏蛋白胨琼脂培养基，分装到 8 个平板（每个 15mL）；500mL 酸奶分离，冷藏备用。

（2）星期六，接种，培养。

本大组分成两个小组：第一小组负责 5 个平板的接种，加离心物；第二小组负责 64 支试管的加液，接种，培养。

试管号：X-1，X-2，X-3，X-4，X-5，X-6，X-7，X-8。

接种时间：15 时。

培养开始时间：15 时，21 时，23 时。

培养结束时间：15 时，16 时，17 时，19 时，21 时，23 时，9 时。

（3）星期天，测定抑菌圈直径，测定 OD 值，数据处理，结果分析。

实例三：大肠杆菌在不同 pH 完全培养液中的生长情况设计思路

（1）用 NaOH 等碱性试剂与 HCl 等酸性试剂将 8 支试管 pH 分别调为 3、4、5、6、7、8、9、10（大肠杆菌最低生长 pH 为 4.3，最适为 6.0～8.0，最高为 9.5）（周德庆，2000），故我们将 pH 设为这几个梯度，在实验过程中会根据精确 pH 试纸来测定，具体 pH 会做出相应调整，分别编号为①②③④⑤⑥⑦⑧。

（2）每支试管接入适量且等量的大肠杆菌，放于 37℃培养箱中培养适当时间。

（3）一段时间后拿出，用血球计数板在显微镜下观察大肠杆菌生长情况，记录数量，比较不同 pH 对大肠杆菌生长的影响。

实例四：不同浓度氯化钠对大肠杆菌的影响设计思路

（1）将 5 个平板培养基编号为①②③④⑤。

（2）取 10 支灭菌试管，编号为①②③④⑤⑥⑦⑧⑨⑩。

（3）①号管加入 1mL 无菌水，不加氯化钠作为对照，其他试管依次加入 0.006g、0.008g、0.010g、0.012g、0.016g、0.020g、0.024g、0.028g、0.032g 氯化钠，再加入无菌水稀释到 1mL。

（4）10 支试管中分别加入 0.3mL 培养的大肠杆菌细胞悬液，在 37℃培养箱中培养，让其反应适当时间。

（5）取灭菌后的滤纸，分成相同适当大小的 10 份，每个培养基放两张，取相同滴数的以上配好的溶液，分别滴在滤纸上，记录对应编号。

（6）放于 37℃培养箱培养适宜时间后拿出，观察滤纸周围抑菌环大小、菌落形态，记录分析。

第三节 细胞生物学部分

一、细胞生物学实验的意义和特点概述

细胞是生命的结构和功能单位，一切生命现象都可从细胞中得到解答，细胞生物学是研究细胞基本生命活动规律的科学，是生命科学中各学科领域最重要的基础课。

在细胞生物学教学过程中，实验课程是不可缺少的重要组成部分。细胞生物学包含的知

识面广，信息量大，学好这门课，对学生掌握生物学系统知识、培养实验动手能力和科研素质具有直接和长远的影响。实验课程使学生利用所掌握的细胞生物学知识，学习细胞生物学实验基本技术，培养学生对认识细胞的生命活动强烈的追求和探索精神，使学生善于从生命现象探求其内在规律，并且能够运用现有的细胞生物学知识去研究生命科学中与细胞生物学有关的课题，从而达到培养创新型人才的目的。

随着分子生物学理论和技术的发展，分子生物学的概念和技术逐渐向细胞生物学渗透，人们开始在分子水平上逐步揭示细胞生命活动规律。在细胞生物学实验中，应注意在细胞学水平和分子生物学水平上联系。在实验中培养学生的动手能力也十分重要，掌握好细胞生物学实验技术对于学生建立全面的实验操作体系具有重要的意义。

二、细胞生物学实验课程的技能特点

所有的科学知识都来自于实践，如目前科学研究从显微水平到分子水平，离不开显微技术的发展，而掌握实验技术与技能、在实验课中培养能力，有助于学生将来的发展与创造。

因此，细胞生物学实验就是利用多媒体教学平台，让学生学习实验技术，从而具有一定的实验操作技能，培养学生独立设计实验的思考与探索精神，提高学生的思维能力和进行科学实验的素质，从而达到创新意识和创新能力的培养。细胞生物学实验设计中实践技能的培养还包括以下内容。

（1）实验前做好充分准备，弄清实验的目的与原理后，运用所学的理论知识和技能去设计实验，包括实验中可能遇到的问题，如安全问题及应该采取什么措施才能避免。认真听取老师意见，可进一步完善实验方案。

（2）实验过程中，注意观察与测量，记录、分析和处理数据，并对结果进行分析讨论，独立完成具有科学性、真实性的实验报告。

实验将技术性、综合性、探索创新性融合在一起，激发学生对细胞生物学实验的兴趣，充分运用实验仪器设备，在实验观察中寻找问题和发现问题，培养学生的创新思维和独立分析问题、解决问题的能力。在实验中，要求学生养成实事求是的科学态度，对实验结果的数据，无论符不符合自己的预期结果，均要如实记录，并实事求是地得出相应的结论。

三、细胞生物学实验常用试剂配制方法

（一）苏木精染液

先将苏木精 2g 溶于 100mL 乙醇中，再加冰醋酸 10mL，混合后加蒸馏水 100mL 和 100mL 甘油，然后加硫酸铝钾（约 10g）至饱和，搅拌均匀，倒入瓶中。将瓶口用 1 层纱布包着的小块棉花塞上，放在暗处通风的地方，并经常摇动，直到液体颜色变为深红色为止。

（二）吉姆萨（Giemsa）母液

称取吉姆萨粉末 1g 溶于少量甘油中，在研钵内研磨 30min 以上，直到看不见颗粒为

止，再将全部（66mL）剩余甘油倒入，于56℃温箱内保温2h。然后再加入甲醇（66mL），搅匀后保存于棕色瓶中。母液配制后放入冰箱可长期保存，一般刚配制的母液染色效果欠佳，保存时间越长越好。

临用时用pH6.8的磷酸盐缓冲液稀释10倍。

（三）瑞（Wright）氏染液

称取瑞氏染料粉末0.1g于研钵内研细后，加入少量甲醇再反复研磨，最后将全部甲醇（共60mL）加入研匀，染料全部溶解后，将染液保存于棕色瓶内备用。

（四）乙酸洋红染液

称取洋红粉末1g倒入100mL 45%乙酸溶液中，边煮边搅拌，煮沸（沸腾时间不超过30s），冷却后过滤，即可使用。

（五）其他试剂

0.17mol/L氯化铵：氯化铵4.574g溶于500mL蒸馏水中。

0.17mol/L草酸铵：草酸铵（$(NH_4)_2C_2O_4 \cdot H_2O$）溶于500mL蒸馏水中。

0.17mol/L氯化钠：氯化钠4.967溶于500mL蒸馏水中。

0.17mol/L硫酸钠：硫酸钠（$Na_2SO_4 \cdot 10H_2O$）溶于500mL蒸馏水中。

0.17mol/L硝酸钠：硝酸钠7.224g溶于500mL蒸馏水中。

0.32mol/L葡萄糖：葡萄糖28.83g溶于500mL蒸馏水中。

0.32mol/L甘油：甘油（1.26g/mL）11.7mL加蒸馏水500mL混匀。

0.32mol/L乙醇：无水乙醇9.33mL加蒸馏水500mL混匀。

四、常用细胞生物学实验参考资料

（一）参考书目

1. 杨汉民. 1997. 细胞生物学实验. 北京：高等教育出版社

2. 辛华. 2001. 细胞生物学实验. 北京：科学出版社

3. Rob R，David H，Jonathan W，et al. 2001. 生物分子科学实验技术. 王小菁等译. 长沙：湖南科学技术出版社

4. 张卓然. 1999. 实用细胞培养技术. 北京：人民卫生出版社

5. 印莉萍，祁小廷. 2005. 细胞分子生物学技术教程. 北京：科学出版社

6. 滕利荣，孟庆繁. 2008. 生物学基础实验教程. 北京：科学出版社

（二）参考期刊

1. 中国细胞生物学学报

2. 细胞与分子免疫学杂志

3. 中国组织化学与细胞化学杂志

4. 细胞研究

5. Cell
6. Molecular Biology of the Cell
7. Cell and Molecular Biology

（三）参考网站

1. 上海生物信息技术研究中心：http://www.scbit.org/pages/index.do
2. 细胞生物学精品课程网站：http://jpkc.sysu.edu.cn/xbsw
3. 细胞实验网：http://www.5ibio.com/html/cell/
4. 细胞生物学在线：http://www.cella.cn/

五、细胞生物学实验实例

实例一：细胞显微结构观察及大小的测量

【实验目的】

通过对动物和植物细胞的观察，了解生命活动的基本单位——细胞的主要结构，并了解动物细胞和植物细胞在结构上的异同，判断和识别光镜下各种细胞器的形态、大小及数目。了解显微测微尺的使用方法。了解显微制片技术方法与种类，学会利用电脑软件测量细胞的方法。

【实验原理】

细胞是生命活动的基本结构和功能单位，不同形态的细胞具有不同的功能，但它们具有相同的基本结构特点。测量细胞长度、面积、体积是研究正常或病理组织细胞的基本方法之一，利用显微测微尺和电脑软件测量细胞大小，对细胞的生长状态、活性和功能的研究具有一定的意义。

【实验试剂和器材】

1. 试剂

0.1%亚甲基蓝染液；0.9%生理盐水；Wright染液；HE染液。

2. 仪器

显微镜；吸水纸；滴管；擦镜纸；镜头油；镊子；解剖剪；刀片；载玻片；盖玻片；目镜测微尺；镜台测微尺；牙签；消毒棉花；三棱针；电脑等。

3. 材料

洋葱表皮；菠菜叶或小白菜叶；人血涂片；动植物器官切片；猪的脑或脊髓等。

【实验步骤】

1. 洋葱鳞茎表皮细胞

用镊子从洋葱鳞茎内表面撕取一小块表皮，铺在加有一小滴水的载玻片上，并用镊子轻轻地展平，然后加上盖玻片，置低倍显微镜下观察，注意细胞形态、细胞核的形态。在高倍镜下，调节光线至适宜强度时，可以看到细胞外围有一双层结构的细胞壁，转动细准焦螺旋调节器，仔细观察细胞内其他结构。为了更明显地区别细胞质和细胞核，可在盖玻片的一侧滴少许0.1%亚甲基蓝染液，从另一侧用小片吸水纸吸引，将染液引到标本上，1～2min后，细胞核就会染成浅蓝色。

2. 菠菜或小白菜叶片内的叶肉细胞

用镊子撕去叶片的上表皮或下表皮，再用镊子夹少许叶肉细胞，铺在加有小滴水的载玻片上，涂展开，然后盖上盖玻片（注意避免产生气泡），先置于低倍物镜下观察，再转为高倍物镜观察，注意叶绿体形态大小与数量。

3. 人的口腔上皮细胞

用清洁牙签钝端，在自己口腔颊部刮取少许黏液，置于滴有一滴生理盐水的水滴中，涂匀，盖上盖玻片，在低倍镜下观察后，再换高倍物镜观察，转动细准焦螺旋器并调整光线，试辨认细胞核、细胞质和细胞膜，如果不清，可作染色处理后观察。

4. 人血涂片

实验中注意观察红细胞核及白细胞核形态差异。

采人手指血，消毒后采血，制成血涂片，待涂片后，Wright 染液染 5min，自来水冲洗后镜检。

5. 动物神经细胞观察

（1）标本制备：取新鲜猪脑或兔脑，挤涂片，晾干后，HE 染色。

（2）观察：在低倍镜下可见染成红色的星形神经细胞，在高倍镜下可见细胞核被染成蓝紫色。

6. 显微测微尺的用法

显微测微尺分为目镜测微尺（图 3-21）和镜台测微尺（图 3-22）两种，两尺要配合使用。其中镜台测微尺 1mm 分成 100 小格，每小格 0.01mm。

目镜测微尺是一块直径 20～21mm 的圆形玻片，中心刻有 50 或 100 等分刻度，每格的长度是随物镜的放大倍数不同而不同的，使用时要装入目镜中。镜台测微尺是一种用圆形玻片封住的特制载玻片，其中央具有刻度标尺，在标尺外围有一个小黑环，便于找到标尺的位置。

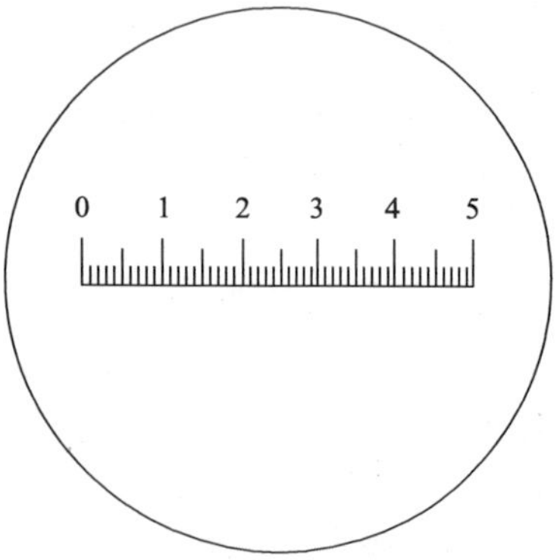

图 3-21　目镜测微尺

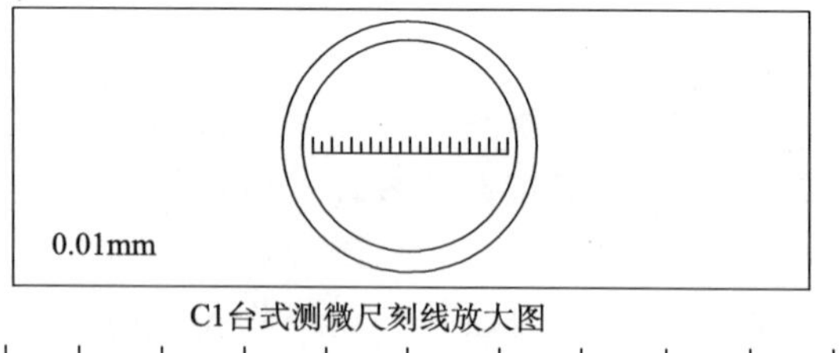

图 3-22　镜台测微尺

显微测量时，先用镜台测微尺标定目镜测微尺每格代表的长度，然后才能用目镜测微尺测量细胞直径或长度。

要求：用目镜测微尺分别在高倍物镜下或油镜下测量镜台测微尺，从而算出所用显微镜中目镜测微尺每格代表的长度。用高倍物镜或油镜镜检涂片与切片，并用目镜测微尺测量细胞和细胞核的长、短径的长度，根据测量结果计算各种细胞及细胞核的体积。

$$椭圆形：V=\frac{4}{3}\pi ab^2 \quad (a、b 为长短半径)$$

$$圆球形：V=\frac{4}{3}\pi R^2 \quad (R 半径)$$

$$圆柱形：V=\pi R^2 h \quad (R 半径，h 为高)$$

7. 测量核质比

利用电脑软件测量细胞大小和球形细胞的核质比，了解核质比的意义。

【思考题】

1. 为什么用0.1%亚甲基蓝染液染色？它使细胞结构中哪一部分更能观察清楚？
2. 如何使用高倍物镜？怎样调节显微镜才能更清楚地观察标本？
3. 怎样避免标本中产生的气泡？
4. 植物细胞与动物细胞在结构上有何不同？
5. 利用什么方法测量人血涂片的细胞大小？怎样计算出它的体积？

实例二：巨噬细胞吞噬现象的观察

【实验目的】

(1) 通过对小白鼠腹腔细胞吞噬鸡血细胞活动的观察，加深理解细胞吞噬作用的过程及其意义。

(2) 掌握小鼠腹腔注射给药和颈处死方法。

(3) 能自行设计该实验的实验方法，对学生进行能力的培养。

【实验原理】

单细胞动物通过细胞吞噬作用摄取营养物质。高等动物体内的巨噬细胞、单核细胞等均具有吞噬作用，广泛分布在组织与血液中，具有防御的功能。当机体受到异物侵入时，细胞由于具有趋化性，便向异物处聚集，异物被吸附在细胞表面，吸附区域膜向内凹陷，并伸出伪足包围异物，发生内吞作用形成吞噬体，继而与细胞里的溶酶体融合，将异物消化分解。

【实验试剂和器材】

1. 试剂

(1) 0.85%生理盐水。

(2) Alsever 溶液：

葡萄糖	2.05g
柠檬酸钠 ($Na_9C_6H_5O_7 \cdot 2H_2O$)	0.89g
柠檬酸 ($C_6H_5O_7 \cdot 2H_2O$)	0.05g
NaCl（氯化钠）	0.42g
蒸馏水	100mL

调 pH 至 7.2，过滤灭菌或高压灭菌 10min，置 4℃冰箱保存。

(3) 4%台盼蓝染液：用生理盐水配制。

(4) 6%淀粉肉汤（含台盼蓝染液）：

牛肉膏	0.3g

蛋白胨	1.0g
NaCl	0.5g
蒸馏水	100mL

加热后，加入可溶性淀粉 6.0g，促使其溶解，再煮沸灭菌，置 4℃冰箱保存，用时在 38℃水浴锅中水浴融解，加入适量 4%台盼蓝染液混匀，使其呈蓝色。

2. 仪器

显微镜；解剖盘；解剖剪；镊子；载玻片；盖玻片；注射器吸管；吸水纸。

3. 材料（可自己选择）

小白鼠；1%鸡红细胞悬液。

【实验步骤】

1. 制备 1%鸡红细胞悬液

从农贸市场杀鸡处接血 1mL（防止污染），放入盛有 4mL Alsever 溶液的瓶中，混匀置 4℃冰箱保存备用（一周内使用）。使用前加入 0.85%生理盐水离心（1500r/min，10min），洗涤两次，再用生理盐水配成 1%红细胞悬液。

2. 标本制备

实验前两天，每天给小白鼠腹腔注射 6%含台盼蓝淀粉肉汤 1mL，可诱导腹腔内产生较多的巨噬细胞。实验时，以小组为单位，取一只处理过的小白鼠，腹腔注射 1%鸡红细胞悬液 1mL，轻揉小白鼠腹部，使悬液分散。30min 后，断颈法处死小白鼠，迅速解剖腹腔，用未装针头的注射器贴腹腔背壁处抽取腹腔液，滴一滴腹腔液在载玻片上，镜检。

3. 观察实验结果

调节聚光器，使显微镜视野中光线稍暗些，在高倍镜下，先辨清鸡红细胞和巨噬细胞。鸡红细胞是一些淡黄色、椭圆形有核的细胞；而数量较多，呈较大的圆形或不规则，其表面具许多似刺毛状的小突起（伪足），胞质中含有数量不等的蓝色颗粒（为吞入的含台盼蓝淀粉肉汤形成的吞噬体）的细胞，即为巨噬细胞。慢慢移动玻片标本，仔细观察巨噬细胞吞噬鸡红细胞的过程。可见有的鸡红细胞（一至多个）紧附于巨噬细胞表面，有的巨噬细胞将一至数个红细胞部分吞入；有的巨噬细胞已吞入一个或几个红细胞，在胞质中刚形成椭圆形的吞噬体；有的巨噬细胞内的吞噬泡体积缩小，并呈圆形，这是其已与初级溶酶体发生融合，泡内物正在被消化分解。将自己所观察到的处在不同吞噬阶段的巨噬细胞形态动态地连贯起来，想一想吞噬作用的全过程。

【实验报告】

要求在高倍镜下绘出在不同吞噬阶段的巨噬细胞图各一个（如鸡红细胞附于巨噬细胞表面，部分吞入红细胞，吞入后形成吞噬体和吞噬体已开始被消化分解等），示吞噬作用的过程。

【思考题】

为什么要事先在小白鼠腹腔注射含台盼蓝的淀粉肉汤？

实例三：细胞通透性与细胞连接

【实验目的】

(1) 了解细胞膜的渗透性及各类物质进入细胞的速度。

（2）观察植物细胞间的胞间连丝，进一步认识植物细胞间的相互联系，了解植物细胞通讯连接的形式。

【实验原理】

当红细胞置于不同等渗溶液中时，由于对各种溶质的通透性不同，因此有的溶质分子可透入，有的溶质分子则不能透入，能透入的溶质分子的速度也不同。当溶质分子进入红细胞使细胞内溶质浓度增加时，导致水的摄入。红细胞膨胀到一定程度时，细胞膜破裂，血红素溢出，即红细胞发生溶血。由于溶质透入速度不同，溶血时间也不同。细胞间彼此不是孤立的，相互之间通过细胞胞间连丝互通物质与信息。

【实验试剂和器材】

1. 试剂

20%蔗糖溶液；0.9%生理盐水；0.17mol/L 氯化铵；0.12mol/L 草酸铵；0.17mol/L 氯化钠；0.12mol/L 硫酸钠；0.17mol/L 硝酸钠；0.32mol/L 葡萄糖；0.32mol/L 甘油；0.32mol/L 乙醇；500μg/mL 肝素；10%HCl；1%碘液；0.1%亚甲基蓝液。

2. 仪器

试管架；移液管；小烧杯；橡胶洗耳球；显微镜；镊子；载玻片；盖玻片；吸水纸；小刀；解剖剪；培养皿等。

3. 材料

动物血细胞悬浮液；红辣椒。

【实验步骤】

1. 细胞膜的通透性实验

1）表皮细胞的质壁分离和复原

（1）用镊子从洋葱鳞片叶外侧撕一小片表皮制成临时装片。

（2）在盖玻片左侧加一滴 20%蔗糖溶液，右侧用吸水纸吸去水分，在低倍镜下观察，可见到细胞膜与细胞壁分离的现象（需约 5min）。

（3）用蒸馏水代替蔗糖溶液操作，在盖玻片右侧滴加蒸馏水，左侧用吸水纸吸去多余水分（可缩短复原时间），可见质壁复原现象。

2）红细胞对各类物质透入的情况（溶质透入速度不同，溶血时间也不同）

（1）观察 10%动物红细胞悬液（血中加适量肝素，取红细胞悬液 10mL，加生理盐水至 100mL，混匀）：为不透明的红色液体。

（2）观察动物红细胞在低渗溶液中发生的溶血现象：取试管一支，用胶头吸管滴入两滴 10%动物红细胞悬液，再加入 2mL 蒸馏水，混匀后注意观察溶液颜色变化，可见溶液由不透明的红色变成透明的红色。

（3）观察动物红细胞对不同物质的通透性：试管架上置 8 支试管，各加两滴 10%动物红细胞悬液，每支试管中再分别加入 2mL 的 0.17mol/L 氯化钠，0.12mol/L 硫酸钠，0.17mol/L 硝酸钠，0.17mol/L 氯化铵，0.12mol/L 草酸铵，0.32mol/L 葡萄糖，0.32mol/L 甘油，0.32mol/L 乙醇，如下。

管号	10%红细胞悬液	溶液种类及体积
0	2滴	蒸馏水 2mL
1	2滴	0.17mol/L 氯化钠 2mL
2	2滴	0.12mol/L 硫酸钠 2mL
3	2滴	0.17mol/L 硝酸钠 2mL
4	2滴	0.17mol/L 氯化铵 2mL
5	2滴	0.12mol/L 草酸铵 2mL
6	2滴	0.32mol/L 葡萄糖 2mL
7	2滴	0.32mol/L 甘油 2mL
8	2滴	0.32mol/L 乙醇 2mL

摇匀，用上述方法观察是否出现溶血现象，若有溶血发生，记录溶血时间（从加入5mL溶液算起）。

管号	溶液种类	是否溶血	所需时间	结果
0	蒸馏水			
1	0.17mol/L 氯化铵			
2	0.12mol/L 硫酸钠			
3	0.17mol/L 硝酸钠			
4	0.17mol/L 氯化钠			
5	0.12mol/L 草酸铵			
6	0.32mol/L 葡萄糖			
7	0.32mol/L 甘油			
8	0.32mol/L 乙醇			

2. 红辣椒表皮细胞临时装片制作与观察

剪取一小块红辣椒，用小刀小心刮除果肉，留下一层极薄的表皮，放在载玻片上，滴一滴生理盐水，盖上盖玻片，镜检（图3-23）。

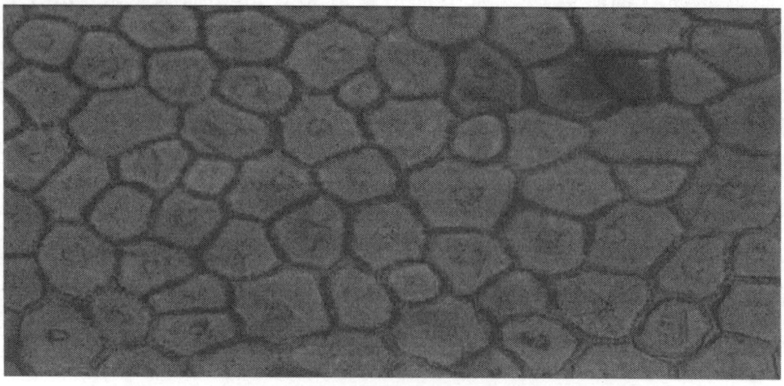

图3-23　红辣椒表皮细胞间的胞间连丝（高倍镜）

【思考题】

1. 通过实验观察细胞膜对几种物质的通透性情况看，它具有什么特性?

2. 植物细胞间的胞间连丝具有什么作用，它说明什么问题?

实例四：细胞分级提取及细胞器分离

【实验目的】

(1) 初步掌握细胞器分级分离原理与一般操作方法。

(2) 学习并掌握离心机和匀浆器的使用方法。

【实验原理】

细胞组分的分级提取是研究亚细胞组分的基本方法。细胞内各种结构的大小、形态和密度不同，在同一离心场内的沉降速度也不同。因此在密度均一的介质中，在不同大小的离心力场的作用下，组分先后沉降而得到初步分离。

细胞组分的分离通过组织匀浆、分级离心和结果检验分析等步骤完成。

【实验试剂和器材】

1. 试剂

(1) 0.25mol/L 蔗糖-0.01mol/L 三羟甲基氨基甲烷（Tris)-盐酸缓冲液（pH7.4)：

0.1mol/L 三羟甲基氨基甲烷溶液	10mL
0.1mol/L 盐酸	8.4mL

加双蒸水至 100mL，再加蔗糖使浓度为 0.25mol/L。

(2) 0.34mol/L 蔗糖-0.01mol/L Tris-盐酸缓冲液（pH7.4)，配法同上。

(3) 吉姆萨染液：称取吉姆萨粉 0.5g，甘油 33mL、纯甲醇 33mL。先在吉姆萨粉中添加少量甘油，然后在研钵内研磨至无颗粒状，再将剩余甘油倒入混匀，56℃左右保温 2h 使其充分溶解，最后加甲醇混匀，成为吉姆萨原液，保存于棕色瓶。使用时吸出少量，用 1/15mol/L 磷酸缓冲液作 10～20 倍稀释。

(4) 1/15mol/L 磷酸缓冲液（pH6.8)：

1/15mol/L 磷酸二氢钾（KH_2PO_4）	50mL
1/15mol/L 磷酸氢二钠（Na_2HPO_4）	50mL

(5) 卡诺（Carnoy）固定液：

无水乙醇	6mL
冰醋酸	1mL
氯仿	3mL

(6) 生理盐水。

(7) 詹纳斯绿 B 染液（Janus Green B)。

2. 仪器

解剖刀；解剖剪；小烧杯；冰浴；吸管；漏斗；尼龙织物；温度计；玻璃匀浆器；冰冻高速离心机；解剖板（或方盘)；显微镜；载玻片；吸水纸等。

3. 材料

大鼠（或小鼠）肝脏或者新鲜猪肝。

【实验步骤】

1. 制备大（小）鼠肝细胞匀浆

实验前，大鼠空腹 12h，断颈法处死，剖腹取肝，迅速用生理盐水洗净血水，用滤纸吸干，称取肝组织 2g，剪碎，用经预冷的 0.25mol/L 蔗糖溶液洗涤数次，然后在 0～4℃条件下按每克肝加 9mL 冷的 0.25mol/L 蔗糖溶液匀浆化（蔗糖溶液分数次添加），用双层尼龙织物过滤，得到的匀浆备用。

2. 差速离心

将 9mL 肝匀浆放入离心管，沿管壁小心加入等量 0.34mol/L 蔗糖溶液并使其覆盖于上层。按图 3-24 中顺序进行。

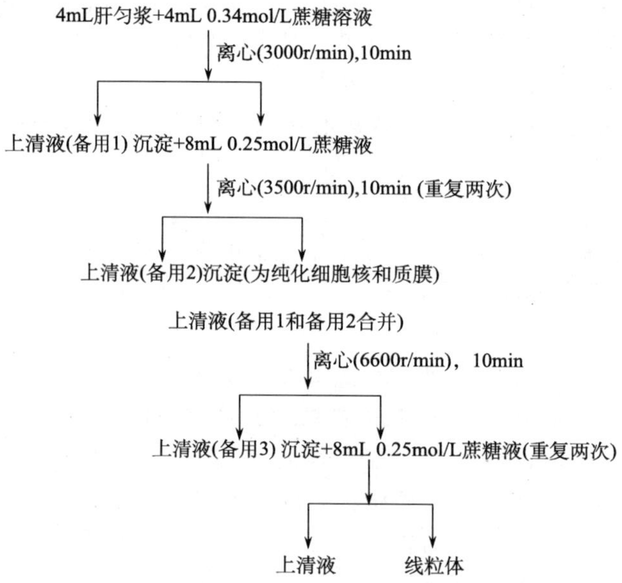

图 3-24　差速离心流程图

3. 质膜的收集

取出细胞核沉淀中较疏松的上层，悬于相对密度为 1.16 的蔗糖溶液中（即 51g/L），移入离心管，沿管壁加入相对密度为 1.18（即 51.5g/L）的蔗糖溶液，覆于上层。经 700*g* 离心 10min，质膜最终集于两层溶液界面间。以上操作要求在 0～4℃下进行。

4. 分离物鉴定

（1）再离心取上清液，获得三张涂片观察。将干燥后的三张涂片加入 Carnoy 固定液，15min 后晾干。吉姆萨染液染 10min，蒸馏水漂洗数秒，用吸水纸吸干水，用显微镜（40×）检查，细胞核呈紫红色，混杂的细胞质为浅蓝色碎片。

（2）细胞核：取细胞核沉淀滴在载玻片上，制成涂片，干燥后，用 95％乙醇固定 5min，晾干。滴加 0.1％亚甲基蓝染液染色，染色 5min，蒸馏水漂洗数秒后，吸干，镜检观察。或取第一次离心的沉淀滴一滴在载玻片上作涂片，浸入 95％乙醇 5min，取出晾干，滴加甲基绿-派洛宁染液染色 10～30min，放入纯丙酮分色 0.5min，蒸馏水漂洗数秒钟，用滤纸吸干，高倍物镜镜检，核 DNA 呈蓝绿色，核仁和混杂的胞质 RNA 呈红色。

(3) 线粒体：取线粒体沉淀滴在载玻片上，涂片。滴加0.1%亚甲基蓝染液（或0.2%詹纳斯绿B溶液）染色，染色5min后，用光学显微镜观察，线粒体呈蓝绿色，小棒状或哑铃状。

【注意事项】

实验全过程要在0～4℃进行，如果使用非冷冻控温的离心机一般只宜分离细胞核和线粒体，同时注意使样品保持冷冻；尽可能充分破碎组织，缩短匀浆时间。整个分离过程不宜过长。

【思考题】

在进行细胞器分离时应该注意哪些问题？

实例五：细胞骨架蛋白的观察

【实验目的】

(1) 了解培养动物细胞飞片的制备。

(2) 了解植物细胞骨架制片方法和其成分显示的原理。

(3) 了解细胞骨架微丝成分显示方法的原理及操作步骤。

(4) 掌握考马斯亮蓝G-250染色方法。

(5) 观察微丝在细胞中的分布。

【实验原理】

细胞骨架指细胞质中纵横交错的纤维网络结构，可分为微管、微丝和中间纤维，对细胞形态维持和细胞生长、运动、分裂、分化及物质的运输等起着重要的作用。当细胞用适当浓度的Triton X-100处理时，可将质膜中和细胞内的蛋白质溶解，而骨架系统的蛋白质不被破坏，经固定和考马斯亮蓝R250染色后，可使骨架蛋白着色而被显示。

【实验试剂和器材】

1. 试剂

(1) RPML 1640培养液；小牛血清；青链霉素。

(2) PBS（pH7.2）：NaCl 8.0g、KCl 0.2g、Na_2HPO_4 1.15g、NaH_2PO_4 0.2g、蒸馏水100mL。

(3) M-缓冲液（pH7.2）：50mmol/L 咪唑 3.404g，50mmol/L KCl 3.7g，0.5mol/L $MgCl_2 \cdot 6H_2O$ 101.65mg，1mmol/L EGTA（乙二醇二乙醚二胺四乙酸）380.35mg，0.1mmol/L EDTA（乙二胺四乙酸）0.1mmol/L 29.224mg，1mmol/L 巯基乙醇0.07mL，4mol/L 甘油292mL，加蒸馏水至1000mL，用1mol/L HCl调至pH7.2，室温保存。

(4) 1% Triton X-100液：Triton X-100（聚乙二醇辛基苯基醚）1mL，M-缓冲液99mL。

(5) 3%戊二醛液：25%戊二醛溶液3mL，PBS（pH7.2）97mL。

(6) 0.2%考马斯亮蓝R250染液：考马斯亮蓝R250 0.2g，甲醇46.5mL，冰醋酸7mL，蒸馏水46.5mL。

(7) 二甲苯。

(8) 中性树胶。

2. 仪器

超净工作台；CO_2 培养箱；倒置相差显微镜；解剖剪；镊子；吸管；移液管；洗耳球；培养皿；24 孔培养板；试管架；载玻片；盖玻片；吸水纸；刀片。

3. 材料

体外培养的肝癌细胞飞片；洋葱鳞茎叶。

【实验步骤】

1. 动物细胞骨架观察

在实验前，要求学生将培养的肝癌细胞接种在已灭菌培养皿内的盖玻片上，培养 8～12h 后再进行下列操作。

（1）将生长有单层培养细胞的盖玻片细胞面朝上放在小培养皿中，用 PBS 液洗涤 3 次，每次 2min。

（2）将盖玻片浸在 1%Triton X-100 液的小培养皿中，室温下静置 15～20min，以去掉骨架以外的部分蛋白质。

（3）立即用 M-缓冲液轻轻洗涤 3 次，每次 2～3min，使细胞骨架蛋白稳定。

（4）在 3%戊二醛液中固定 10min，再用 PBS 洗涤数次，每次 2～3min，取出盖玻片，吸去多余液体。

（5）细胞面向上平放于载玻片上，滴加 0.2%考马斯亮蓝 R250 染液染色 5～10min，蒸馏水冲洗 1～2 次，干燥后，细胞面朝上，在酒精灯上快速烘烤一下，立即放入二甲苯透明 2min，取出飞片，使其细胞面朝下，盖在滴有中性树胶的载玻片上即可观察。

（6）观察。肝癌细胞细胞质，分布着网状不规则蓝色纤维；细胞核呈椭圆形，为浅蓝色，位于细胞中央，内有 2～5 个深蓝色的核仁。

2. 植物细胞骨架蛋白观察

要求学生也可以采用植物作为材料（如洋葱内表皮细胞）观察细胞骨架蛋白。

（1）取材：内表皮约 $0.5cm^2$，放在盛有 PBS 缓冲液的小烧杯中，浸泡处理 10min。

（2）抽提：吸去 PBS 缓冲液，将 2mL 1% Triton X-100 加入小烧杯中，置于室温下或 37℃恒温水浴锅中保温 30min。

（3）冲洗：吸去 1% Triton X-100，用 M-缓冲液漂洗 3 次，每次 5～10min。

（4）固定：加 3%戊二醛液或植物细胞固定液固定 30min。

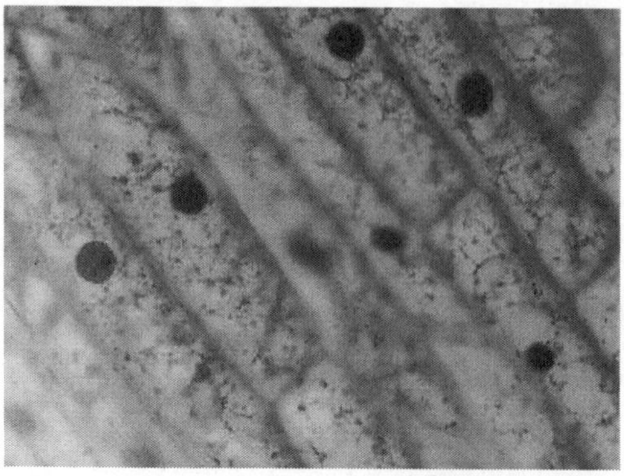

图 3-25 洋葱表皮细胞中的骨架蛋白（高倍镜）

（5）冲洗：弃去固定液后，用 PBS 缓冲液清洗 3 次，每次 1～2min。

（6）染色：吸去 PBS，滴一滴 0.2%考马斯亮蓝 R250 染液染色 5～10min。

（7）制片：倒去染液，用蒸馏水清洗 3 次，每次 2～5min，将标本平铺在载玻片上，再盖上盖玻片。

（8）观察（图 3-25）。

【思考题】

在制备标本时要注意哪些问题？

第四节　分子生物学部分

一、分子生物学实验设计的特点概述

（一）分子生物学课程的特点

分子生物学实验是在分子生物学及基因工程等理论课的基础上开设的一门综合性、设计性实验课程。该课程的教学内容主要突出实验技术的基础性和实用性，把目前最基本的分子生物学实验技术融入到具体的系列实验中，形成综合性、设计性大实验。通过该课程的学习，一方面可以使每个同学通过实际操作来达到更好地掌握实验技术技能的目的；另一方面可以使学生全面地掌握基因工程的实验技术与方法、实验的设计原理、结果分析方法和分子生物学的基本原理，进一步培养学生的独立分析问题、解决问题的能力，并使其学会如何利用实验手段实现科学研究的基本目的，提高学生从事科学研究的综合素质。

（二）分子生物学实验的要求

在掌握了相关实验的设计原理之后，为了培养学生的创新思维和独立分析问题、解决问题的综合能力，可以在课程的后半段加入学生自主设计实验的内容。鼓励学生用所学到的知识和技能，利用本实验室已经有的设备条件和材料试剂等基础，自己从网络上获取相关资料，设计出一个综合性的、探索性的实验，在学生讨论、实验教师点评的基础上，由学生修改实验设计方案，并在学生设计的方案中选出最适合开展的一或两个方案，全班同学共同在实验室中开展这一两个实验。

这种“理论—实践—理论—综合实践”的过程能使学生深刻理解分子生物学实验的技术与理论，能熟练运用已经学习的多种技术，学会充分利用本实验室已有的实验设备和条件，将自己的想法付诸实践。学生自主设计实验使技术性、综合性、探索创新性的实验融合在一起，通过学生的独立实验设计等实践，培养其创新思维和独立分析问题、解决问题的能力。还应不断地将反映科研前沿的实验技术吸取过来，经过摸索，转化成在教学课上可进行的教学实验，使课程更具前沿性，又密切结合科研实际，为培养学生的研究能力奠定重要的基础。这门课程的开设，从根本上转变了生命科学专业学生的知识结构，推动了教学内容现代化的进程。

二、常用分子生物学实验参考资料

（一）参考教材

1. 魏群. 2007. 分子生物学实验指导. 北京：高等教育出版社

2. 梁国栋. 2001. 最新分子生物学实验技术. 北京：科学出版社

3. 萨姆布鲁克 J，拉塞尔 D W. 2008. 分子克隆实验指南. 3 版. 黄培堂译. 北京：科学出版社

4. 布朗 T A. 2007. 基因克隆和 DNA 分析. 魏群等译. 北京：高等教育出版社

5. 吴乃虎. 2003. 基因工程原理. 2 版. 北京：科学出版社

6. 陈德富. 2011. 现代分子生物学实验原理与技术. 北京：科学出版社

（二）参考期刊

1. Journal of Molecular Biology
2. Nucleic Acids Research
3. Methods Enzymology
4. Analytical Biochemistry
5. Trends in Genetics
6. Science
7. BMC Molecular Biology
8. Current Opinion in Biotechnology
9. EMBO Journal
10. Molecular and Celluar Biology
11. DNA and Cell Biology
12. Applied Biochemistry and Biotechnology
13. FEBS Letters
14. PNAS
15. Gene Therapy and Molecular Biology

（三）参考网站

1. http://www.sciencedirect.com/ 生命、环境科学综合性资源 The Scientific World (sciBASE)

2. http://biome.ac.uk/browse/ BIOME（生命科学资源导航）

3. http://igm.nlm.nih.gov/ 百名最佳生物技术网站列表（Top 100 Biotechnology WWW Sites）

4. http://biomednet.com/ 生物医药（The World Wide Club for the Biological and Medical Community）

5. http://www.ncbi.nlm.nih.gov/ 美国国立生物技术信息中心

6. http://www.genengnews.com/top100.asp/ ChemWeb 检索《化学工程与生物技术文摘》库 CEABA（部分免费）

7. http://dna.sibc.ac.cn/bio/index.htm/ 生物信息学资源导航，上海生物化学所

8. http://www.hbuk.co.uk/jmb

9. http://www2.mrc-lmb.cam.ac.uk/英国剑桥医学研究委员会，分子生物学实验室 LMB

10. http://biology.about.com/

11. http://www.bioon.com/bioengineering/moletech.htm/ 分子生物学实验大全

12. http://www.bioon.com/molebio/books.htm/ 生物化学与分子生物学经典电子书

13. http://www.bioon.com/molebio/lecture.htm/ 分子生物学讲义

14. http://www.csbmb.org.cn/ 中国生物化学与分子生物学会

15. http://bbs. bbioo. com/forum-3-1. html 分子生物学论坛
16. http://www. jpk. pku. edu. cn/pkujpk/course/fzswx/ 基础分子生物学
17. http://mcb. berkeley. edu/courses/ 加州大学伯克利分校细胞与分子教学网站
18. http://bionet. fmmu. edu. cn/ 分子生物学专业信息网
19. http://www. molbiol. ru/eng/ 实用分子生物学
20. http://www. dnalc. org/ DNA Learning Center

三、分子生物学实验实例

实例一：动物血液基因组 DNA 的提取

【实验目的】

学习和掌握用氯仿抽提法提取哺乳动物基因组 DNA 的方法、步骤和原理。

【实验原理】

不同物种、不同材料其 DNA 提取方法各异。动物多采用活体采血继而从血液中提取 DNA，这样可以在不杀死动物的前提下对其基因组 DNA 进行研究。从哺乳动物血液中提取基因组 DNA 的方法大都是先得到淋巴细胞，继而用 DNA 提取液的盐成分及 β-巯基乙醇裂解细胞，然后利用氯仿-异戊醇等蛋白质变性剂去除蛋白质。离心后有机溶剂存在于试管底层（有机相），DNA 存在于上层水相中，蛋白质则沉淀于两相之间。DNA 提取液中的盐成分（如 Tris、EDTA、NaCl 等）除了提供一个合适的裂解环境外，还可抑制样品中的核酸酶在裂解过程中对核酸的破坏，维持核酸结构的稳定。

【材料与试剂】

（1）动物血样：采集健康家兔的新鲜全血（从耳缘取静脉血），置于 1.5mL 离心管中，0.5mL/管，加入 87.5μL 抗凝剂柠檬酸钠（ACD），冻存于−20℃备用。

（2）4×CTAB 提取液：0.1mol/L Tris-HCl（pH8.0），0.5mol/L NaCl，0.5mol/L EDTA 0.5μL，4g CTAB，1g PVP（聚乙烯吡咯烷酮）。

（3）抗凝剂 ACD：柠檬酸 0.48g、柠檬酸钠 1.32g、葡萄糖 1.47g，加水至 100mL。

（4）氯仿-异戊醇（24∶1）。

（5）TE 缓冲液：10mmol/L Tris-HCl，1mmol/L EDTA，pH8.0。

（6）琼脂糖。

（7）TBE 电泳缓冲液。

5×浓储存液：54g Tris-HCl，27.5g 硼酸，20mL 0.05mol/L EDTA（pH 8.0）。

0.5×使用液：5.4g Tris-HCl，2.75g 硼酸，2mL 0.05mol/L EDTA（pH 8.0）。

（8）6×加样缓冲液：15%聚蔗糖（Ficoll）（400 型，Pharmacia），0.25%溴酚蓝。

（9）溴化乙锭：配成 10mg/mL 溶液，双蒸水配制，避光保存，用时 1∶20 000 稀释。溴化乙锭为致癌剂，配制时防止接触皮肤。

【实验仪器】

离心机；紫外分光光度计；琼脂糖凝胶电泳槽；稳压稳流电泳仪；凝胶成像系统；微量加样器。

【实验步骤】

(1) 在装有 0.5mL 血液的离心管中加入 0.5mL 预热的 4×CTAB 提取液和 2μL β-巯基乙醇，使血样材料完全分散在提取液中；65℃温浴约 1.5h。

(2) 待冷却至室温后加入等体积的氯仿-异戊醇 (24∶1)，上下颠倒离心管，温和混匀 5min 后离心 5min (12 000r/min)。

(3) 吸取上清液移至另一新的离心管中，加入等体积的氯仿-异戊醇 (24∶1)，反复抽提3 次，最后一次离心 10min。

(4) 吸取上清液，加入 0.6 倍体积的异丙醇沉淀 DNA，轻轻颠倒 2～3 次，可见白色絮状沉淀，室温下静置 30min 以上；12 000r/min 离心 10min，弃上清。

(5) 分别用 500μL 70%乙醇和无水乙醇洗涤沉淀，然后将离心管放在 37℃烘箱中（或室温下）使乙醇挥发。待总 DNA 干燥后加 30～50μL TE 溶液溶解，然后于－20℃（或 4℃）冰箱中保存备用。

(6) 采用分光光度计测定 DNA 的 OD_{260}/OD_{280}，若 $OD_{260}/OD_{280} \geqslant 1.8$，则说明 DNA 纯度较高，可以用于随后的分子生物学实验。或者采用琼脂糖凝胶电泳分析，步骤如下。

a. 1.0%琼脂糖凝胶板的配制：取 0.2g 琼脂糖加 20mL TBE (0.5×)，微波炉加热至完全融化；将其冷却至 55～65℃，倒入制胶槽中。

b. 充分凝固后拔出样品梳，从制胶槽中卸下凝胶板，放入电泳槽，加入 TBE (0.5×)，使其液面略高于琼脂糖凝胶板。

c. DNA 样品 10μL 加 5μL 6×加样缓冲液上样本液，在蜡面纸上混匀，全部加样于琼脂糖凝胶的样品孔中。

d. 稳压电泳 70V 约 1.5h，使溴酚蓝指示剂泳动至适当位置，1～5V/cm。

e. 取出凝胶板置溴化乙锭溶液中染色 10min。

f. 利用凝胶成像仪观察结果。

【注意事项】

(1) 各操作步骤要轻柔，尽量减少基因组 DNA 的人为降解。

(2) 取各上清时，要小心谨慎，不应贪多，以防非核酸类成分干扰。

(3) 所有试剂均用高压灭菌双蒸水配制。

【思考题】

1. 为什么 DNA 一般保存在 TE 缓冲液中？

2. 琼脂糖凝胶电泳的原理是什么？

实例二：PCR 反应扩增 DNA 片段及电泳分析

【实验目的】

(1) 掌握提取总 RNA 的原理和技术，学习和掌握控制 RNA 酶活性的方法。

(2) 掌握真核生物细胞基因组 RNA 制备和定量的基本方法。

【实验原理】

聚合酶链反应（polymerase chain reaction，PCR）技术用一对寡聚 DNA 作为引物，利用耐热 DNA 聚合酶（如 *Taq* DNA 聚合酶），通过加温变性—退火—DNA 合成这一周期的多次循环，使目的 DNA 片段得到扩增。由于这种扩增产物是以指数形式积累的，经 25～35 次循环后，扩增倍数可达 10^6 以上。

PCR 产物需要进行琼脂糖凝胶电泳分析。DNA 在琼脂糖凝胶介质中，在电场作用下，从负极向正极移动，泳动速度取决于 DNA 的大小和构型，电泳后经溴化乙锭染色，DNA 可与其结合，在紫外光下发出荧光，DNA 的琼脂糖凝胶电泳可用于 DNA 的鉴定、定量及纯化。

【材料与试剂】

(1) DNA 模板：不同来源的模板 DNA（约 0.5μg/μL 为宜）。

(2) PCR 引物：含上游引物和下游引物。

(3) *Taq* DNA 聚合酶：3～5U/μL。

(4) 10×PCR 缓冲液：含 Tris-HCl 100mmol/L，$MgCl_2$ 15mmol/L，KCl 500mmol/L，pH8.3，0.1%明胶。

(5) 脱氧核苷三磷酸（dNTPs）：配成 dATP，dTTP，dGTP，dCTP 各 10mmol/L，用 NaOH 溶液调节至 pH8.3。

(6) 水：要求不含 DNA 聚合酶抑制剂，不含离子，一般为去离子双蒸水（ddH_2O），灭菌以后即可使用。

(7) TAE 电泳缓冲液。

50×浓储存液：242g Tris 碱，57.1mL 冰醋酸，100mL 0.5mol/L EDTA（pH8.0）。

1×使用液：0.04mol/L Tris-乙酸；0.001mol/L EDTA。

(8) TBE 电泳缓冲液。

5×浓储存液：54g Tris 碱，27.5g 硼酸，20mL 0.05mol/L Na_2EDTA（pH 8.0）。

0.5×使用液：5.4g Tris 碱，2.75g 硼酸，2mL 0.05mol/L Na_2EDTA（pH 8.0）。

6×加样缓冲液：15%聚蔗糖（Ficoll），0.25%溴酚蓝。

(9) 溴化乙锭：配成 10mg/mL 溶液，双蒸水配制，避光保存，用时 1：20 000 稀释。溴化乙锭为致癌剂，配制时防止皮肤接触。

【实验仪器】

PCR 仪；离心机；琼脂糖凝胶电泳槽；稳压稳流电泳仪；凝胶成像系统；微量加样器。

【实验步骤】

(1) 在 0.2mL 离心管中加入下列成分后混匀：

10×PCR 缓冲液	1/10 总体积
2.0mmol/L dNTPs	1μL
2U/μL *Taq* DNA 聚合酶	0.5μL
引物混合液（10pmol/μL 引物）	1μL
DNA 模板	0.5μL
双蒸水	补至终体积（25μL）

混匀后，在台式离心机上瞬时离心 10s。

(2) 在设定好的 PCR 仪上反应。95℃，4min；95℃ 30s，56℃ 30s，72℃ 30s，反应 35 个循环；72℃延伸 10min。反应后的 PCR 产物 4℃保存。取部分反应液准备进行琼脂糖凝胶电泳，确认 PCR 产物的有无、浓度及大小。

(3) 配制 1.0%琼脂糖凝胶。取 0.2g 琼脂糖加 20mL TBE（0.5×），微波炉加热至完全融化；将其冷却至55～65℃，倒入制胶槽中。

(4) 充分凝固后拨出样品梳，从制胶槽中卸下凝胶板，放入电泳槽，加入TBE (0.5×)，使其液面略高于琼脂糖凝胶。

(5) DNA样品10μL加5μL 6×加样缓冲液上样本液，在蜡面纸上混匀，全部加样于琼脂糖凝胶板的样品孔中。

(6) 稳压电泳70V约1.5h，使溴酚蓝指示剂泳动至适当位置，1～5V/cm。

(7) 取出凝胶板置溴化乙锭溶液中染色10min。

(8) 利用凝胶成像仪观察结果。

【注意事项】

(1) 要特别注意PCR各组分的配制与加样量。

a. 引物浓度：10pmol足够35个循环，浓度太高导致与模板非特异结合增强，扩增非特异片段增多，浓度太低则扩增效率低。

b. 引物的配制：厂家提供的引物一般是干粉状态并标明OD值，1OD约含33μg。开盖前先将干粉离心至管底，加双蒸水至浓度为2μg/μL，再取部分稀释至10pmol/μL。

引物浓度计算公式：1pmol＝ $(3.3\times10^{-4}\mu g)\times n$ (n是引物的碱基数)。

c. Mg^{2+}：使用浓度一般为1.5mmol/L，要求模板不含高浓度EDTA和诸如硫酸基团类的负电荷基团，Mg^{2+}浓度升高可导致错配率升高和非特异性扩增。

d. 模板DNA：浓度不可过高，质粒DNA 20ng即可，若需第二次扩增，可将第一次扩增产物稀释1000～10 000倍作为模板使用。

e. *Taq* DNA聚合酶：一般用量5U/100μL。酶量过大易导致扩增非特异序列，*Taq*酶具有末端转移酶活性，常在3′端加A。

(2) 扩增轮数与退火温度。

扩增轮数：一般35个循环以内就可使模板扩增10^6倍，超过35个循环，错配率升高。

退火温度计算公式：T_m值＝ (GC×4＋AT×2)－4。

(3) 凝胶浓度的选择：选择琼脂糖凝胶浓度取决于所鉴定DNA的大小，小片段DNA应用高浓度凝胶，大片段则用低浓度凝胶，在1%的琼脂糖凝胶中溴酚蓝的泳动速度与500bp的双链线状DNA一致。不同浓度琼脂糖凝胶及其可分离的线性DNA大小范围如下。

凝胶浓度/%	分离DNA的有效范围/kb
0.3	5～60
0.6	1～20
0.8	0.8～10
1.0	0.5～7
1.2	0.4～6
1.5	0.2～3
2.0	0.1～2

（4）电泳中注意防止凝胶发热。

（5）将电泳仪置稳压档，电压设置小于5V/cm（电极间的最小路径）。随着电压的增加，琼脂糖凝胶的有效分离范围缩小。

（6）溴化乙锭有强烈的致癌作用，操作时注意防护。

【思考题】

1. 请你说出PCR引物的设计原则。假设你在利用标准程序的扩增条件下，未得到预期产物，分析可能的原因和影响因素，如何改变条件重新设计？

2. 琼脂糖凝胶电泳与聚丙烯酰胺凝胶电泳的比较。

实例三：动植物总RNA的提取（异硫氰酸胍法和Trizol法）

【实验目的】

掌握真核生物细胞基因组RNA制备和定量测定的基本方法。

【实验原理】

RNA是基因表达的中间产物，存在于细胞质与核中。对RNA进行操作在分子生物学中占有重要地位。获得高纯度和完整的RNA是很多分子生物学实验所必需的，如Northern杂交、cDNA合成及体外翻译等实验的成败，在很大程度上取决于RNA的质量。因为细胞内的大部分RNA是以核蛋白复合体的形式存在，所以在提取RNA时要利用高浓度的蛋白质变性剂，迅速破坏细胞结构，使核蛋白与RNA分离，释放出RNA。再通过酚、氯仿等有机溶剂处理、离心，使RNA与其他细胞组分分离，得到纯化的总RNA。在提取的过程中要抑制内源和外源的RNA酶活性，保护RNA分子不被降解。因此提取必须在无RNA酶的环境中进行。可使用RNA酶抑制剂，如DEPC是RNA酶的强抑制剂，常用来抑制外源RNA酶活性。提取缓冲液中一般含SDS、酚、氯仿、胍盐等蛋白质变性剂，也能抑制RNA酶活性，并有助于除去非核酸成分。

本实验介绍异硫氰酸胍法和Trizol法提取动物组织总RNA，并通过电泳进行鉴定。

【材料与试剂】

（1）水稻叶片或小鼠肝组织。

（2）细胞裂解液：异硫氰酸胍4mol/L，柠檬酸钠（pH7.0）25mmol/L，二烷基肌氨酸钠0.5%，β-巯基乙醇0.1mol/L。

（3）10×凝胶缓冲液：吗啉代丙磺酸（MOPS）（pH7.0）200mmol/L，NaAc 100mmol/L，EDTA（pH 8.0）10mmol/L，过滤除菌后避光保存。

（4）5×变性上样缓冲液：水饱和的溴酚蓝16μL，500mmol/L EDTA（pH 8.0）80mL，甲醛（37%）720μL，甘油2mL，甲酰胺3084μL，10×凝胶缓冲液4mL，加无RNA酶水至10mL，4℃可保存3个月。

（5）Trizol RNA抽提试剂。

（6）2mol/L乙酸钠。

（7）0.1% DEPC。

（8）水饱和酚：氯仿：异戊醇（25：24：1）。

（9）无水乙醇、70%乙醇、异丙醇。

（10）无RNA酶水。

【实验仪器】

高速冷冻离心机；紫外分光光度计；琼脂糖凝胶电泳槽；稳压稳流电泳仪；凝胶成像系统；微量加样器；涡旋器；研钵。

【实验步骤】

1. 异硫氰酸胍法（PLT）提取 RNA

（1）将新鲜动物组织 50～100mg 在液氮中磨成粉末后，加入 1mL 细胞裂解液，以充分研碎组织，然后将细胞悬浮液吸入离心管（EP 管）中。

（2）加入 2mol/L 乙酸钠（pH4.0）120μL，充分混匀。

（3）加入 1.2mL 酚∶氯仿∶异戊醇，充分混匀摇振 10s，冰浴 15min。

（4）将混合物转移至 1.5mL EP 管中，4℃，10 000r/min 离心 20min。

（5）移取上层水相至另一 EP 管中，加入等体积的异丙醇，−20℃静置 30min，沉淀 RNA。4℃，12 000r/min 离心 15min。

（6）弃上清液，加入 70％乙醇 400μL，洗涤 RNA 沉淀物；如果 RNA 沉淀物被悬浮，于 4℃，10 000r/min 再次离心 10min。

（7）弃上清液，自然干燥，但应避免沉淀完全干燥，否则 RNA 难以溶解。

（8）加入 100μL 无 RNA 酶水重悬 RNA，−70℃保存。

2. Trizol 试剂提取 RNA

（1）将新鲜动物组织 50～100mg 在液氮中磨成粉末后，加入 1mL Trizol，然后将细胞悬浮液吸入 EP 管中，于室温下静置 5min。

（2）将新鲜动物组织 50～100mg 在液氮中磨成粉末后，加入 1mL 细胞裂解液，以充分研碎组织，然后将细胞悬浮液吸入 EP 管中。

（3）加入 200μL 氯仿，剧烈振摇 15s 混匀后，室温静置 3min。4℃，10 000r/min 离心 15min，RNA 分布于水相中。

（4）将上层无色水相转移到另一 EP 管中，加入 500μL 异丙醇，室温静置 10min，4℃，10 000r/min离心 10min。

（5）弃上清液，用 1mL 75％乙醇洗涤 RNA 沉淀物，4℃，7500r/min 离心 5min。

（6）弃上清液，室温干燥 15min，但应避免沉淀完全干燥，否则 RNA 难以溶解。

（7）加入 200μL DEPC 处理水（无核水）溶解 RNA，于−20℃保存备用。

3. RNA 检测

（1）在紫外分光光度计上检测 RNA 浓度及纯度。

（2）用 DEPC 处理水校正零点，操作方法见说明书。

（3）用 DEPC 处理水稀释 RNA 样品，读取 OD_{260}、OD_{280} 值及 OD_{260}/OD_{280} 的比值；纯 RNA OD_{260}/OD_{280} 比值通常为 1.7～2.0。若比值低于 1.7，说明有蛋白质等污染，应用酚∶氯仿再抽提；若比值低于 2.0，表明有盐、胍、糖，可用 LiCl 选择性沉淀 RNA 以除去杂质。

（4）根据 RNA 样品的紫外光吸收 OD 值，可计算出 RNA 的浓度：单链 RNA（ssRNA）$=40\times(OD_{260}-OD_{310})\times$稀释倍数。

4. 琼脂糖凝胶甲醛变性电泳检测

（1）制备凝胶（1.2％）：称 1.2g 琼脂糖，加 72mL DEPC 处理水，加热熔化。冷却至 60℃，在通风橱内加入 10×凝胶缓冲液 10mL、甲醛（37％）18mL，混匀后，倒胶。

（2）制备样品：在离心管中，将 RNA 样品与 5×变性上样缓冲液以 4∶1 混匀。65℃温育5～10min，迅速在冰上冷却 5min，离心数秒。

（3）上样前凝胶须预电泳 5min，随后将样品加入上样孔，以 5V/cm 的电压电泳 1.5～2h。

（4）待溴酚蓝迁移至凝胶长度的 2/3～4/5 处时结束电泳。将凝胶置于溴化乙锭溶液（0.5μg/mL，用 0.1mol/L 乙酸胺配制）中染色约 30min。

（5）利用凝胶成像系统观察并分析。

【注意事项】

（1）RNA 是极易降解的核酸分子，因此提取总 RNA 必须在无 RNA 酶的环境中，戴口罩、手套，使用无 RNA 酶污染的试剂、材料、容器。

（2）所有溶液应加 DEPC 至 0.05%～0.1%，室温处理过夜，然后高压处理或加热至 70℃处理 1h 或 60℃过夜，以除去残留的 DEPC。

（3）所有操作均应在冰浴中进行，低温条件可降低 RNA 酶活性。

（4）RNA 样品电泳后，可见 28S、18S 及 5S 小分子 RNA 条带，则说明完整性好。若有降解可能是操作不当或污染了 RNA 酶。28S 和 18S RNA 比值约为 2∶1，表明 RNA 无降解。如比值逆转，则表明 RNA 降解。电泳中如果在 28S 后方还有条带，表明有 DNA 污染，应用 DNase 处理后再进行纯化。

【思考题】

1. RNA 提取时需注意什么？

2. 提取的总 RNA 中只有 mRNA 吗？

实例四：RT-PCR

【实验目的】

掌握 RT-PCR（反转录-聚合酶链反应）的原理及实验方法。

熟悉 PCR 技术原理和基本实验步骤。

【实验原理】

从真核生物的组织或细胞中提取 RNA，通过酶促反应反转录合成 cDNA 的第一链和第二链。RT-PCR 是一种将 cDNA 合成与 PCR 技术结合分析基因表达的快速灵敏的方法，合成的双链 cDNA 可以用于 cDNA 文库的构建，也可用于真核生物基因的结构、表达和调控的分析，如比较 cDNA 和相应基因组 DNA 序列差异可确定内含子存在和了解转录后加工等一系列问题。总之 cDNA 的合成和克隆已成为当今研究真核生物分子生物学的基本手段。自 20 世纪 70 年代中叶首例 cDNA 克隆问世以来，已发展了许多种提高 cDNA 合成效率的方法，目前 cDNA 合成试剂已商品化。cDNA 合成及克隆的基本步骤包括用反转录酶合成 cDNA 第一链，聚合酶合成 cDNA 第二链。

RT-PCR 的模板可以为总 RNA 或 mRNA。反转录反应可以使用反转录酶，以随机引物、oligo（dT）或基因特异性的引物起始。

【材料与试剂】

（1）高质量的总 RNA 或者 mRNA。

（2）反转录酶。

（3）dNTP 混合物。

(4) PCR buffer。
(5) Oligo (dT) 或随机引物。
(6) RNA 酶抑制剂。
(7) 10×*Taq* DNA 酶缓冲液。
(8) *Taq* DNA 聚合酶 (5U/μL)。
(9) 0.1% DEPC 水。

【实验仪器】

PCR 仪；离心机；琼脂糖凝胶电泳槽；稳压稳流电泳仪；凝胶成像系统；微量加样器。

【实验步骤】

1. 反转录反应

在 0.5μL 微量离心管中，加入提取的总 RNA 1～5μg，补充适量的 DEPC 水使总体积达 11μL。在管中加 10μmol/L Oligo (dT) 1μL 或随机引物 1μL，轻轻混匀、离心。

70℃加热 5min，立即将微量离心管插入冰上。然后加入下列试剂的混合物：

5×PCR 缓冲液	4μL
RNA 酶抑制剂	1μL
10mmol/L dNTP 混合物	2μL

轻轻混匀，37℃离心 5min。

加逆转录酶 1μL，总体积 20μL。在 42℃反应 60min。

70℃加热 15min 以终止反应。

2. 目的基因的 PCR 扩增

模板 DNA：以上述反转录所得的 cDNA 为模板，进行 3-磷酸甘油醛脱氢酶 (GAPDH) 的扩增。

取两支 0.5mL 小管分别加入如下试剂。

试剂	实验管/μL	对照管/μL
10×*Taq* 酶缓冲液	5	5
dNTP 混合物 (10mmol/L)	1	1
引物 1	1	1
引物 2	1	1
模板 DNA	1	0
$MgCl_2$ 溶液 (25mmol/L)	3	3
双蒸水	38	39

短暂离心后，各管分别加入 1μL *Taq* DNA 聚合酶 (U/μL)。

将离心管移入 PCR 仪，设置 PCR 反应参数如下。

94℃	2min
94℃	30s
55℃	30s
72℃	45s

进行 30 次循环，最后 72℃延伸 10min。

3. 结果分析

1%琼脂糖凝胶电泳鉴定。取 10μL PCR 产物进行电泳检测。

【注意事项】

(1) 采用高纯度及完整性好的 RNA 是进行 RT-PCR 反应的关键前提。

(2) 确保 RNA 制剂中纯度，只要存在少量的 RNA 酶就会引起 RNA 在制备与分析过程中的降解。

【思考题】

1. 经 PCR 循环后，琼脂糖凝胶电泳并未发现有扩增产物，原因可能是什么？

2. PCR 反应结束后，琼脂糖凝胶电泳发现条带与预期条带大小不一致，原因可能是什么？

第五节　免疫生物学部分

一、免疫生物学及其实验设计的特点概述

（一）免疫生物学及实验的特点

一切生物都有识别自己和排除非己以维持机体自身稳定（正常生理活动）的能力。从种系发育的进化生物学角度来看，无脊椎动物的免疫能力只表现在吞噬细胞的吞噬作用和炎症过程；脊椎动物则开始出现胸腺和淋巴样组织，产生主要为 IgM 的免疫球蛋白（Ig）；两栖类产生 IgM 和 IgG；鸟类出现明确的免疫中枢器官——法氏囊；哺乳类出现明显的细胞免疫和体液免疫；在人类的个体发育中，有了胸腺、骨髓、胚肝、脾脏、淋巴结等，有了明确的功能分工，先有细胞免疫，后有体液免疫，两者相得益彰。

免疫学实验是在分子生物学及基因工程等理论基础上开设的一门综合性兼设计性实验课程。该课程的实验教学内容主要突出实验技术的基础性和实用性，把目前最基本的分子生物学实验技术融入到具体的系列实验中，并针对机体应答过程而形成综合性大实验。通过课程的学习，可以通过实际操作来达到更好地掌握实验技术技能的目的，更为重要的是，可以进一步培养学生对生命体的整体了解，使其具备独立分析问题、解决问题的能力，提高学生从事科学研究、产品研发、中试放大、动物模型、整体实验的综合素质。

（二）免疫生物学实验设计的方法

首先要具备免疫学的知识基础，做到三个掌握：

(1) 掌握生命科学领域有关免疫学研究的新方法；

(2) 掌握生物制药领域有关疫苗、抗体药物的研究、生产方法；

(3) 掌握微生物领域有关病原微生物检验检测的新技术新方法。

这些都是从事生物技术、生物工程等相关专业必备的新技能，也是开始免疫生物学实验设计的基础。

其次，在具体操作设计时，做到四个注意：

(1) 抗体注意有效与适用；

(2) 对照注意阴性与阳性；

(3) 采样注意速度与温度;

(4) 观察注意辨假与真。

二、常用免疫生物学实验参考资料

(一) 参考书目

1. 陈慰峰. 2009. 医学免疫学. 7版. 北京: 人民卫生出版社

2. 高晓明. 2003. 医学免疫学基础. 北京: 北京大学医学出版社

3. 李忠明. 2001. 当代新疫苗. 北京: 高等教育出版社

4. 董志伟, 王琰. 2008. 抗体工程. 2版. 北京: 北京医科大学出版社

(二) 参考期刊

1. Nature-Immunology
2. Immunity
3. Vaccine
4. Journal of Immunology
5. Immunology Methods
6. 中国免疫学杂志 (白求恩医科大学主办)
7. 免疫学杂志 (第三军医大学主办)
8. 中华微生物与免疫学杂志 (中华医学会主办)
9. 细胞免疫学杂志 (第四军医大学主办)

(三) 参考网站

1. 中国免疫学实验网: http://www.immuexp.com
2. 中科院病原微生物及免疫学重点实验室: http://www.caspmi.cn/
3. 中国免疫学信息网: http://immuneweb.xxmu.edu.cn/

三、免疫生物学实验实例

实例一: 免疫血清的制备与鉴定

【实验目的】

获得优质的高效价抗血清, 可用于教学、科研及疾病的诊断和治疗。

【实验原理】

某种物质进入动物体后一般能够引起受免动物产生免疫应答, 但是能否引起具有保护能力的抗体和细胞免疫应答, 取决于抗原分子表面有无特异性的抗原决定簇 (antigenic determinant) 或表位 (epitope); 而且还取决于受免动物的机体状态。如果抗原剂量合适, 免疫接种途径恰当, 受免动物将遵循抗体生成的一般规律, 即初次反应和再次反应, 产生抗体并获得免疫血清。制备免疫血清除了需要纯化抗原, 还需要选择合适的动物及恰当的注射途径, 优质的高效价免疫血清还与抗原剂量、接种次数等有密切关系。

免疫血清又称抗血清, 将某种抗原经专门处理后免疫动物, 经过一段时间后该动物所产

生的血清含有针对该抗原的特异性抗体分子。抗血清主要包括抗毒素血清、抗菌血清、抗病毒血清、抗 Rh 血清等。

（1）抗毒素血清：将类毒素多次免疫动物后，采取动物的免疫血清，经浓缩纯化后制得。主要用于治疗细菌外毒素所致疾病。常用的有白喉抗毒素、破伤风抗毒素等。

（2）抗菌血清：在 20 世纪 40 年代以前曾用于抗肺炎、抗百日咳、抗炭疽等疾病。自从磺胺类药物和抗生素大量应用后，已极少应用于临床治疗。但对一些耐药菌株引起的感染，可用抗菌血清治疗，如对绿脓杆菌引起的感染的治疗。

（3）抗病毒血清：用病毒外液浓缩液或者细胞成分免疫动物，取其血清后制备而成。目前对病毒病的治疗尚缺乏特效药物。故在某些病毒病的早期或潜伏期，可考虑用抗病毒血清治疗。例如，用抗狂犬病毒血清与抗狂犬疫苗同时对被狂犬严重咬伤者进行注射，可防止狂犬病的发生。

（4）抗 Rh 血清：能作用于 Rh 阳性红细胞，临床上常用提纯的抗 Rh 球蛋白预防 Rh 新生儿溶血症。

【实验试剂和器材】

1. 抗原

为了制备特异性强、效价高、亲和力好的优质免疫血清，首先必须要有合适的抗原。免疫血清的特异性除了与抗原的分子质量大小有关外，还与抗原分子表面抗原决定簇的理化性质、pH、立体构象及种属差异等密切相关。抗原的种类繁多，依其来源的不同可以分为天然抗原、人工抗原、合成抗原，重组抗原等。天然抗原又可分为可溶性抗原（如血清、毒素、组织浸出液、组织或细胞蛋白质等）、颗粒性抗原（如细菌、病毒、细胞等）、半抗原（本身无免疫原性，必须与载体蛋白结合后才有免疫原性，如青霉素、氯霉素、雌激素、胰岛素等）、合成性抗原（如多肽等）以及基因工程抗原等。

2. 佐剂

佐剂又称免疫增强剂。它可以增强抗原的免疫原性并改变机体的免疫反应性，达到增强免疫力或提高抗体产生水平以及使抗原在体内维持时间明显延长等功效。佐剂的种类很多，在免疫血清的制备中通常多用弗氏佐剂（Freund's adjuvant），也有学者译为福氏佐剂。弗氏佐剂分为弗氏完全佐剂（Freund's complete adjuvant）和弗氏不完全佐剂（Freund's incomplete adjuvant）。二者主要的差别在于弗氏完全佐剂含有卡介苗。医用液状石蜡、羊毛脂、卡介苗（75mg/mL）按一定比例混合。

3. 免疫用动物

家兔、羊、马、驴、大鼠、小鼠、豚鼠、鸡、猴等都是常用的免疫用动物（又称受免动物），在实验中，选择动物时应考虑抗原与动物的种属关系、抗原性质与动物种类、免疫血清需要量、免疫血清要求，以及动物个体和用途等因素。实验用免疫血清多选用家兔、大鼠、小鼠、豚鼠和鸡，商业用生产多用马、羊、驴，特殊情况选用猴。此外，免疫用动物还应选适龄、健康状况良好的个体，最好为雄性。

实验用免疫血清最常用的动物是家兔，一般选择当年繁殖的、体重 2～3kg，年龄在 6 个月以上的雄性、健康家兔，免疫前编号，还应采血测定动物体内有无低滴度交叉反应性天然抗体的存在。

4. 常规实验样品准备

金属编号牌（对动物作标记）或染料；1mL、5mL、20mL 规格注射器；采血针头（9 号、12 号）和卡介苗针头（4 号半至 5 号半）；灭菌平皿；疫苗瓶；青霉素瓶；皮塞以及吸管；脱脂棉；抗原（小鼠血清）；青霉素溶液，链霉素溶液和 5%葡萄糖溶液；灭菌生理盐水，消毒用乙醇，2.5%碘酒；1.5%琼脂，玻板，铝制饭盒。

【实验步骤】

1. 免疫原的制备

（1）抗原稀释：一般使用新配制的灭菌生理盐水或 PBS 作为抗原的稀释液，然后与佐剂等量混合制成乳剂备用。

（2）抗原的乳化：乳化的方法有乳钵研磨法、注射器推注法、超声乳化法和机械搅拌法等多种。

注射器推注法是将抗原溶液和等量的完全佐剂（佐剂必须预加热，但不超过 50℃）分别吸入两个 5mL 注射器内，在两个注射器的 12 号针头间用一根长约数厘米的医用无毒、无菌塑料管，将两个注射器连接在一起，针头插进塑料管 1～2cm，然后由两人相对而坐，缓缓推动针栓，使管内溶液进入塑料管道至对侧注射器内，每次推动针栓时必须把注射器的内容物全部推出，另一侧也同样操作，使管内液体往返混合，直至形成油包水乳剂（water-in-oil emulsion）为止。

乳钵研磨法是将抗原溶液和等量的佐剂加入到乳钵内，经过反复碾磨，也可形成油包水乳剂，该法主要优点是快速、可靠，不足方面主要是由于黏附过多，浪费佐剂及抗原。

抗原的乳化程度直接影响免疫效果，因此，必须进行质量检查，检查的方法是将制成的乳剂滴一滴在凉的自来水表面，质量合格的乳剂滴入水面后应保持乳滴珠完整而不分散；如进入水面后立即扩散，水面油花也逐渐扩大，即不合格，应继续乳化。如果乳化不合格，可能是由于佐剂的质量问题，可以考虑更换批号或重新配制佐剂。

2. 免疫途径、免疫剂量和免疫周期

（1）免疫途径：抗原在体内的代谢速度、对免疫系统的刺激强弱以及产生抗体的水平均与不同的免疫途径有关。抗原可根据免疫用动物个体的大小、抗原及抗体制备目的或要求的不同而选用皮内、皮下、肌肉、静脉、淋巴结内或腹腔等不同途径注射。一般家兔常采用背部、足掌、淋巴结周围、耳后等皮下多点注射，皮内和肌肉途径较少采用。

（2）抗原的注射剂量：注射剂量随抗原的性质有较大差异。一般应考虑抗原的免疫原性的强弱、分子质量大小、抗原的纯度、毒性有无及大小，以及动物个体的状态、免疫途径和免疫时间、佐剂等因素。对于纯的可溶性抗原，免疫时一般需要与等量的弗氏完全佐剂混合，其免疫剂量通常小鼠首次抗原剂量为 50～100μg/次，大鼠为 100～200μg/次，兔为 100～1000μg/次，合成免疫原为 2mg（半抗原为 20～200μg）。加强免疫的剂量为首次剂量的 1/2，可用弗氏不完全佐剂或不用佐剂。如需制备高度特异性的抗血清，可选用低剂量抗原短程免疫法；反之，欲获得高效价的抗血清，宜采用大剂量抗原长程免疫法。

（3）免疫周期：免疫周期一般随抗原和免疫方法的不同以及是否使用佐剂而变化。间隔时间可从数日到数周，一般无佐剂时间隔 2～4 天，加用佐剂时可间隔 10～30 天。初次免疫与第二次免疫的间隔时间多为 2～4 周，此后，每次加强免疫的间隔时间为 2～3 周。

3. 免疫用动物

确定免疫方案主要取决于抗原的性质，颗粒性抗原多采用无佐剂免疫法，可溶性抗原较多采用佐剂免疫法。同时还应考虑免疫用动物的个体大小、采血方法及采血量等。以家兔为例，简要介绍操作步骤。

（1）无佐剂免疫法：颗粒抗原一般多采用无佐剂免疫法。将颗粒抗原用 PBS 或生理盐水配制成混悬液（约 1%），按照下列顺序，每次间隔 3～5 天免疫动物，注射部位和剂量分别为皮下 0.3mL，肌肉 0.4mL，脚掌 0.4mL，静脉 0.4mL，皮内 0.5mL，于最后一次加强免疫后的 7 天采血，分离血清测定抗体效价。

（2）弗氏佐剂免疫法：抗原加弗氏完全佐剂皮下多点注射进行基础免疫；再以免疫原加弗氏不完全佐剂作 2～5 次加强免疫，每次间隔 2～3 周，皮下、脚掌或腹腔注射加强免疫。

具体操作如下。

a. 常规免疫。

初次免疫：剂量为每只兔子注射 1～2mL 弗氏完全佐剂乳化抗原（抗原蛋白含量 1～2mg）。注射部位为 4 只脚掌的皮内各注射 200μL，其余分多点注入脊柱两侧、颈部、腹股沟和腋窝等处淋巴结附近部位皮内，每点可注入 50～100μL。

再次免疫：初次免疫后 20 天左右，剂量为 1.0mL/只（抗原蛋白含量 1mg），加弗氏不完全佐剂。注射部位在背部和腹部皮下多点注射，每点注入 0.1mL。

加强免疫：再次免疫后 2～3 周进行，注射剂量和部位同再次免疫，免疫后 7～14 天抽取少许静脉血，分离血清，试血测定效价。

b. 淋巴结免疫。主要优点是可减少抗原用量。基本操作如下。

卡介苗致敏：免疫前足掌皮下每侧各注入活卡介苗（75mg/mL）0.3mL。10 天左右观察两侧腘窝淋巴结和腹股沟淋巴结，一般可肿胀如蚕豆大小，此时即可进行淋巴结内免疫注射。

初次免疫：用手指固定淋巴结后，在两侧淋巴结内各注入抗原乳剂 0.1～0.25mL，每只兔总量 0.5～1.0mL；

再次免疫：初次免疫 20 天后，于腹部皮下多点注射不加佐剂抗原溶液 1mg/mL。

加强免疫：两周后可按初次免疫剂量和途径再注射一次，一般可在加强免疫注射前试血测定效价，效价如已达到要求可不必进行第三次免疫。

有条件的情况下，免疫后要加强动物饲养管理，如添加熟黄豆或胡萝卜等以补充营养。

4. 测定抗体效价

一般情况下，在加强免疫后 7～10 天即可采血，分离出血清并可测定抗体效价。对于免疫原性质不太确定的小分子和多肽片段等半抗原，还应在初免后 15～20 天采血测定抗体效价，以确定抗原的免疫原性和动物的反应性。试血所需的血清量较少，一般可通过兔耳缘静脉、鼠球后静脉或尾尖采血。

抗体效价的测定方法有很多，常用的方法有免疫双扩散实验、酶免疫分析法（EIA）、环状沉淀实验等。然而，各实验室更多的是根据实际用途采用实际使用的方法，如蛋白免疫印迹、免疫组化、流式细胞术等直接测定。

（1）免疫双扩散法：是免疫血清制备中最常用的试血方法，其具体方法是，在琼脂板中间孔加入 10μL 抗原（浓度 1mg/mL），周围孔依顺时针方向，分别加入用生理盐水或 PBS

按 1∶2、1∶4、1∶8、1∶16、1∶32 和 1∶64 的比例稀释的动物免疫血清。经 37℃保温 24h 后观察结果，效价在 1∶16 以上即可决定采血。

(2) EIA 法：也是免疫血清制备中最常用的试血方法，常用的具体方法有间接 ELISA 法、竞争 ELISA 法、捕获法和夹心法等。

(3) 环状沉淀实验：是较为经典的方法，方便快捷，但目前已较少采用。将一定浓度的抗原 200μL 加入到环状沉淀管中，然后在抗原液面上加入稀释的免疫血清，如在 30min 内，抗原与血清的交界面能出现“卄”的沉淀环，即为阳性反应。测定抗体效价达 1∶5000 以上时为合格。

5. 采血

免疫用动物经效价检测合格后即可考虑采血或者放血。为减少血清中的脂肪含量，放血前停食 12h。如拟保留该免疫用动物，可直接由心脏取血，或切开耳缘静脉滴血。取血后可由静脉缓缓注入等量 5%葡萄糖溶液以补足失血量。取血的动物经 2～3 个月休息，可再次加强免疫后取血。如一次采血即可满足实验需要，可考虑用颈动脉放血的方法，各种取血方法如下。

(1) 心脏取血：动物于仰卧位固定，用食指探明心脏搏动量高的部位（在胸骨左侧，由下向上数第三与第四肋骨之间），剪去少许毛，用 2.5%碘酒和 75%乙醇消毒后，以 9 号针头在预定位置与胸部呈 45°刺入心脏，微微上下移动针头，待见血液进入针筒后，即将注射器位置固定取血。2.5kg 体重的家兔一次可取血 20～30mL。

(2) 耳缘静脉滴血：先将耳缘静脉附近的毛剪去用无菌棉球将皮肤擦干净（不用乙醇消毒，避免溶血）。用台灯照射耳部使血管因温度增高而扩张，然后用无菌刀片将耳缘静脉切一长 0.5cm 的纵切口，第一次切口应从耳尖部开始，以后再切时，逐步向耳根方向移动。用无菌试管或平皿收集流出的血液。如切口凝血，血流不畅时，可用无菌棉棒轻轻将切口外血凝块擦去（注意勿使切口损伤太大），血仍可继续流出，直至达到所需要的血量为止。取血后用无菌棉球压迫切口止血。耳缘静脉取血一次可取血 40mL 左右而动物不死。

(3) 颈动脉放血：使动物仰卧固定四肢，颈部剪毛、消毒后纵向切开前颈部皮肤长约 10cm，用止血钳将皮肤分开夹住，剥离皮下组织，露出肌层，用刀柄加以分离，即见搏动的颈动脉。小心将颈动脉和迷走神经剥离长约 5cm，选择血管中段，远心端用丝线结扎，近心端用血管夹钳住动脉。用无菌剪刀剪一“V”形缺口。取长 2.5cm、直径为 1.6mm 塑料管一段，将一端剪成针头样斜面，并将此端插入颈动脉中，另一端放入 200mL 无菌三角瓶内，然后放开止血钳，血即流入三角瓶内，动物流血至死，2.5kg 家兔可放血80～100mL。

6. 分离血清

无菌操作下，收集血液凝固后，用无菌滴管在无菌环境（如超净工作台）中把血块与瓶壁剥离后，放入 37℃环境，1～2h 后取出放入 4℃过夜，使血清充分析出（不能冰冻，否则产生溶血）。经离心沉淀分出血清，分装，置超低温冰箱保存。使用前必须经过鉴定，合格后再分装保存备用。

7. 免疫血清的保存

(1) 经鉴定合格的免疫血清，以 1∶100 比例加入 1%的硫柳汞或 5%的叠氮钠，使其终浓度分别为 0.01%或 0.03%。

(2) 用无菌滴管将抗血清分装至小管，每管装 1mL 左右。

(3) −20℃以下保存，可保存 2 年以上。

(4) 如有条件可将血清冷冻干燥保存于 4℃以下，保存时间更久。

【注意事项】

(1) 动物的免疫反应存在较大的个体差异，甚至有人报道不同品系动物一次免疫后产生的抗体差别高达 500 倍，所以制备免疫血清时不能只免疫一只动物，最好免疫 3～4 只，因为有的动物抗体效价可能很低或不产生抗体，免疫反应好的动物所能提供的抗体往往高于一般动物 3～4 倍。

(2) 为制备单价特异性高的免疫血清，所用抗原纯度越高越好，因此，在纯化抗原过程中应尽量除去可能存在的杂蛋白，这样可以省去许多时间来吸收抗血清中的非特异性抗体。

(3) 要制备高效价的抗体，必须要加佐剂（一般采用弗氏完全佐剂），加佐剂后免疫动物，抗体效价至少可增加 5 倍。但如果抗原中有微量的杂蛋白存在，即使只有 10μg，也可能因为有佐剂而产生非特异性的抗体，所以要根据实验需要和抗原的纯度适当地使用佐剂。

(4) 制成的抗原乳剂是否为油包水乳剂应进行检查，否则会影响免疫效果，如不是油包水乳剂，应重新制备。

(5) 当抗原量过少不易提纯时，可使用抗原抗体在琼脂扩散中形成的沉淀线直接免疫动物来制备抗体。

(6) 免疫血清效价一般以免疫血清的稀释倍数表示。血清效价的检测方法很多，灵敏度各不相同，因此在表示抗血清效价时，应标明检测方法。另外，在沉淀反应中，出现沉淀时的抗原、抗体比例有较大范围，如用不同浓度的抗原测定效价时，结果会因此有别，所以在测定免疫血清效价时，还应注意所使用的抗原浓度。

(7) 分装保存的免疫血清应注明抗原的名称、免疫血清的效价、制备日期以及包装量。

实例二：人类 ABO 血型鉴定实验（玻片法）

【实验目的】

理解人类血型种类及其检测方法，测出学生本人的血型。

【实验原理】

人类 ABO 血型抗原有 A、B 两种。A 型红细胞膜上有 A 抗原，B 型红细胞膜上有 B 抗原，它们之间成共显性关系，即 AB 型红细胞膜上有 A 和 B 两种抗原，而 O 型则不含有 A 和 B 抗原。据此，如分别将抗 A 和抗 B 血清与待测红细胞混合，抗 A 和（或）抗 B 血清与红细胞表面上的相应抗原结合而引起红细胞凝集，根据其凝集状况便可判定受试者的血型。血型鉴定试验结果与判定如下。

血型	抗 A	抗 B
A	＋	－
B	－	＋
AB	＋	＋
O	－	－

注：“＋”表示凝集，“－”表示无凝集

【实验试剂和器材】

(1) 抗血清：抗A型血抗血清、抗B型血抗血清。

(2) 常规实验用品：75%乙醇、棉球、生理盐水、无菌干棉球、无菌针头、一次性注射器、巴氏吸管、凹玻片或载玻片。

(3) 待测样品，如学生自己指血。

【实验步骤】

(1) 用酒精棉球消毒无名指指端皮肤或耳垂，待乙醇干后用无菌采血针刺破表皮，用毛细吸管取血1～2滴，放入含1mL生理盐水的小试管中，混匀。取血后，应立即用无菌干棉球压迫针眼止血。

(2) 取凹玻片或载玻片一张，用记号笔分为两格，并注明A、B字样。

(3) 用巴氏吸管吸取抗A血清、抗B血清各一滴分别滴于A、B格内（也可用2mL的一次性注射器代替巴氏吸管）。

(4) 另用巴氏吸管取待测5%红细胞悬液，于A格和B格内各加一滴。然后分别用牙签将抗血清与红细胞搅拌均匀（也可轻轻晃动载玻片以促其充分混匀），以加速其反应。将玻片放置于实验台上静置数分钟后，在白色背景下观察凝集情况。

(5) 结果观察与判定。若混合液由均匀红色混浊状逐渐变为澄清，并出现大小不等的红色凝集块者即为红细胞凝集；若混合液仍呈均匀混浊状，则表明红细胞未发生凝集。如肉眼观察不够清楚，可将玻片置于显微镜下用低倍镜观察。

【注意事项】

(1) 试验用凹玻片或载玻片要清洁，注明A和B字样。

(2) 所用抗A、抗B血清必须在有效期内（注意试剂包装说明的有效期限）使用。

(3) 待检红细胞悬液不宜过稀或过浓。

(4) 要及时观察结果，以防时间过长使标本干涸而影响结果观察和判定。

实例三：酶联免疫吸附测定

【实验目的】

掌握酶联免疫吸附测定的基本方法。

【实验原理】

酶联免疫吸附测定（enzyme linked immunosorbent assay，ELISA）：继20世纪50年代的免疫荧光（IFA）和60年代的放射免疫（RIA）分析技术之后，1971年Engvall和Perlmann发表了酶联免疫吸附测定用于IgG定量测定的文章，使得1966年开始用于抗原定位的酶标抗体技术发展成液体标本中微量物质的测定方法，建立了用酶来标记抗原或抗体的分析技术。由于酶的高效生物催化作用，一个酶分子在数分钟内可以催化几十甚至几百个底物分子发生反应，产生了放大作用，因此原来极其微量的抗原或抗体在数分钟后就可被识别出来。

ELISA试验是一种敏感性高、特异性强、重复性好的实验诊断方法，它将抗原、抗体免疫反应的特异性和酶的高效催化作用原理有机地结合起来，可敏感地检测体液中微量的特异性抗体或抗原。此项技术自20世纪70年代初问世以来，发展十分迅速，由于其试剂稳定、易保存，操作简便，结果判断较客观等因素，目前已被广泛用于生物学和医学的许多领域。

将酶与抗体（或抗原）用交联剂结合起来，此种酶结合物能与相应的抗原（或抗体）发生特异性结合反应，形成酶-抗原抗体大分子复合物，此时再加入酶底物，底物被酶催化生成有色产物，最后借助反应体系的颜色变化及呈色深浅来推断样品中检测对象的有无或含量。

【实验试剂和器材】

（1）待检患者血清、抗甲胎蛋白抗体、甲胎蛋白阳性和阴性血清。

（2）辣根过氧化物酶（HRP）标记的抗甲胎蛋白抗体。

（3）碳酸盐缓冲液（pH9.6）、磷酸盐缓冲液（PBS，pH7.4）、邻苯二胺（OPD）、硫酸（2mol/L）。

（4）酶标反应板、微量加样器、温箱、冰箱、酶标仪等。

（5）包被稀释液（0.05mol/L Na_2CO_3-$NaHCO_3$ 缓冲液，pH9.6）：Na_2CO_3 1.5g，$NaHCO_3$ 2.9g，加双蒸水至1000mL。

（6）封闭液（5%小牛血清/PBS溶液）：小牛血清50mL，PBS（pH7.4）950mL。

（7）洗涤液（PBST，pH7.4）：NaCl 8.0g，KH_2PO_4 0.2g，$Na_2HPO_4 \cdot 12H_2O$ 2.9g，KCl 0.2g，Tween-20 0.5mL，加双蒸水至1000mL。

（8）样本稀释液（PBS，pH7.4）：NaCl 8.0g，KH_2PO_4 0.2g，$Na_2HPO_4 \cdot 12H_2O$ 2.9g，KCl 0.2g，加双蒸水至1000mL。

（9）酶标第二抗体种类及要求：羊抗人IgG，标记HRP（1∶2000）；底物液（OPD-H_2O_2）。

（10）A液（0.1mol/L的柠檬酸溶液）：柠檬酸19.2g加双蒸水至1000mL。

（11）B液（0.2mol/L的 Na_2HPO_4 溶液）：$Na_2HPO_4 \cdot 12H_2O$ 71.7g，加双蒸水1000mL，临用前取A液24.3mL，B液25.7mL。

（12）终止液（2mol/L的 H_2SO_4 溶液）：双蒸水600mL，浓硫酸100mL（缓慢滴加并不断搅拌），加双蒸水至900mL。

【实验步骤】

（1）包被酶标反应板：用pH9.6的碳酸盐缓冲液1∶200稀释抗体，用其包被聚乙烯塑料板，每孔加0.2mL，4℃条件下12～24h。

（2）封闭酶标反应板：弃掉包被液，用PBS洗涤3次，甩干后用5%小牛血清/PBS液封闭。放37℃ 40min（或4℃过夜）。封闭结束后用洗涤液洗板，并在滤纸上拍干，每孔洗3遍，每遍3min。

（3）加入待测样品及阳性对照（用PBS稀释）：将稀释好的待测血清样品加入酶标反应板中，每孔0.2mL，阳性对照样品也相应稀释。置于37℃温箱0.5～1h。弃去孔中液体，用洗涤液洗涤3遍，每遍3min。

（4）加酶标二抗（用PBS稀释）：加入辣根过氧化物酶标记的抗甲胎蛋白抗体，每孔0.2mL置于37℃温箱，30～45min。弃去孔中液体，在滤纸上拍干，每孔洗涤3遍，每遍3min。

（5）加入底物液：取底物液A液24.3mL，B液25.7mL，加双蒸水50mL得pH5.0的磷酸-枸橼酸缓冲液100mL。再加入邻苯二胺40mg，充分溶解，最后加入30% H_2O_2

0.15mL。每孔加入底物液 100μL。避光室温作用 5～10min。

(6) 终止反应：当阳性对照出现明显颜色变化后，每孔加入终止液 50μL 终止反应。

(7) 结果分析。

a. 目测：根据显色深浅，用（－）为无色、（＋）为浅色、（＋＋）为黄色、（＋＋＋）为棕黄色表示。一般呈＋＋以上者为阳性。

b. 酶标仪测定：在 492nm 波长下测 OD 值。

【注意事项】

(1) 封闭时注意将封闭液加满各反应孔，并去除各孔中可能产生的贴孔壁气泡。

(2) 加洗涤液时，每孔加满，但不要溢出。

(3) 每次洗涤液在孔中的停留时间不应少于 1min。

(4) 洗涤后板要甩干，不要残留液体。

实例四：酶免疫组化技术

【实验目的】

酶免疫组化技术（enzyme immunohistochemistry technique）是直接以细胞或组织切片为抗原相，以酶联免疫技术检测抗原或抗体的存在与否或定位的一类酶标技术。本实验以酶免疫组化技术检测 CD3 为例，掌握其基本测定方法。

【实验原理】

将组织或细胞制成切片或涂片，用酶标记的抗体检测组织细胞表面分子。本实验以 CD3 单克隆抗体与待检单个核细胞涂片作用，再用生物素化抗鼠 IgG 检测 CD3 单抗与待检细胞结合的情况，最后采用链霉亲和素-生物素-过氧化物酶放大系统（ABC 桥联法），CD3 表面分子阳性细胞将被抗体与过氧化物酶结合物结合，在底物作用下被染成棕黄色，CD3 表面分子呈阴性的细胞不着色。根据细胞着色的情况可以判定 CD3 阴性和阳性的细胞，通过细胞计数测定其阳性百分比。

【试剂和器材】

正常山羊血清；抗 CD3 单克隆抗体；生物素化羊抗鼠 IgG（二抗）；链霉亲和素-生物素-过氧化物酶（SABC）；二氨基联苯胺（DAB）；0.01mol/L pH7.2 的 PBS 液体；淋巴细胞分离液；丙酮；玻片、滤纸、显微镜等。

【实验步骤】

(1) 采集外周血，以肝素抗凝。抗凝外周血经淋巴细胞分离液梯度离心，分离单个核细胞。

(2) 将单个核细胞制成涂片，室温风扇吹干。

(3) 以纯丙酮室温固定 20min（干燥后可冰冻保存）。

(4) 滴加抗 CD3 单克隆抗体，37℃温育 45min。

(5) 将生物素化羊抗鼠 IgG 滴加在玻片上，置湿盒中 37℃温育 30min，以 PBS 洗 3 次，每次 3min，然后用吸水纸将细胞周围处擦干。

(6) 滴加试剂 SABC，置湿盒中 37℃温育 30min。

(7) 加 DAB 显色，室温显色 5～20min，用蒸馏水洗涤，加盖玻片后镜检。

(8) 结果判断：阳性细胞着棕黄色，在显微镜下观察，计数 200 个细胞，计算阳性细胞的百分比。

【注意事项】

(1) 洗涤应严格按要求进行。

(2) 各步骤尤其加入 SABC 后，反应时间应严格控制，否则易出现非特异性显色，产生假阳性反应。

(3) 观察阳性细胞需要一定的经验，需要反复练习，才能准确掌握。

第四章 专业实验

第一节 生物工艺学部分

一、生物工艺学实验设计的特性概述

生物技术是当前优先发展的高技术领域之一，它的发展和应用对工农业生产、人们生活和健康具有深远的影响。生物工艺学实验是生物工程专业中一门生物技术理论与实践相结合的重要的专业必修课，是利用生物技术最基本方法来验证生物工艺学理论的手段，通过实验课学习，可使学生进一步了解生物物质反应、提取、分离、纯化过程和生化工程原理以及典型产品生产工艺及其技术应用的基本知识，掌握许多最基本的生物技术实际操作方法，熟悉实验材料的性质、应用条件与范围，学会大量生物实验仪器与设备的使用原理、操作方法，提高从事生物领域科学研究、发展生产以及解决实际问题的能力。

（一）基本概念

生物工艺学是以生命科学为基础，利用生物体系和工程原理，生产生物制品和创造具有特定性状的新品系或新物种的科学技术，或解释为是应用自然科学及工程学原理，依靠生物制剂的作用将物料进行加工以提供产品或社会服务的技术。

其范围现已扩展到包括应用生物体、组织、细胞、细胞器、纯化的酶或其他物质，转变为生物物质或产生较高价值的生物产品的任何过程及设计和利用反应器、发酵罐、下游加工过程、分析仪器等与生物生产过程有关的控制装置，同时涵盖基因工程和医学生物工程的范畴，也把一些农业、园艺及林业（离体繁殖技术及基因操纵技术）包括其中。生物工艺学现分为传统的发酵领域，包括饮料、食品、抗生素的生产及废物处理；现代生物工艺学，生产和应用经遗传操纵的生物，大规模生产单细胞蛋白、生物活性多肽、疫苗及其他医药产品，以及利用杂交瘤生产供诊断和治疗用的单克隆抗体等内容。

（二）实验课程学习方法

1. 实验仪器

实验室使用的仪器比较小型化，只适合科学研究使用，如果不了解相同原理的工厂化生产设备，显然将实验成果扩大到今后的生产实际，思维空间会受到限制。

以次生代谢产物黄酮提取实验的浓缩过程为例，实验室常用的仪器是旋转式蒸发仪，往往教师只讲解该仪器的使用原理和操作方法，然而扩展到工厂化生产的浓缩设备，一般很少联系在一起比较讲解，学生对工厂化生产的浓缩设备会缺乏设备构造和应用范围的概念，从

而限制学生的想象和思维空间。

与旋转式蒸发仪具有相近浓缩原理的工厂化生产设备，包括间歇式真空单效浓缩锅、升膜式和降膜式的多效连续浓缩设备，这些设备在食品、化工、制药等行业生产中有着广泛应用。同样实验中涉及物质提取、分离和纯化的仪器，过去实验课只讲解仪器的原理与使用是不够的，现在如果结合工厂化生产中常用的提取、分离和纯化设备在原理、应用范围和使用条件方面比较讲解，更能拓宽学生视野。

2. 实验材料

生物工艺学实验涉及的絮凝实验，性质与效果相近的絮凝材料有多种，同一实验用不同的絮凝材料都可获得相近的实验结果，然而絮凝材料在价格和性质上有时相差较大，如明胶价廉而壳聚糖价格昂贵，选择何种材料进行实验，应结合实际情况根据不同絮凝材料的性质与特点，具体提取物的价格、纯度等因素来确定使用何种絮凝剂，当然实验原料改变，有时工艺也随之有所变化。

在次生代谢产物黄酮的提取实验中，有明胶和壳聚糖两种絮凝材料选择，因植物材料中黄酮含量较少，黄酮的自身价值较高，在要求提取的黄酮纯度也高的条件下，可选择杂质较少、纯度较高的壳聚糖作絮凝剂。在茶饮料的生产中，同样有明胶和壳聚糖两种絮凝材料可选择，由于茶原料来源广泛、生产的产品经济价值较低，在产品纯度要求不太高的前提下，就可选择价格较低的明胶作絮凝剂。

通过絮凝材料选择的实际应用实例分析，很容易理解科研项目设计时为什么要综合考虑材料价值、工艺条件、产品质量、经济效益等各种因素。

3. 实验结果检测

生物工艺学实验结果的检测，不同的实验有不同的检测方法，就同一实验同一结果的检测，也会随仪器与检测方法的不同而不同，如 DNA 含量的测定，学生实验的基本检测方法有紫外法、定磷法和二苯胺显色法等。本节实验中 γ-氨基丁酸含量的检测可选用的检测方法有多种，就目前在使用和在探讨的测定方法就有分光光度计法、酶法、氨基酸仪器分析法、毛细管气相色谱法、柱层析荧光测定法、毛细管电泳法、液相色谱法以及放射性受体法等，不同的方法在精确度、准确度方面会有所差异，检测操作的难易程度也有较大差异，实验分析中，选用什么样的检测方法，可根据当时实验室现有仪器、检测技术，要求的精确度和实用性等来综合决定。

以往一般验证性实验均用单一方法获得实验结果，随着科学技术的发展，许多验证性实验其结果可通过多种不同实验技术实现；相同的实验结果的实验过程或相同产品的生产过程，可选择相近原理不同型号的实验仪器或选择相近原理不同型号的工厂化设备进行；性质相近的实验原料有多种材料选择；实验结果可用不同的检测方法检测。将所学的理论知识通过实验课与实际情况联系起来学习思考，可拓宽视野、启迪思维，显著提升自身的综合创新素质和实验操作技能，从而为独自从事科研活动时的方案设计、数据收集与处理、结果获得与分析等方面起到积极作用。

（三）生物产品的延展

生物制品在生产工艺过程中，增加或减少某一原料，会得到多种产品，如酸奶发酵实验，实验结果获得的是酸奶制品，然而如果在生产过程的材料中加入生物活性钙（乳酸钙），可制得高钙酸奶，降低原料奶的脂肪含量，制得低脂酸奶，低脂原料奶中加入生物活性钙，得到的是低脂高钙酸奶。如果在生产过程的原料中加入一定比例的不同风味的（如巧克力、花生、黑桃、芝麻、芦荟或各种水果果汁或果粒）添加物，就制得具备该添加物相应风味的风味酸奶。另一个实例是，用胰蛋白酶制备酪蛋白磷酸肽（简称 CPP）的实验，在酪蛋白水解过程中，如果使用的是不同的水解酶，如胰酶、碱性酶或其他酶等，可获得多种不同数量氨基酸组成的长链多肽，再分别把某一数量范围内的氨基酸链组成的多肽分离提纯出来，就可得到具有不同功能的活性多肽物质，比如具有免疫调节肽、降血压肽、抗血栓肽和具有美容等功效的活性肽。

（四）实验内容选择

（1）为了全面系统地将学生所学到的生物工艺学理论知识，通过生物工艺实验得到印证与扩展，实验内容应具备广泛性、代表性、实用性以及前沿性。

（2）实验内容应广泛涉及生物实验技术，如菌种的活化、保种、扩大培养，发酵及发酵控制；生物物质的提取、分离、纯化、精制；分析技术与实验技能的掌握等内容。

（3）实验内容应具有完整性，并尽量与工厂化生产联系起来。

（4）增加热点生物产品的制备工艺和分析实验以及学科前沿的尝试性实验等内容。

（5）具备培养学生解决实际问题的能力以及全面提高学生综合素质的特点。

二、常用生物工艺实验参考资料

（一）参考书目

1. 高向东 . 2008. 生物制药工艺学实验与指导 . 北京：中国医药科技出版社
2. 徐怀德 . 2006. 天然产物提取工艺学 . 北京：中国轻工业出版社
3. 俞俊棠 . 2012. 新编生物工艺学 . 北京：化学工业出版社
4. 储炬 . 2010. 现代工业发酵调控学 . 北京：化学工业出版社

（二）参考期刊

1. 中国生物工程杂志
2. 中国生化药物杂志
3. 中国医药工业杂志
4. 食品与发酵工业
5. Drug Resistance Updates
6. Analytical Biochemistry
7. Current Opinion in Biotechnology
8. Biotechnology and Bioengineering

（三）参考网站

1. 生命、环境科学综合性资源：http://www.sciencedirect.com/
2. BIOME（生命科学资源导航）：http://biome.ac.uk/browse/

3. 百名最佳生物技术网站列表：http://igm.nlm.nih.gov/

4. 生物医药：http://biomednet.com/

5. 美国国立生物技术信息中心：http://www.ncbi.nlm.nih.gov/

6. 生物信息学资源导航：http://dna.sibc.ac.cn/bio/index.htm/

三、实验案例

实例一：酸奶发酵实验

【实验目的】

(1) 通过本实验了解乳酸菌菌种的一般生物学特性及菌种活力检测方法。

(2) 掌握乳酸扩大培养、发酵、检测的基本原理及方法。

(3) 巩固革兰氏染色步骤和方法，显微镜观察可使学生对保加利亚乳杆菌和嗜热乳酸链球菌的形态有一定感性认识，也可判别其是否被污染。

【实验原理】

乳酸菌在冷冻与干燥的恶劣环境条件下，处于休眠状态，当环境条件变好，有充足的营养、水和适宜的生长温度时，乳酸菌结束休眠状态，生理功能逐渐恢复。人为创造适宜乳酸菌生长的环境，使乳酸菌逐渐恢复生理功能的过程，即菌种的活化。

活化的菌种是否可用于生产，测定乳酸菌在一定时间内的产酸量即可判定。酸奶生产使用的乳酸菌由保加利亚乳杆菌和嗜热乳酸链球菌按1∶1比例混合组成，在一定温度下通过自新陈代谢将牛奶中的乳糖分解为乳酸并使乳蛋白质在酸性条件下变性凝固形成均匀凝块。

【实验试剂和器材】

1. 试剂与材料

(1) 冷冻干燥的乳酸菌种、脱脂奶粉、牛奶、蔗糖、试管、刻度吸管、三角瓶、烧杯、脱脂棉、纱布、酒精灯、牛皮纸、接种针、胶圈、0.1mol/L NaOH、0.5%酚酞乙醇溶液、95%乙醇、显微镜、载玻片、接种环、镊子、乳酸菌种。

(2) 革兰氏染色液，草酸氨结晶紫（甲液、乙液混合备用）。

(3) 甲液：结晶紫2g，95%乙醇20mL。

(4) 乙液：草酸氨0.8g，蒸馏水80mL。

(5) 碘液：用少量蒸馏水溶解2g碘化钾和1g碘片，定容至300mL。

(6) 0.5%的番红溶液：2.5%的番红乙醇溶液20mL作为母液存于棕色瓶，用时加300mL蒸馏水稀释成0.5%的番红溶液。

2. 仪器

鼓风恒温干燥；超净工作台；冰箱；高压消毒锅；恒温水浴锅。

【实验步骤】

1. 菌种活化及扩大培养

1) 菌种活化　取8.5g脱脂奶粉与45℃水混合至100mL复原成脱脂牛奶，在两支试管中分别装入2mL复原脱脂牛奶，然后插入脱脂棉塞，外包牛皮纸，用胶圈缠好，98kPa的压力下灭菌15min，冷却到43～45℃，在超净工作台或无菌室内进行无菌操作，分别用接种针取少量的冷冻干燥的乳酸菌种接种到灭菌的脱脂牛奶中，然后插入脱脂棉塞，外用牛皮纸包好，并用胶圈缠好，放入温度为37℃的恒温培养箱中活化，直到脱脂牛奶凝固为止，取出放入5℃左右冰箱保存12h，之后重复上述过程，直到活力达到0.4时，活化过程结束。

2）保种　脱脂奶复原和灭菌方法同菌种活化，取两支试管分别装入10mL复原脱脂牛奶，在超净工作台或无菌室内按无菌操作，分别用1mL灭菌刻度吸管取0.3mL（菌种添加比例为3%）活力达到0.4的活化乳酸菌种，接种到灭菌的脱脂乳中，然后插入脱脂棉塞包好牛皮纸，缠好胶圈，放入温度为43～45℃的恒温培养箱中发酵2.5～3.5h，脱脂牛奶凝固，乳酸度达到0.7～0.8°T时，取出放入4℃左右冰箱保存，时间可达1～2周，以后每1～2周内用上述方法转接一次。当母发酵剂被污染后，可立即启用保种的菌种，用于酸奶生产。

3）扩大培养（制备母发酵剂）　脱脂奶复原和灭菌方法同菌种活化，取两个100mL三角瓶分别装入30mL复原脱脂牛奶，在超净工作台或无菌室内按无菌操作程序，分别用灭菌移液管取0.9mL（比例为3%）活力达到0.4的乳酸菌种接种到灭菌的脱脂牛奶中，然后插入脱脂棉塞包好牛皮纸，用胶圈缠好，放入温度为43～45℃的恒温培养箱中发酵2.5～3.5h，脱脂牛奶凝固，乳酸度达到0.7～0.8°T时，取出放入4℃左右冰箱保存，以制作生产发酵剂用于生产。

2. 乳酸菌活力测定

取4.3g脱脂奶粉与45℃水混合并定容到50mL，复原成脱脂牛奶，加热到92℃保温15s，冷却到45℃，添加3%的菌种，放入恒温箱，在43～45℃条件下发酵2.5h，然后取10mL发酵奶置于100mL的三角烧瓶中加20mL蒸馏水，再加0.5%酚酞乙醇溶液0.5mL，然后用0.1mol/L的NaOH标准溶液滴至微红色在1min内不消失为止。消耗0.1mol/L的NaOH标准溶液的毫升数除以10，即乳酸菌菌种活力。

革兰氏染色观察菌种形态，步骤如下。

（1）涂片：取少量乳酸菌种均匀涂片，干燥、火焰固定。

（2）初染：加草酸氨结晶紫一滴，1～1.5min，水洗。

（3）媒染：滴加碘液染1～2min，水洗。

（4）脱色：用95%乙醇洗涤至流出乙醇以不出现紫色为止，20～30s，用水冲净乙醇。

（5）复染：用沙黄液染1～2min，水洗、吸干。

（6）镜检：用显微镜观察菌种形态，观察是否有杂菌，因酵母菌、霉菌的个体比乳酸菌大很多，在显微镜下很容易被观察到。

3. 酸奶发酵

取11g全脂奶粉与45～50℃水混合并定容到100mL复原成全脂牛奶，或取100mL相对密度达到1.032以上的全脂牛奶，然后加入6%蔗糖，升温（工业生产中要过滤、均质）到93℃保温15s，冷却到43～45℃，添加3%的生产发酵剂，放入恒温箱（工业生产中为发酵室），在43～45℃温度下发酵2.5h左右，发酵终点的判定，发酵终点酸度是65～70°T。

发酵终点的判定方法：取10mL发酵奶置于100mL的三角烧瓶中加20mL蒸馏水，再加酚酞指示剂2滴，然后用0.1mol/L的NaOH滴定，计算出乳酸度。

当酸度尚未达到65～70°T时，每间隔一定的时间取样测定一次，当酸度达到65～70°T

时，就到达发酵终点，这时应结束前发酵过程，然后放入 4℃冰箱冷藏（工业生产中为 4℃左右的冷藏库），进入后发酵过程，经 12h 的后发酵后，产品成熟，经理化卫生指标检验合格后即为酸奶成品。

【思考题】

1. 乳酸菌种保种、扩大培养的目的是什么?

2. 活力测定在酸奶生产中有何意义?

3. 写出工厂化酸奶生产的工艺流程和工艺参数。

【教学重点】

1. 实验类型

操作与演示相结合。

2. 实验目的

酸奶发酵，是乳酸菌在一定温度下通过自新陈代谢将牛奶中的乳糖分解为乳酸，并使乳蛋白质在酸性条件下变性凝固形成均匀凝块的过程。

（1）通过本实验，要求掌握乳酸菌菌种的活化、保种，母发酵剂的制备过程。

（2）了解乳酸菌种的一般生物学特性。

（3）了解可依据乳酸菌在一定时间内的产酸量判定菌种活力的原理，及该原理对生产的指导作用。

（4）熟悉和巩固革兰氏染色法的染色步骤和方法。

（5）了解酸奶发酵机制并熟悉酸奶发酵原理及生产工艺。

3. 本实验的重点和难点

（1）酸奶发酵温度、时间与发酵终点的控制。

（2）菌种的活化、保种、母发酵剂的制备、无菌操作的控制。

（3）革兰氏染色过程。

4. 解决办法

严格按实验操作步骤进行。

实例二：酪蛋白磷酸肽的制备与测定

【实验目的】

（1）通过实验掌握酪蛋白的制备技术，熟悉酪蛋白磷酸肽的制备方法及工艺路线。

（2）熟悉胰蛋白酶的性质和水解原理。

【实验原理】

1. 酪蛋白磷酸肽的制备

活性肽大都以非活性状态存在于蛋白质长链中，如果用适当的酶水解，它们的活性就被释放出来。酪蛋白磷酸肽（caseinphosphopeptide，CPP）是以脱脂牛乳为原料，制备酪蛋白，酪蛋白经单一酶或复合酶水解、分离而得到的含有成簇磷酸丝氨酰基的多肽。CPP 的生理活性和生理功能与分子中的氨基酸组成和排列顺序（或磷酸丝氨酰基的分布）有关。

本实验选用胰蛋白酶，用单酶法水解牛乳酪蛋白制备 CPP，酪蛋白-胰蛋白酶水解体系是制备生物活性多肽——酪蛋白磷酸肽的有效酶解体系。该 CPP 具有较高的生物活性。

酪蛋白磷酸肽在pH呈中性至微碱性的动物小肠下端，能与Ca^{2+}、Fe^{2+}和Zn^{2+}等金属离子结合，阻止金属离子与磷酸根产生沉淀，使小肠内可溶性的Ca^{2+}、Fe^{2+}和Zn^{2+}等离子浓度增加，从而促进这些必需金属离子的吸收和利用。其功能表现为具有抗龋齿、抗骨丢失、增强受精和胚胎发育等作用，美、日已将其作为补钙功能食品的原料，德国已将其列入药典。

2. 酪蛋白磷酸肽的测定

（1）定氮：蛋白质是含氮的有机化合物。食品与硫酸和催化剂一同加热消化，使蛋白质分解，分解产生的氨与硫酸结合生成硫酸铵。然后碱化蒸馏使氨游离，用硼酸吸收后再以硫酸或盐酸标准溶液滴定，根据酸的消耗量可计算氮的含量（如果乘以换算系数，即可得到蛋白质的量）。

（2）定磷：食物中的有机物经酸氧化，使磷在酸性条件下与钼酸铵结合生成磷钼酸铵。此化合物经对苯二酚、亚硫酸钠还原成蓝色化合物——钼蓝。用分光光度计在波长600nm处测定钼蓝的吸光度，以定量分析磷含量。本方法最低检出限为2g。

【实验试剂和器材】

1. 主要材料与试剂

1）制备CPP　脱脂奶粉；胰蛋白酶；0.2mol/L乙酸缓冲液；2mol/L NaOH；10% $CaCl_2$；乙醇；丙酮；乙醚；1mol/L HCl。

2）测定CPP之定氮　所有试剂均用不含氨的蒸馏水配制。

硫酸铜；硫酸钾；硫酸；2%硼酸溶液。

混合指示液：1份0.1%甲基红乙醇溶液与5份0.1%溴甲酚绿乙醇溶液临用时混合。也可用2份0.1%甲基红乙醇溶液与1份0.1%次甲基蓝乙醇溶液临用时混合。

40%氢氧化钠溶液。

0.05mol/L硫酸标准溶液或0.05mol/L盐酸标准溶液。

3）测定CPP之定磷　本实验用水均需用蒸馏水或去离子水。试剂纯度均为分析纯。

硫酸：相对密度为1.84。

高氯酸-硝酸消化液：1+4混合液。

15%硫酸溶液（V/V）：取15mL硫酸徐徐加入到80mL水中混匀。冷却后用水稀释至100mL。

钼酸铵溶液：称取5g钼酸铵［$(NH_4)6Mo_7O_{24}\cdot 4H_2O$］用15%硫酸稀释至100mL。

对苯二酚溶液：称取0.5g对苯二酚于100mL水中，使其溶解，并加入一滴浓硫酸（减缓氧化作用）。

亚硫酸钠溶液：称取20g亚硫酸钠于100mL水中，使其溶解。此溶液最好于实验前临时配制，否则可使钼蓝溶液发生混浊。

磷标准储备液（100g/mL）：精确称取在105℃下干燥的磷酸二氢钾0.4394g，置于1000mL容量瓶中，加水溶解稀释至刻度。此溶液含100g/mL磷。

磷标准使用液（10g/mL）：准确吸取10mL磷标准储备液，置于100mL容量瓶中，加水稀释至刻度，混匀。此溶液每毫升含磷10g。

2. 主要仪器

恒温水浴锅；离心机；分光光度计；定氮蒸馏装置（图 4-1）。

【实验步骤】

1. 酪蛋白磷酸肽的制备

1）*酪蛋白制备* 称取脱脂奶粉 25g，用 40℃ 的水溶解定容到 200mL，置于 500mL 烧杯中，加热到 45℃，边搅拌边慢慢加入 200mL 预热的 pH4.6 的 0.2mol/L 乙酸缓冲液，直到 pH 达到 4.8 左右，可用酸度计检验并调节。将悬液冷却到室温，静止 5min 后用纱布过滤，收集沉淀，用少量水将沉淀洗涤几次，抽干，悬浮于 30mL 乙醇中，用布氏漏斗滤去乙醇溶液，再用乙醚洗涤一次，干燥得酪蛋白纯品。

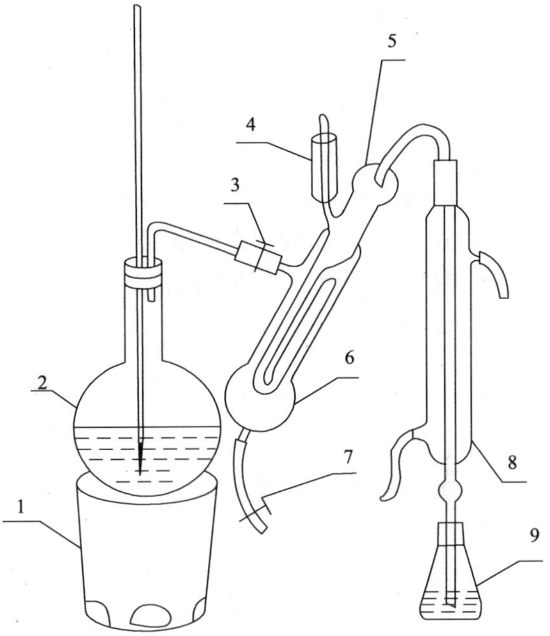

图 4-1 定氮蒸馏装置示意图

1. 电炉；2. 水蒸气发生器（2L 平底烧瓶）；3. 螺旋夹；4. 小玻杯及棒状玻塞；5. 反应室；6. 反应室外层；7. 橡皮管及螺旋夹；8. 冷凝管；9. 蒸馏液接收瓶

2）*酪蛋白磷酸肽的制备* 称 12g 酪蛋白，并溶解于 100mL 的 45℃水中，用 2mol/L NaOH 调至 pH8.5，保持温度在 45℃，加入 0.2g 胰蛋白酶，在 45℃温度下水解 90～120min（水解过程中始终保持溶液 pH 为 7.7～8.5），终止水解后，用 1mol/L HCl，调溶液 pH 到 4.6，静置 5min，然后以 4000r/min 离心 15min 除去沉淀，取上清液 50mL，用 2mol/L NaOH 调 pH6.6，加入 10% $CaCl_2$ 13mL，再加入等体积的 95%乙醇，混匀 4℃静置数小时后，4000r/min 离心 15min，收集沉淀，最后将沉淀用丙酮、乙醚洗涤挥发干燥，得 CPP。

2. 酪蛋白磷酸肽的测定

CPP 是多种短肽的混合物，其中大部分肽中含有成簇的磷酸丝氨酰基序列（-Serp-Serp-Serp-Glu-Glu-），这一序列也正是 CPP 的功能基团，其含量的多少与 CPP 功能特性直接相关，肽链较短、磷酸丝氨酸基团较多的 CPP 其持钙能力最强。而 CPP 中磷和氮含量的比值（N/P）能较客观地反映 CPP 链长和磷酸基的密度，可作为评价 CPP 产品特性的重要指标。

1）*总氮测定* 本方法适用于各类食物中蛋白质的测定。

（1）样品处理：精确称取 0.2～2.0g 固体样品或 2～5g 半固体样品或吸取 10～20mL 液体样品（相当于氮 30～40mg），移入干燥的 100mL 或 500mL 定氮瓶中，加入 0.2g 硫酸铜、3g 硫酸钾及 20mL 硫酸，稍摇匀后于瓶口放一小漏斗，将瓶以 45°角斜支于有小孔的石棉网上。小心加热，待内容物全部炭化，泡沫完全停止出现后，加强火力，并保持瓶内液体微沸，至液体呈蓝绿色澄清透明后，再继续加热 0.5h。取下放冷，小心加 20mL 水。放冷后，移入 100mL 容量瓶中，并用少量水洗定氮瓶，洗液并入容量瓶中，再加水至刻度，混匀备用。取与处理样品等量的硫酸铜、硫酸钾、硫酸，按同一方法做试剂空白试验。

（2）按图装好定氮装置，于水蒸气发生器内装水至约 2/3 处，加甲基红指示液数滴及数毫升硫酸，以保持水呈酸性，加入数粒玻璃珠以防暴沸，用调压器控制，加热煮沸水蒸气发生瓶内的水。

(3) 向接收瓶内加入 10mL 2%硼酸溶液及混合指示液 1 滴，并使冷凝管的下端插入液面下，吸取 10.0mL 样品消化稀释液由小玻杯流入反应室，并以 10mL 水洗涤小玻杯使其流入反应室内，塞紧小玻杯的棒状玻塞。将 10mL 40%氢氧化钠溶液倒入小玻杯，提起玻塞使其缓缓流入反应室，立即将玻塞盖紧，并加水于小玻杯以防漏气。夹紧螺旋夹，开始蒸馏。蒸气通入反应室使氨通过冷凝管而进入接收瓶内，蒸馏 5min。移动接收瓶，使冷凝管下端离开液面，再蒸馏 1min。然后用少量水冲洗冷凝管下端外部。取下接收瓶，以 0.025mol/L 硫酸或 0.05mol/L 盐酸标准溶液滴定至灰色或蓝紫色为终点。

同时吸取 10.0mL 试剂空白消化液按步骤 (3) 操作。

(4) 计算公式如下：

$$X=\frac{(V_1-V_2)\times N\times 0.014}{m\times\frac{10}{100}}\times F\times 100$$

式中，X 为样品中蛋白质的含量 (%)；V_1 为样品消耗硫酸或盐酸标准液的体积 (mL)；V_2 为试剂空白消耗硫酸或盐酸标准液的体积 (mL)；N 为硫酸或盐酸标准溶液的摩尔浓度；0.014 为 0.5mol/L 硫酸或 1mol/L 盐酸标准溶液 1mL 相当于氮克数；m 为样品的质量 (体积)，单位为 g (mL)；F 为氮换算为蛋白质的系数。

蛋白质中的氮含量一般为 15%～17.6%，按 16%计算乘以 6.25 即为蛋白质，乳制品为 6.38，面粉为 5.70，玉米、高粱为 6.24，花生为 5.46，米为 5.95，大豆及其制品为 5.71，肉与肉制品为 6.25，大麦、小米、燕麦、裸麦为 5.83，芝麻、向日葵为 5.30。

2) 磷的测定

(1) 样品消化。称取被测物均匀干样 0.1～0.5g 或湿样 2～5g 于 100mL 凯氏烧瓶中，加入 3mL 硫酸、3mL 高氯酸-硝酸消化液，置于消化炉上，瓶中液体初为棕黑色，待溶液变成无色或微带黄色清亮液体时，即消化完全。将溶液放冷，加 20mL 水，冷却后转移至 100mL 容量瓶中。用水多次洗涤凯氏烧瓶，洗液合并倒入容量瓶内，加水至刻度，混匀。此溶液为样品测定液。

取与消化样品同量的硫酸、高氯酸-硝酸消化液，按同一方法做试剂空白试验。

(2) 磷标准曲线。准确吸取磷标准使用液 0mL、0.5mL、1.0mL、2.0mL、3.0mL、4.0mL、5.0mL (相当于含磷量 0g、5g、10g、20g、30g、40g、50g)，分别置于 20mL 具塞试管中，依次加入 2mL 钼酸溶液摇匀，静置几秒。加入 1mL 亚硫酸钠溶液、1mL 对苯二酚溶液摇匀。加水至刻度，混匀。静置 0.5h 以后，在分光光度计 660nm 波长处测定吸光度。以测出的吸光度对磷含量绘制标准曲线 (图 4-2)。

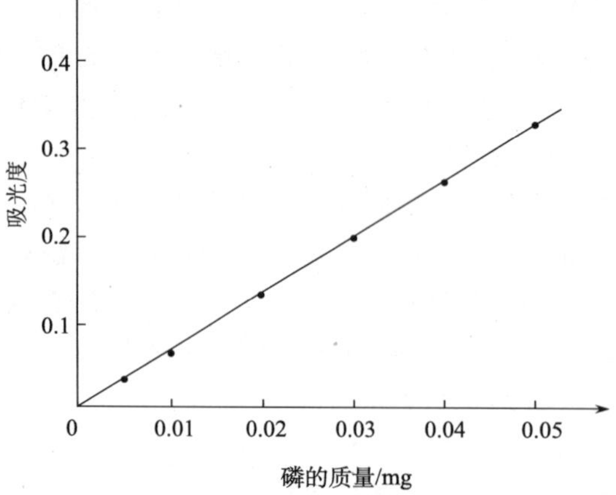

图 4-2　磷标准曲线

a. 样品测定。准确吸取样品测定液 2mL 及同量的空白溶液，分别置于 20mL 具塞试管中，其余操作步骤同标准曲线（4-2）。以测出的吸光度在标准曲线上查得未知液中的磷含量。

b. 结果计算。

$$X=\frac{c}{m}\times\frac{V_1}{V_2}\times 100$$

式中，X 为样品中磷含量（mg/100g）；c 为由标准曲线查得算出的样品测定液中磷含量（mg）；V_1 为样品消化液定容总体积（mL）；V_2 为测定用样品消化液的体积（mL）；m 为样品质量（g）。

3）酪蛋白磷酸肽的测定　酪蛋白磷酸肽的测定（指纯度），以 N、P 的摩尔比值来衡量，一般为 0.5～0.7，0.5 较纯，0.7 最差。计算方法：将测得的 N 和 P 换算为同一单位，由以下公式可算出摩尔比值。

$$摩尔比值=\frac{N/14}{P/31}$$

式中，14 为氮的相对分子质量；31 为磷的相对分子质量。

【思考题】

1. 制备酪蛋白、CPP 时为什么要用乙醇、乙醚洗涤？

2. 制备酪蛋白磷酸肽时，加入 10% $CaCl_2$ 与等体积的 95%乙醇的作用是什么？

【教学重点】

1. 实验类型

操作与演示相结合。

2. 实验目的

通过实验掌握酪蛋白和 CPP 的制备原理、制备方法及工艺路线，了解凯氏定氮法、钼蓝测磷法的测定原理和方法以及 CPP 的测定原理和方法。

3. 实验内容

（1）通过实验掌握酪蛋白的制备技术，熟悉 CPP 的制备方法及工艺路线。

（2）熟悉胰蛋白酶的性质和水解原理。

（3）学会凯氏定氮蒸馏装置的安装和操作。

（4）蛋白质是含氮的有机化合物。食品与硫酸和催化剂一同加热消化，使蛋白质分解，分解出的氨与硫酸结合生成硫酸铵。然后碱化蒸馏使氨游离，用硼酸吸收后再以硫酸或盐酸标准溶液滴定，根据酸的消耗量可计算氮的含量，如果乘以换算系数，即为蛋白质含量。

（5）食物中的有机物经酸氧化，使磷在酸性条件下与钼酸铵结合生成磷钼酸铵。此化合物经对苯二酚、亚硫酸钠还原成蓝色化合物——钼蓝。用分光光度计在波长 600nm 处测定钼蓝的吸光度，以定量分析磷含量。

（6）酪蛋白磷酸肽的测定（指纯度），以 N、P 的摩尔比值来衡量，一般为 0.5～0.7，0.5 较纯，0.7 最差。计算方法：将测得的 N 和 P 换算为同一单位，由以下公式可算出比值。

$$摩尔比值=\frac{N/14}{P/31}$$

4. 本实验的重点和难点

(1) 在制备酪蛋白和 CPP 时，酪蛋白和 CPP 易结成大块，溶解困难。

(2) 凯氏定氮蒸馏装置的安装和操作。

5. 解决办法

严格按实验操作步骤进行，在制备酪蛋白和 CPP 的分离过程中，可预先讲解操作要点或演示实验分离操作过程。

实例三：植物组织培养

【实验目的】

通过本实验了解愈伤组织培养过程中的无菌操作方法和一般植物组织培养过程。

【实验原理】

植物组织培养主要包括原生质体，悬浮细胞，组织（愈伤组织、茎尖分生组织），器官（胚、花药、子房、根和茎）的培养。其中最常见的是愈伤组织培养。

愈伤组织：原指植物在受伤之后于伤口表面形成的一团薄壁细胞，在组织培养中则指人工培养基上由放入的外植体长出来的一团无序生长的薄壁细胞。

从植物分离出的根、茎、叶等器官，虽在切口处组织受到了损伤，但这些受伤的部位往往会产生新的器官，长出不定芽和不定根，从而成为新的完整的植株，称为植物的再生作用。人们利用植物的再生作用来进行无性繁殖，植物之所以会产生器官，是由于受伤组织产生了创伤激素，刺激了周围组织的生长而形成愈伤组织，凭借内源激素（生长素）和储藏的营养作用又产生新的器官。

植物细胞具有全能性，任何具有完整细胞核的植物细胞，都拥有形成一个完整植株的全部遗传信息及发育成完整植株的能力，即利用植物细胞所具有的“全能性”特点，通过无菌操作分离植物体的一部分（外植体）甚至单个细胞，接种到培养基上，在人工控制的条件下（包括营养、激素、温度、光照、湿度）培养，生长发育，从一个单细胞或植株的一部分成长为一个完整的植株。

外植体选择的原则如下：

(1) 必须含有活细胞；

(2) 幼嫩组织所含活跃分裂的细胞比例高；

(3) 母株必须健康并且无任何腐烂或生病的迹象；

(4) 母株必须活跃生长并且不会立即进入休眠。

选择外植体时，最好是晴天的中午或下午，不要选择雨天、阴天或露水未干的材料，因为植株晴天光合呼吸旺盛，有自身消毒作用，这种组织易于培养。

外植体的选择顺序如下：

(1) 茎尖（园艺植物组织培养中应用最多，繁殖率高，不易发生遗传变异，但取材有限）；

(2) 茎段（采用嫩茎的切段促进腋芽萌发，取材容易）；

(3) 叶（幼嫩叶片组织通过愈伤组织或不定芽分化产生植株，取材容易，操作方便，但易发生变异）；

(4) 花球和花蕾；

(5) 种子、根、块根、块茎、花瓣等。

【实验器材】

容量瓶 1000mL 1 只；长形镊子、解剖刀各 2 把；培养皿 9cm 2 套；移液管 1mL、5mL、10mL 各 2 支；玻璃漏斗（中）1 只；三角烧瓶 100mL、250mL 各 2 只；超净工作台；人工气候培养箱；高压消毒锅；采集的新鲜植物材料。

【实验步骤】

1. 培养液配制

MS 培养基配方如下（mg/L）：

NH_4NO_3	1650	KNO_3	1900	$CaCl_2 \cdot 2H_2O$	440
$MgSO_4 \cdot 7H_2O$	370	KH_2PO_4	170	KI	0.83
H_3BO_3	6.2	$MnSO_4 \cdot 4H_2O$	22.3	$ZnSO_4 \cdot 7H_2O$	8.6
$Na_2MoO_4 \cdot 2H_2O$	0.25	$CuSO_4 \cdot 5H_2O$	0.025	$CoCl_2 \cdot 6H_2O$	0.025
$FeSO_4 \cdot 7H_2O$	27.8	$Na_2 \cdot EDTA \cdot 2H_2O$	37.3	肌醇	100
烟酸	0.5	盐酸吡哆醇	0.5	盐酸硫胺素	0.1

所用药品必须是分析纯的，药品称量要求准确，因组织培养所需要的营养物质有些很微量，药品用量稍有增加或减少可能会对植株培养与生长有影响。

2. 培养基的制备方法

配制时可先将各种元素溶液配成所需浓度的 10～100 倍母液，然后按配方将各种药品一一稀释按顺序加入。为了保证铁离子的供应，通常以 Na-EDTA 和 $FeSO_4 \cdot 7H_2O$ 两者等体积溶液加热混合使之螯合。培养基按配方配好后将 pH 调至 5.8～6.2，最后按 1.0%比例加入琼脂，加热，待全部溶解后用纱布过滤，最后分装在 100mL 三角瓶中（每瓶约 30mL），瓶口用塑料薄膜以胶圈包扎好以备消毒。

3. 灭菌

（1）接种环境灭菌：超净工作台接种先用紫外灯光线灭菌 0.5h 以上，用 75%乙醇擦台面消毒，在整个接种过程中，尽可能使环境保持无菌。

（2）植物材料灭菌：先冲洗植物材料除去泥土等大的颗粒后，一般用次氯酸钠溶液（0.5%～10%）处理 10min 左右，再用无菌水反复冲洗干净，然后在无菌室内，将所取的组织迅速置入固体培养基。因为消毒剂会杀死外露的细胞从而影响营养吸收。切取的外植体，通常为 1cm 的茎段或面积为 $1cm^2$ 的叶片部分（太大的外植体激素作用减弱，太小则不易成活）。消毒剂与外植体应接触足够长的时间以除去外植体表面微生物，应尽量减少对外植体细胞的破坏。

4. 方法与步骤

1）植物叶、茎组织的培养

（1）新鲜植物组织洗净，切去两头，用 70%～75%的酒精棉球消毒，然后浸在次氯酸钠（5%～10%）溶液中灭菌 10min。

（2）取出要培植的植物用无菌水冲洗 4～5 次，然后放入无菌水中浸泡 30min，以除去残余次氯酸钠。

(3) 消毒好的组织用手术刀或剪刀按要求的大小裁取新鲜植物组织的叶、茎部，用镊子取 1～2 片叶或茎放入已灭菌的培养瓶内培养，放置的方法除茎尖、茎段（尖端向上）和叶片要正放外，其他尚无统一要求，然后贴上标签，注明日期、组织名称、班号、姓名等。

(4) 将培养瓶放入已灭菌的 27℃气候培养温箱中培养。

(5) 培养一定时间后观察实验结果，记录愈伤组织形成以及污染情况等。

步骤（2）和步骤（3）要在超净工作台或接种箱中进行无菌操作，以避免污染造成实验失败。

约几周以后，将愈伤组织转移到新鲜生根培养基上继续生长，直至培养物到生根培养阶段。若不能及时将培养物转到生根培养基上，久不转移的苗会发黄老化或因过分拥挤而使无效苗增多造成浪费。因此生根培养是使无根苗生根的过程。最后可使生出的根浓密、粗壮。生根可采用 1/2 或者 1/4MS 培养基，加入低浓度的细胞分裂素［这类激素是腺嘌呤的衍生物，包括 6-BA（6-苄基腺嘌呤）］，常用的是 6-BA，和不同量的植物激素如吲哚乙酸（IAA），激动素（KT）等，以促使根或芽的分化。

2）植物块根的培养

(1) 取新鲜胡萝卜洗净，切去两头，外表面用纱布蘸 70%乙醇消毒。

(2) 然后浸在 0.5%升汞溶液或 5%～10%的次氯酸钠溶液中灭菌 10min（升汞有毒，注意防止溢出容器）。

(3) 取出胡萝卜用无菌水冲洗 4～5 次，然后放入无菌水中浸泡 30min，除去残余升汞。

(4) 漂洗好的组织块用已灭菌的打洞器钻取髓部或形成层部分。

(5) 圆锥体组织块放到灭菌的培养皿中，切去两头各 10mm 丢弃，从髓组织中部每片切取 5mm 厚的圆片（外植体）作组织培养用。圆片切面向下，用镊子镊取一或两片放入已灭菌的培养瓶内，贴上标签，注明日期、组织名称、班号、姓名等。

(6) 将培养瓶放入已灭菌的 28℃温箱中培养。

(7) 培养一定时间后观察实验结果，记录愈伤组织形成以及污染情况。

步骤（2）～（5）要在超净工作台或接种箱中进行无菌操作，以避免污染，造成实验失败。

5 周左右，可将愈伤组织转移到新鲜培养基上继续生长，并根据不同要求，可在 MS 培养基中加入不同量的植物激素，如吲哚乙酸（IAA）、激动素（KT）等，以促使根或芽的分化。

5. 培养技术条件

(1) 温度：组织培养在最适温度下生长分化表现良好，大多数组织培养都是在 23～27℃进行，很多采用 (25±2)℃的恒温条件。低于 15℃时培养，组织会表现生长停止，高于 35℃时对生长不利。但是，不同植物培养的最适温度有所不同，温度不仅影响组培苗的生长速度，也影响其分化增殖以及器官构建等发育进程。百合的最适温度是 20℃、月季是 25～27℃、番茄是 28℃。烟草芽的形成以 28℃为最好，在 12℃以下，33℃以上形成率皆最低。菊花以 18～20℃为宜。

(2) 光照：一般来说，光照强度较强，长出的幼苗较粗壮，光照强度较弱，长出的幼苗较细长。最常用的周期是 16h 的光照，8h 的黑暗。

(3) 湿度：一般要求 70%～80%的相对湿度。

【教学重点】

1. 实验类型

操作与演示相结合。

2. 实验目的

通过本实验了解愈伤组织培养过程的原理，愈伤组织培养过程中的无菌操作方法和一般组织培养方法。

3. 实验内容

熟悉愈伤组织培养过程中的无菌操作方法和一般组织培养过程。

4. 实验难点

(1) 所有用作组织培养的玻璃器皿和用具都必须洁净和严格灭菌。

(2) 操作过程必须严格要求以防止污染。

5. 解决办法

严格按实验操作步骤进行。

实例四：富含γ-氨基丁酸功能茶饮料的制备

【实验目的】

(1) 了解茶叶γ-氨基丁酸富集原理与方法。

(2) 了解富含γ-氨基丁酸功能茶和一般茶饮料生产工艺和操作步骤。

【设计原理】

γ-氨基丁酸（GABA，也称氨酪酸），是一种重要的功能性非蛋白质氨基酸，可降低血压、改善脑细胞代谢和抗心律失常；临床上可用作辅助治疗脑血栓后遗症，脑动脉硬化症造成的头痛、耳鸣、记忆障碍等症状；在改善失眠、抑郁和更年期综合征等方面有明显作用。GABA具有多种生理作用，在开发富含GABA的功能性食品方面具有广阔的前景。一般认为茶叶中的GABA含量达到1.50mg/g以上，就能起到一定的生理功效。

GABA是一种在植物体内都能检测到的氨基酸，GABA不是组成蛋白质的常见氨基酸，故被称为非蛋白质氨基酸。在植物体内，GABA的积累是植物体对外界温度、机械力等物理条件激烈变化时应激反应的产物。

很多植物原料中都含有GABA或存在GABA合成基础，其来源广泛，成本低廉。在植物体内GABA的合成有两条途径，分别为谷氨酸脱羧酶催化、转化而合成和多胺降解而来。茶叶中GABA的合成主要是谷氨酸在谷氨酸脱羧酶（GAD）的催化作用下脱羧而成；GABA在GABA转氨酶的催化作用下与丙酮酸发生转氨作用生成丙氨酸和琥珀酸半醛；最后琥珀酸半醛在琥珀酸半醛脱氢酶作用下生成琥珀酸，琥珀酸进入三羧酸循环。上述反应构成了α-酮戊二酸氧化成琥珀酸的另一条支路（图4-3）。茶叶中GABA的合成途径及支路如下所示。

(1) 茶叶中GABA的催化和转化合成途径：

$$\text{L-谷氨酸} \xrightarrow{\text{L-谷氨酸脱羧酶}} \text{GABA}$$

(2) 茶叶中GABA的合成支路：

通常植物体的GABA含量较低，但通过一些化学或物理的方法，可激活植物体内谷氨

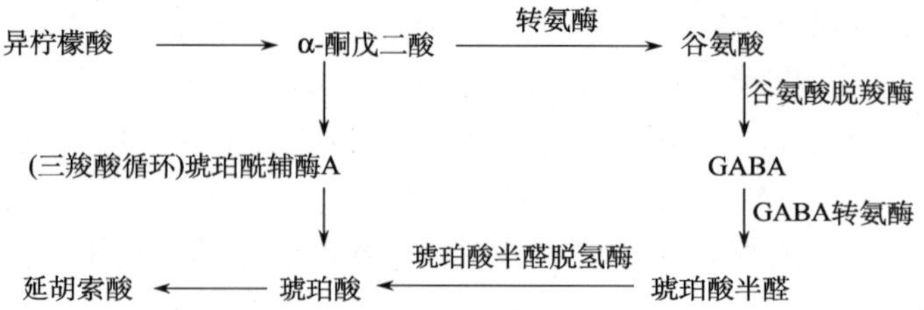

图 4-3　茶叶中 GABA 合成示意图

酸脱羧酶的活性和钝化 GABA 转氨酶，有利于 GABA 的产生和积累。通过无氧发酵法，植物中 GABA 主要通过谷氨酸的脱羧产生，无氧的环境可以增加谷氨酸脱羧酶的活性，抑制 GABA、丙酮酸转氨酶的活性，从而使 GABA 大量产生并积累。另外温度的迅速降低会影响植物组织细胞谷氨酸脱羧酶、GABA 转氨酶的活性变化，从而引起 GABA 的增加。

【实验试剂和器材】

1. 试剂与材料

新鲜茶叶；GABA 标准品；1mol/L 的 KOH；2mol/L 的 $AlCl_3$；5% 的 NaClO；0.2mol/L pH10.0 的磷酸盐缓冲液；6% 的重蒸酚；60% 乙醇；食用柠檬酸；食用明胶；80 目纱绢。

2. 仪器

紫外分光光度计；电热恒温鼓风干燥箱；电热恒温水浴锅；低速大容量离心机；酸度计；电冰箱；真空泵；电子天平。

【实验步骤】

1. 茶叶中 GABA 的富集方法

新鲜茶叶喷洒 10% 谷氨酸钠液后，抽真空充 CO_2 气体，在 25℃ 环境下放置 3h，然后再抽真空充氮气在 25℃ 环境下放置 4h，置于 5℃ 环境中冷冻刺激 45min 后干燥钝化酶活性，茶叶用该方法处理后，风干茶叶中 GABA 含量可高于 1.5mg/g。

2. 茶饮料制备步骤与方法

取富集了 GABA 的干茶叶 3g，稍粉碎后加入 250mL 去离子水，在沸水温度下萃取 10min（灭活残余酶系如活性多酚氧化酶和 GABA 转氨酶等，可预防茶饮料在保质期内发生褐变、沉淀和 GABA 含量的降低等），降温到 80℃ 用 80 目纱绢过滤除渣。然后加入 2% 明胶溶液 10mL 充分混匀，搅拌中用 5% 的柠檬酸液调 pH 至 4.8，静止冷却待产生絮状沉淀后（分离絮状沉淀可采用 4000r/min 离心 5min 除去沉淀），取上清液，然后加去离子水至 500mL，再采用 4000r/min 离心 7min 离心除去渣子（工业生产采用硅藻土过滤机过滤），装瓶密闭后在 98kPa 的压力下灭菌 15min，得到保质期可达一年以上的棕黄色、清澈透明、茶味浓郁并具有 GABA（GABA 含量大于 1.5mg/500mL）生理功能的茶饮料。

3. 茶叶 GABA 的测定

1）GABA 标准曲线的绘制　准确称取 GABA 标准样品 20mg，用蒸馏水溶解并定容 10mL，配制成相当于每毫升含 GABA 量分别为 0mg、0.01mg、0.02mg、0.03mg、0.04mg、0.05mg、0.06mg 的标准样品待用。分别取 1mL 不同浓度的标准液，加入 50μL 2mol/L 的 $AlCl_3$ 溶液，混匀后室温振荡 15min，5000r/min 离心 5min。取上清液 0.5mL 加入 0.3mL 1mol/L 的 KOH 溶液，室温振荡 5min，4000r/min 离心 5min。分别取上清液 0.3mL，加 0.2mol/L pH10.0 的磷酸盐缓冲液 0.2mL，6%的重蒸酚 0.1mL，混匀再加入 0.8mL 5%的 NaClO 溶液，充分混匀。于沸水浴中加热 10min，立即置冰浴中 5min，待溶液出现蓝绿色后，加 2mL 60%乙醇，于 645nm 波长处测定吸光度。以吸光度为纵坐标，GABA 的质量比（mg/g）为横坐标，绘制标准曲线，并求得直线方程。

2）GABA 的茶叶样品测定　称取被粉碎的茶叶干样 1.0g，加入 50mL 蒸馏水，在 90℃水浴中提取 30min，用 80 目纱绢过滤，再 4000r/min 离心得待测滤液并定容至 50mL，取 1mL 加入 50μL 2mol/L 的 $AlCl_3$ 溶液，其余操作步骤同标准曲线。待测液于 645nm 处测吸光度记录结果，由公式计算出绿茶中 GABA 的样品含量。

3）结果计算

$$X=\frac{c}{m}\times\frac{V_1}{V_2}\times 100$$

式中，X 为样品中 GABA 含量（mg/g）；c 为由标准曲线查得或由回归方程算得样品测定液中 GABA 含量（mg）；V_1 为样品提取液定容总体积（mL）；V_2 为测定用样品提取液的体积（mL）；m 为样品质量（g）。

【教学重点】

1. 实验类型

操作与演示相结合。

2. 实验目的

（1）了解茶叶 GABA 富集原理与方法。

（2）了解富含 GABA 功能茶和一般茶饮料生产工艺和操作步骤。

3. 实验内容

新鲜茶叶 γ-氨基丁酸的富集，风干，富含 γ-氨基丁酸茶饮料的制作。

4. 实验难点

新鲜茶叶采集后 γ-氨基丁酸的富集越快富集效果越好；γ-氨基丁酸富集工艺的条件控制；富含 γ-氨基丁酸茶饮料制备中絮凝效果。

5. 解决办法

采集来的新鲜茶叶在尽可能短的时间内富集 γ-氨基丁酸，富集严格按实验操作步骤与条件进行，明胶絮凝过程只要严格工艺要求操作就会顺利进行。

实例五：植物次生代谢产物的提取、分离及测定

【实验目的】

（1）了解植物次生代谢产物提取的基本方法和原理。

（2）熟悉植物次生代谢产物提取的基本操作，学会使用回流装置。

（3）了解植物次生代谢产物提取中除杂纯化的一些基本方法。

（4）了解萃取、絮凝沉淀及大孔吸附的基本原理，熟悉其基本操作。

【实验原理】

1. 提取

对植物次生代谢产物的提取，通常是利用适当的溶剂和方法，将所要的成分尽量完全提

出。提取溶剂的选择主要根据“相似者相溶原理”，对于极性成分，相应地用极性溶剂提取，而非极性成分则用非极性溶剂提取。

溶剂提取法是根据物料中各种成分在溶剂中的溶解性质，选用对活性成分溶解度大、对不需要溶出成分溶解度小的溶剂，将有效成分从物料组织内溶解出来的方法。当溶剂加到物料原料中时，溶剂由于扩散、渗透作用逐渐通过细胞壁透入到细胞内，溶解了可溶性物质，而造成细胞内外的浓度差，于是细胞内的浓溶液不断向外扩散，溶剂又不断进入组织细胞中，如此多次往返，直至细胞内外溶液浓度达到动态平衡时，将此饱和溶液滤出，继续多次加入新溶剂，就可以把所需要的成分近于完全溶出或大部分溶出。

植物次生代谢产物成分提取的基本方法有：浸渍法、渗漉法、煎煮法、回流提取法、连续提取法、水蒸气蒸馏法等。近年还发展起了一些省时、高效的提取方法，如超临界流体萃取法、微波提取法、超声波提取法、酶法、半仿生法等。

本实验选取银杏叶作为实验材料。银杏叶中的化学成分主要有：黄酮类、萜内酯类、聚异戊烯醇类、银杏酚酸及烷基酚酸类等。其中黄酮类及萜内酯类具有很强的生物活性，对心脑血管疾病、精神疾病及抗衰老方面具有显著疗效，引起了广大研究者的注意。黄酮类为酚性成分，属多环多元酚类，大部分以与糖结合成苷的形式存在。黄酮苷一般可溶于热水、甲醇、乙醇、丙酮、乙酸乙酯中；难溶于乙醚、苯、氯仿等非极性有机溶剂。

利用任何一种溶剂或方法所得的提取液，除有效成分外，都包含几种或更多的理化性质较类似的物质，这些杂质的存在将影响产物的纯度，因此尚需进一步分离、纯化。常用的分离纯化方法有：系统溶剂分离法、两相溶剂萃取法、沉淀法、盐析法、结晶法、升华法、分馏法、层析法等。这些方法各有其特点和适用条件，应视具体条件而选择。

2. 分离

本实验中主要采取石油醚萃取除脂及聚戊异烯醇；壳聚糖絮凝除大分子多糖、蛋白质、树胶、色素等；大孔吸附树脂法除去小分子的糖及其他小分子物质。

萃取是利用混合物中各成分在两种互不相溶的溶剂中分配系数不同而达到分离的方法。石油醚属于亲脂性溶剂（非极性溶剂），可以用来除去提取液中的非极性成分脂及聚戊异烯醇。

有机絮凝剂是一种高分子聚合物，分子质量很大，通过长碳链上的一些活性官能团可以吸附在分散体系中的微粒上。由于高分子聚合物是较长的线状结构，每个高分子化合物中都有许多官能团，可以在同一个分子上吸附多个微粒，因此它在微粒之间起了联系作用，这种作用称为吸附架桥作用。由于高分子聚合物的架桥作用可以将许多微粒联结在一起形成一个絮团，这个絮团不断地增长变成较大的絮团，从而加快了微粒的沉降速度，起到了澄清作用。

壳聚糖是甲壳素脱乙酰化的产物，作为澄清剂，制备简单、成本低，具有良好的生物降解性和生物学可溶性，既能除去杂质，又能保留有效成分。

大孔吸附树脂是一类不带离子交换基团的多孔性交联聚合物，可以通过物理吸附从水溶液中有选择地吸附有机物质，达到分离提纯的目的。其吸附作用主要是通过表面吸附、表面电性或形成氢键等来实现。

【实验试剂和器材】

1. 试剂

（1）70%的乙醇溶液：量取 736mL 95%的乙醇用蒸馏水定容于 1000mL 容量瓶中。

（2）亚硫酸氢钠。

（3）石油醚：60～90℃。

（4）1%的壳聚糖稀乙酸溶液：称取 1g 壳聚糖溶于 100mL 2.5%的稀乙酸溶液。

（5）80%的乙醇：量取 421mL 95%乙醇溶液定容于 500mL 容量瓶中。

（6）冰醋酸。

（7）1%的硫酸亚铁溶液：称取 1g 硫酸亚铁溶于 100mL 蒸馏水。

2. 仪器

水浴锅；回流装置；抽滤装置；旋转蒸发器；分液漏斗；大孔吸附树脂及树脂柱。

3. 材料

干燥银杏叶粗粉。

【实验步骤】

1. 提取

（1）在水浴锅上装好回流装置。

（2）称取银杏叶粗粉 20g 加入圆底烧瓶中，同时加入 1g 亚硫酸氢钠。

（3）向圆底烧瓶加入 70%的乙醇溶液 200mL。

（4）置于水浴锅中，在 80℃下进行回流提取，提取时间 2h。

（5）用布氏漏斗进行过滤，滤液保存，将滤渣再加入 120mL 70%的乙醇溶液在相同条件下回流 2h。

（6）过滤，70%乙醇溶液清洗银杏叶与烧瓶。合并两次滤液保存以供下次实验使用，滤渣丢弃。

（7）清洗器皿。

2. 分离和纯化

（1）将上次实验的提取液减压蒸发回收乙醇。

（2）利用石油醚脱脂 2 次。

（3）脱脂后溶液用壳聚糖溶液进行絮凝，步骤如下。

a. 加热提取液至 70℃，并用 1mol/L 的 NaOH 溶液调 pH 至 7。

b. 加入 1%的壳聚糖溶液，然后快速搅拌 5min，接着慢速搅拌 15min。

c. 静置使絮状沉淀沉降。

d. 过滤。

（4）上柱。

a. 滤液以每秒 1～3 滴的速度过 AB-8 柱，流出液废弃。并每隔 2min 对流出液进行一次饱和检验。

取流出液 2 滴置白瓷板上，加入 1 滴冰醋酸、1 滴 1%的硫酸亚铁溶液，如溶液显深蓝色或黑色，则表明柱已饱和。

b. 出现饱和反应后，用蒸馏水过柱至流出液清亮为止。

c. 用 80%的乙醇过柱解析至流出液无色为止。

（5）解析液储存以备下次实验用。

（6）清洁器皿。

【思考题】

加入亚硫酸氢钠的作用是什么？

【教学重点】

1. 实验类型

操作与演示相结合。

2. 实验目的

(1) 了解植物次生代谢产物提取的基本方法、原理、提取操作步骤。学会使用回流装置。

(2) 了解植物次生代谢产物提取中除杂纯化的一些基本方法。

(3) 了解萃取、絮凝沉淀及大孔吸附的基本原理，熟悉其基本操作。

3. 实验内容

了解极性溶剂与非极性溶剂的提取、分离和纯化的作用，了解黄酮的性质和功能以及提取、分离和纯化的操作步骤，原理和检测方法。

4. 实验难点

黄酮絮凝效果的条件控制。

5. 解决办法

絮凝沉淀可用4000r/min离心10min的方法分离沉淀。

四、设计思路参考

实例一：银杏叶总黄酮提取液中黄酮含量的测定

【实验目的】

(1) 学会分光光度法测定黄酮含量。

(2) 熟悉分光光度计的使用。

【实验原理】

黄酮类化合物由于其共轭结构可产生紫外吸收。但具有3-羟基、4-羰基，5-羟基、4-羰基或邻二酚羟基的黄酮可与Al^{3+}形成络合物，使吸收向红位移在可见光处产生吸收。本实验就是利用这一性质，使用硝酸铝显色测定吸光度，进而得到黄酮含量。

【实验试剂和器材】

1. 试剂

(1) 芦丁标液：称取0.2g芦丁用30%的乙醇溶解并定容于100mL的容量瓶中。

(2) 硝酸铝溶液（1∶10）：称取2.5g硝酸铝溶于25mL蒸馏水中。

(3) 亚硝酸钠溶液（1∶20）：称取1.25g亚硝酸钠溶于25mL蒸馏水中。

(4) 1mol/L的氢氧化钠溶液：称取4g氢氧化钠溶于100mL蒸馏水中。

(5) 30%的乙醇溶液：量取316mL 95%的乙醇用蒸馏水定容于1000mL的容量瓶中。

2. 仪器

分光光度计；1cm玻璃比色皿。

3. 材料

本节实验案例部分实例五中所得解析液。

【实验步骤】

1. 标准曲线的制作

精确量取标准溶液 0.0mL，1.0mL，2.0mL，3.0mL，4.0mL，5.0mL，6.0mL，分别置于25mL的容量瓶中，用30%的乙醇补至6mL，加0.75mL的亚硝酸钠溶液（1∶20）摇匀，放置5min后加入0.75mL的硝酸铝溶液（1∶10），6min后加入5mL氢氧化钠（1mol/L）溶液摇匀，用30%的乙醇稀释至刻度。10min后于510nm处以30%的乙醇作为参比测吸光度A值。

绘出浓度-吸光度标准曲线。

2. 测定

将上次实验的解析液定容于250mL容量瓶中，取此溶液3mL照标准曲线制作中的方法显色测定吸光度A。依据A值从标准曲线查得浓度c。

3. 结果计算

$$黄酮总量(mg) = c \times 25 \times 250/3$$

4. 清洗器皿

清洗实验中所用器皿。

【思考题】

银杏黄酮提取和测定有什么特点？

实例二：红葡萄酒发酵工艺

【实验目的】

基本掌握葡萄酒的发酵过程，熟悉葡萄原料处理、工艺条件、外观现象和操作方法。

【实验原理】

存在于葡萄皮上的葡萄酵母菌或添加的葡萄酒活性干酵母，将葡萄中的可发酵性糖，如葡萄糖、果糖和麦芽糖等，发酵生成乙醇，同时产生其他的风味物质，如醇类、酯类、酸类、醛类等，经过储藏、过滤等过程使之成为红葡萄酒。

【实验试剂和器材】

1. 试剂

75%乙醇；偏重亚硫酸钾；葡萄酒活性干酵母；白糖。

2. 仪器

1000mL三角瓶；1000mL量筒；不锈钢盆；漏斗；药物天平；物料天平；手持糖度计；纱布；线绳；无菌手套；温控培养箱。

3. 材料

龙眼葡萄；巨峰葡萄；玫瑰香葡萄。

【实验步骤】

1. 原料处理

将所有容器用清水洗净，并以少许75%乙醇对器皿进行消毒处理。

称取1kg新鲜葡萄捣碎，了解所用葡萄的性状（颗粒形状、色、香、味）；将腐烂发霉果、生青果等杂物去除，然后去梗、破碎；测定糖度，记录上述情况的测定值。

2. 发酵前处理

将葡萄浆注入1000mL三角瓶中，并加入0.1g偏重亚硫酸钾，混匀；加入0.5g活性干酵母，轻轻摇晃。用4层纱布封口。贴好标签（姓名、组号、时间、糖度等），于23～25℃下发酵3～7天，此阶段为主（前）发酵。

3. 主发酵管理

主发酵期间须进行“摇瓶”操作：每天进行3～4次摇瓶操作（人工手动）。使浮皮渣沉降入醪液中，以此为酵母菌提供充足的氧气，浸出葡萄皮中的色素，并防止污染。直至皮渣不再浮起，主发酵结束。

4. 后发酵

主发酵结束后，用纱布分离皮渣，测定汁液中的糖度；测量发酵液体积后，再次装入1000mL三角瓶中。计算应补加的糖量并补加白砂糖，轻轻摇晃使糖溶解；补加0.05g偏重亚硫酸钾，然后用两层聚乙烯膜封口。贴好标签（姓名、组号、时间、发酵汁量、加糖量等），置于控温柜15～20℃发酵35～40天。

加糖量计算：每升加糖量(g)＝(220～240)－葡萄汁含糖量(g/L)。

5. 后发酵管理

后发酵过程中，应随时观察发酵动态，严防发酵异常。如发现异常现象（产气速率过大、颜色改变等）应立即采取相应的措施。之后进入储酒阶段。

【思考题】

1. 加入偏重亚硫酸钾的目的？偏重亚硫酸钾作用的机制是什么？
2. 主发酵期间为什么需要“摇瓶”操作？
3. 简述后发酵过程中主要的物质变化。
4. 讨论葡萄酒调配的基本原则及调配的具体方法，对自酿的红葡萄酒作出评价。

第二节 生物分析部分

一、生物分析实验设计的特点概述

（一）采集样品基本资料

（1）市售品取样前，应注意记录品名、产地、规格、批号、生产日期、成分检测结果等商品信息。

（2）若是冷藏样品，注意记录冷藏时间。非市售样品，应该注意记录来源参数，如某树叶或蔬菜叶，应该记录品种、采集部位和环境条件。

（二）注意采样的代表性

市售品应该首先检查包装的完整性、清洁程度以及有无水迹、霉变或其他物质污染等情况，详细记录。凡有异常情况的包件，应单独检验。若是大批量中抽样，可采用以下原则。

（1）总包件数在100件以下的，取样5件；100～1000件，按5%取样；超过1000件的，超过部分按1%取样；不足5件的，逐件取样。

（2）对破碎的、粉末状的或大小在1cm以下的，可用采样器抽取样品，每一包件至少在不同部位抽取2～3份样品，包件少的抽取总量应不少于实验用量的3倍；包件多的，每一包件的取样量一般样品可取100～500g；稀少样品则取5～10g。

(3) 个体大的样品，可在包件不同部位分别抽取。将所取样品混合拌匀，即为总样品。对个体较小的药材，应摊成正方形，依对角线划“×”字，使其分为四等份，取用对角两份；再如上操作，反复数次至最后剩余的量足够完成所有必要的实验以及留样数为止，此为平均样品。个体大的药材，可用其他适当方法取平均样品。平均样品的量一般不得少于实验所需用的3倍数，即1/3供实验室分析用，另1/3供复核用，其余1/3则为留样保存，保存期至少一年。

二、样本前处理方式

(一) 均匀化

需均匀化处理的生物材料一般为不均匀的固体或半固体，以及悬浊样品，如药片、植物样品、动物组织、粪便、不均匀饮料、痰液和性腺分泌液等。

半固体的均匀化处理，视样品多少可用组织匀浆机（图4-4）、研钵、微量或半微量组织研磨器等进行。浑浊液体用旋涡混合器（图4-5）混匀，黏稠样品可用超声波匀化处理。

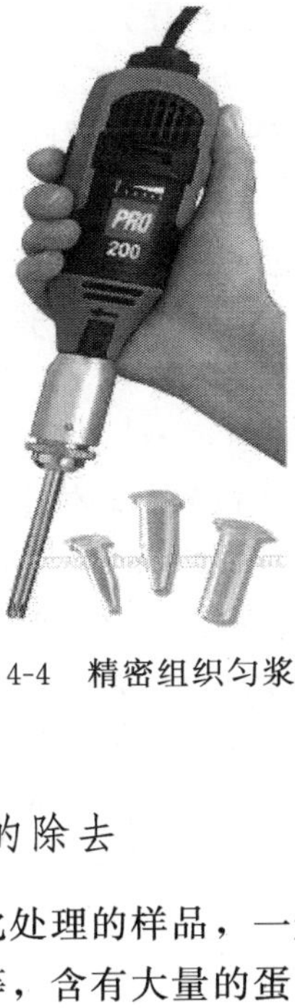

图4-4 精密组织匀浆机

图4-5 旋涡混合器

(二) 蛋白质的除去

经过均匀化处理的样品，一般尚不能直接取样供分析。因为生物样品如血浆、血清、全血和组织匀浆等，含有大量的蛋白质，蛋白质在测定过程中能形成泡沫、浑浊或沉淀，有时还会与加入的试剂反应，从而干扰分析；蛋白质还会污染仪器或恶化测定条件，如直接进样用高效液相色谱分析含蛋白的体液样品时，蛋白质会逐渐沉结在色谱柱上，这不仅影响柱效，而且随着进样次数增加，会使色谱柱逐渐阻塞，导致柱压上升，终致无法使用。所以，去蛋白处理是生物样品测定前常采取的预处理方法。下面介绍几种常用的去蛋白方法并对其简要评价。

1. 有机溶剂去除法

一些极性大的有机溶剂，如甲醇、乙腈、乙醇和丙酮等，它们能与水互溶，可使样品中的蛋白质脱水沉淀下来。在上述沉淀剂中，尤以甲醇和乙腈为最常用，甲醇与血浆蛋白形成的绒毛状沉淀易于离心分离，得到澄清的上清液，沉淀不会挟带走药物；乙腈的优点是形成的沉淀致密，易离心除去。使用时应加入足量的沉淀剂，通常 1 体积的血浆中应加入 1.5 体积以上的乙腈或加入 2 体积以上的甲醇，方能保证除去 98%以上的蛋白质。甲醇或乙腈作为蛋白沉淀剂有其优点，但实际应用也有一定局限性。于血清或血浆中加入甲醇或乙腈之后，能将大部分蛋白质沉淀，但离心后的上清液中仍含有微量蛋白质，将其引入高效液相色谱柱后，也会引起柱压升高，逐渐导致色谱柱阻塞。由于沉淀剂加入后产生的稀释作用，会使上清液中药浓降低，甲醇和乙腈本身虽然易加热挥发，但上清液为甲醇-水（或乙腈-水）的混合液，很难挥干浓集。此外，上清液中含有大量甲醇或乙腈，它们是极性的有机溶剂，既溶于水，又能与其他有机溶剂（如氯仿、乙酸乙酯和乙醚等）互溶，不能再用氯仿、乙酸乙酯等有机溶剂萃取和浓集，这样上清液中所含药物浓度就很低，常常达不到分析方法灵敏度要求。离心后的上清液中除含药物外，凡能溶于水-甲醇（或水-乙腈）系统中的内源性杂质，均混存于上清液中，常干扰药物分析。

乙腈、甲醇作为沉淀剂适合于生物样品中含极性强（水溶性强）的药物时的去蛋白处理，因为生物样品中的水溶性被测组分无法按常规液-液萃取方式将其自基质中萃取出来，若测定对象为体液样品，常直接加入乙腈或甲醇去蛋白后供分析。去蛋白后的上清液含有微量蛋白质可逐渐导致高效液相色谱柱阻塞，但外加保护网（膜）后有时也将上清液直接进样，残留于上清液中的甲醇或乙腈能与反相高效液相色谱分析用流动相相适应，即能迅速互溶，并且不会显著改变流动相的极性，因此不会影响药物的层析分离，这是由于反相高效液相色谱也是以水-甲醇（或水-乙腈）为流动相系统。

2. 酸性沉淀剂去除法

常用的酸性沉淀剂有三氯乙酸和高氯酸，其他还有钨酸、铝酸、磷钨酸、磷铝酸和苦味酸等，但不常使用。酸性沉淀剂能同蛋白质的阳离子形成不溶盐而沉淀，必要的条件是溶液的 pH 要低于蛋白质的等电点。加入沉淀剂之后立即形成白色沉淀（必要时可加热使沉淀完全），离心后可得到澄清的上清液。三氯乙酸（常用 10%溶液）沉淀蛋白质的作用很强，因此最常使用，但应注意试剂中含有的杂质，将它们引入离心后的上清液中，可能会干扰药物的分析。其次应注意，当上清液再用乙醚等有机溶剂萃取时，三氯乙酸连同溶入其内的杂质会进入有机相，也可能干扰药物的分析。采用高氯酸作为蛋白沉淀剂时，其优点是残留在上清液中的 ClO_4^-；可将钾盐除去。

3. 无机盐类去除法

一些无机盐如硫酸铵、硫酸钠和氯化钠等，能使蛋白质胶体脱水并中和其电荷，使蛋白质失去胶体性质而沉淀下来。无机盐中以硫酸铵最常用。抗体也是一种蛋白质，因此硫酸铵在放射免疫分析法中还用于沉淀与药物结合的抗体。

4. 重金属盐类去除法

常用的重金属盐类有汞盐、铜盐和锌盐等，它们能与蛋白质形成不溶盐而沉淀析出。如可用 $HgCl_2$ 作为蛋白沉淀剂处理血浆样品，离心后用比色法测定上清液中的水杨酸浓度。

除沉淀法去蛋白外，还有平衡透析法和超滤法，原理是利用半透膜的截留作用除去蛋白质，但需专门仪器设备，平衡透析法耗费时间长，并且得到的是游离药浓。此外，目前广泛应用的液-液或液-固萃取方法，可将药物直接从含蛋白质的生物样品中分离出来，也达到去蛋白的目的。

（三）冷冻干燥

冷冻干燥是储存和预处理某些生物样品的有效方法，适合于处理量大的样品。例如，一些样品中所含药物水溶性很强（不容易被有机溶剂萃取），可冻干后再进行液-固萃取。冻干法也适用于一些含挥发性药物的样品，以及对热不稳定的样品。此外，还有一些生物样品中的药物需进行衍生化，若采用常规的液-液萃取，在一定温度下挥去有机溶剂后再进行衍生化，则在加热过程中会导致药物分解或随溶剂一道挥发，因此也宜将这些样品经冻干处理后再行衍生化。另外，粪便样品中的某些药物会因肠道菌作用而分解，也可以通过冻干处理，阻止肠道菌继续对药物的分解作用，还可降低致病菌对实验人员感染的机会。

生物样品冻干时，可先将其置于冰-丙酮浴中、液氯中或其他低温条件下，半固体样品如粪便、组织等冷冻时间为 1～10min。冷冻后水分在样品表面形成“冰壳”，增加了挥发面积，再将其放入冷冻干燥机（图 4-6）内减压，冰直接升华，和其他挥发性杂质一道被除去，使样品干燥。冻干后的样品通常可直接加入有机溶剂萃取，取萃取液供药物测定。冻干时应注意某些挥发性强的药物可能挥发损失。

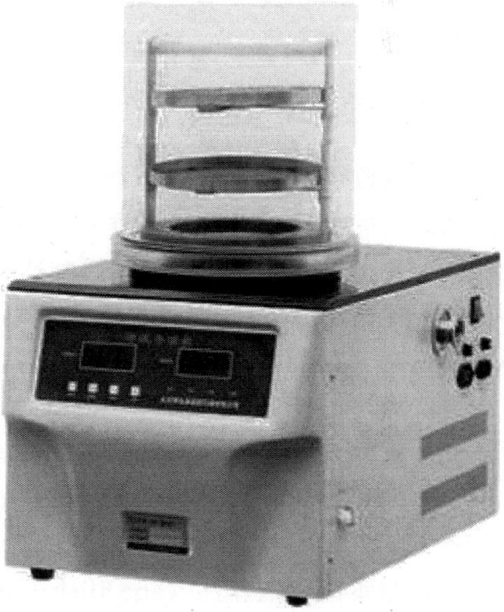

图 4-6 台式冷冻干燥机

（四）结合物水解

药物在体内经第二相代谢反应之后，常形成葡萄糖醛酸及硫酸酯等结合物。以结合状态存在的药物大多存在于尿中，但也存在于血液中。倘若需测定这种呈结合状态药物的浓度，则可取上述体液，采用适当的方法直接测定。若欲测定母体药物的浓度，则必须先将结合物水解，因为，这些结合物极性大，水溶性强，并且在生理 pH 条件下呈电离状态，不能用经典的液-液萃取法将其自尿或血液中分离出来，通常需将样品作水解处理，使结合物中的药物或代谢物游离出来，呈游离状态的药物或代谢物脂溶性增强，才有可能用溶剂萃取法将其自生物样品溶液中分离出来。常用的结合物水解的方法有：酸水解、酶水解、溶剂解。

三、实验方案设计原则

（一）分析方法的设定依据

（1）重视并做好文献总结、整理工作。

（2）充分了解待测成分的特性及其在样品中的存在状况。

（3）明确测定的目的要求。

（4）了解实验室条件，以确定可采用的方法。

（二）方法建立的一般实验步骤

（1）以纯品进行测定：以一定量纯品按拟定方法进行测定。求得浓度与测定响应值（如吸收度、色谱峰高或面积等）之间的关系，浓度线性范围，最适测定浓度，检测灵敏度，测定的最适条件（pH、温度、反应时间）等。

（2）以经过纯化处理过的空白样品进行测定。

（3）空白样品添加标准品后的测定：血样等样品中添加一定量标准品后进行测定，求得样品回收率数据，检验生物样品对测定有无干扰等。

（4）体内实际样品测定：有时用体外建立的方法去测定体内取得的实样时，会得出错误的结论。故要强调对药物体内过程有一定程度的了解。有时也采用专属性强、已证明适用于体内实样测定的步骤和方法作为对照测定，并以此来检验所建立的方法的实际可行性。

（三）方法的评价

（1）准确度（accuracy）：测定结果与真值的符合程度。常用回收率（recovery）数值间接反映测定的准确程度；也可通过与其他已建立的方法进行比较的办法（参比方法）来加以反映。回收率100%当然好，但很难达到。重要的是每次测定要保持稳定。

（2）精密度（precision）：测定结果与平均值的偏离程度。测定间偏差越小，对测定的要求也越高（花费大）；浓度与相对标准偏差（RSD）间存在反比关系，RSD在10%以内的方法可认为是可接受的。

（3）灵敏度（sensitivity）：可以检测出有关化合物的最小量。常用最低检测限（limit of detection，LOD）或最低检测量（limit of quantification，LOQ）来表示。LOD范围为$10^{-18}\sim10^{-9}$g。

（4）专属性或选择性（specificity or selectivity）：是指测定的信号（响应）是属于被测药物所特有的。若有干扰就需改进测定方法或改用具有分离能力（如色谱法的专属性较吸光度法为高）的方法或专属性较强的方法进行。

（5）不同方法测得结果的相关程度（degree of correlation）的比较：用一有相当专属性和可靠性的方法与新建方法同量测定，以相关系数γ（correlation coefficient）表示相关程度。γ一般要求在0.95以上。

此外，还应从方法的可靠性、每个样品测定耗时多少、操作的难易及技术要求、仪器及设备要求、费用多少等方面加以考虑。

分析质量管理（analytical quality control，AQC）及质量保证（quality assurance）已成为体内药物分析的一项重要的计划内容。对仪器、试剂、方法、操作技术等进行系统的分析质量管理，可监督分析质量所处的状况，引起警觉并推动人们去改善分析工作的各个环节，即分析质量管理的近期目的是通过对测定结果的分析，对该次测定结果作出评价，并按照设定指标决定结果的取舍，以保证测定结果的质量。远期目的是通过质量管理发现和分析造成“分析质量差”的原因，以便改进实验设计，提高测定质量。

AQC可分为内部质量管理（internal QC）和外部质量管理（external QC）两种计划。内部QC是指实验室内部的质量检验，它也是保证实验室间结果（外部QC）有可比性的基础。在各实验室做好内部QC的基础上，由中心实验室或协调实验室每年分发一两次标准对照样品，并分类进行分析，然后综合各实验室提供的分析结果并进行统计处理，把结果及时送给各个实验室，从而发现一些系统误差并评价所采用的分析方法以及分析数据的质量。

四、实验应急预案设计

（一）实验设计的失败预案

（1）样品制备应该为测定必须量的1.5～2倍。

（2）实验容器应该为测定必须量的1.2倍以上。

（3）单元实验时间应该估算为该单元实验内容最快时间的2～3倍。

（4）在进行不可逆实验步骤时，应该有至少一份预备样品供失败用。

（二）最常见的实验安全预案

（1）腐蚀：酸碱及其他一些化学物质，具有强烈的刺激性和腐蚀作用，发生这些化学灼伤时，应用大量流动清水冲洗，再分别用低浓度的（2%～5%）弱碱（强酸引起的灼伤）、弱酸（强碱引起的灼伤）进行中和。处理后，再依据情况而定，作下一步处理。溅入眼内时，在现场立即就近用大量清水或生理盐水彻底冲洗。冲洗时，眼睛置于水龙头上方，水向上冲洗眼睛，时间应不少于15min，切不可因疼痛而紧闭眼睛。处理后，再送眼科医院治疗。

（2）烧伤：作为急救处理措施，进行冷却是最为重要的。此措施要在受伤现场立刻进行。烧着衣服时，立即浇水灭火，然后用自来水洗去烧坏的衣服，并慢慢切除或脱去没有烧坏的部分，注意避免碰伤烧伤面。至少连续冷却30min至2h。冷却水的温度在10～15℃为合适，最好不要低于这个温度。为了防止发生疼痛和损伤细胞，受伤后采用迅速冷却的方法，在6h内有较好的效果。对不便洗涤冷却的脸及身躯等部位，可用经自来水润湿的2或3条毛巾包上冰片，敷于烧伤面上。要十分注意经常移动毛巾，以防同一部位过冷。若患者口腔疼痛时，可给其含冰块。即使是小面积烧伤，如果只冷却5～10min，则效果甚微。因此，烧伤时，必须进行长时间的冷却。

但是，大面积烧伤时，要将其进行冷却在技术上较难处理。同时，还应考虑到有发生休克的危险以及“尽快入医院”这一原则。因此，严重烧伤时，应用清洁的毛巾或被单盖上烧伤面，如果可能则一面冷却，一面立刻送医院治疗。

五、常用生物分析实验参考资料概述

（一）参考书目

1. 杭太俊．2003. 药物分析实验与指导．北京：中国医药科技出版社

2. 国家药典委员会．2010. 中华人民共和国药典．北京：中国医药科技出版社

3. 姚彤炜．2011. 药物分析实验教程．杭州：浙江大学出版社

4. 范国荣 . 2011. 药物分析实验指导 . 北京：人民卫生出版社

（二）参考刊物

1. CA（Chemical Abstracts）（美）共 80 个栏目（section），其中与药物分析有关的部分包括：section 1 生物样品中的药物分析，section 64 药物分析（纯品、制剂），section 79 无机分析，section 80 有机分析

2. The Analyst 皇家化学会主办

3. 中国医药工业杂志（Chinese Journal of Pharmaceuticals）

4. 中国药学杂志（Chinese Pharmaceutical Journal）

5. 药学学报（Acta Pharmaceutica Sinica）

6. 分析化学（Analytical Chemistry）

7. 分析化学文摘（Analytical Abstracts）

8. 药物分析杂志（Chinese Journal of Pharmaceutical Analysis）

（三）参考网站

1. 丁香园：www. dxy. cn

2. 生物器材网：http://www. bio-equip. com

3. 药物分析网：www. yaofen. com

4. 中药制剂分析网：http://ywfxw. com/

5. 中国分析网：http://www. analysis. org. cn/

6. 仪器分析原理（Harry Finklea 讲授）：http://www. chem. wvu. edu/chem210/

7. 定量分析（Stephen Bialkowski 讲授）：http://www. chem. usu. edu/～sbialkow/Classes/3600/Chem3600

8. 化学专业数据库（有红外谱图数据库、质谱谱图数据库、药物与天然产物数据库、中药与有效成分数据库）：http://202. 127. 145. 134/scdb/

9. 美国食品药物管理局：http://www. fda. gov

10. 有机化合物数据库：http://www. colby. edu/chemistry/cmp/cmp. html

11. 生物大分子晶体结构数据库：http://ibm4. carb. nist. gov：4400/bmcd/bmcd. html

12. SDBS 有机化合物谱图库：http://www. aist. go. jp/RIODB/SDBS/

六、实验案例

实例一：几种生物样品中硒含量的比较测定

【实验目的】

（1）掌握微量元素测定的特点及其生物学意义。

（2）要求根据不同来源样本的特点，设计预处理方案。

（3）进一步熟悉 960CRT 型荧光分光光度计的使用方法。

【实验原理】

多数分子在常温下处在基态最低振动能级，产生荧光的原因是荧光物质的分子吸收了特征频率的光能后，由基态跃迁至较高能级的第一电子激发态或第二电子激发态，处于激发态的分子，通过无辐射去活，将多余的能量转移给其他分子或激发态分子内振动或转动能级后，回至第一激发态的最低振动能级，然后再以发射辐射的形式去活，跃迁回至基态各振动能级，发射出荧光。荧光是物质吸收光的能量后产生的，因此任何荧光物质都具有两种光谱：激发光谱和发射光谱。

微量元素硒是谷胱甘肽过氧化物酶（GSH-PX）的活性成分，具有抑制肿瘤发生和对抗自由基的功能。很多研究发现血硒含量与很多疾病有密切的关系，例如，原发性肝癌发生率与血硒成负相关。而正常人血硒的含量与经常摄取的食物中硒含量也有比较大的关系。检测血硒以及主要摄取食物、环境土壤或水中的硒，可以对一些地方疾病的研究提供帮助。

硒的测定方法比较多，如 2，3-二氨基萘法是一种比较经典的测定方法。样品经混合酸消化后，硒化合物被氧化为四价无机硒（Se^{4+}），与 2，3-二氨基萘（2，3-diaminonaphthalene，DAN）反应生成 4，5-苯并苤硒脑（4，5-benzopiaselenol），其荧光强度与硒的浓度在一定条件下成正比。用环己烷萃取后于激发光波长 376nm、发射光波长 520nm 处测定荧光强度，与绘制的标准曲线比较定量。本方法检出限为 3ng。

【实验器材】（必备）

（1）生物多媒体系统。

（2）960CRT 型荧光分光光度计。

其他仪器和药品在设计草案中提出交指导教师批准后采用。

【实验步骤】

（1）提前一周学习实验原理，思考选用的主要样品种类以及研究的路线，检索实验参考资料，写出详细计划。注意不同样品前处理需要的仪器不同，应该事先有所计划。

（2）第一次课利用多媒体系统拟出并提交实验草案，当堂与指导教师讨论并修改实验草案。

（3）按正式方案实验观察实验结果。

（4）利用多媒体系统分析实验结果并提交电子实验报告。

（5）下一次实验提交手写实验报告。

【设计参考】

1. 960CRT 型荧光分光光度计

960CRT 型荧光分光光度计如图 4-7 所示。

（1）光谱处理功能：连续扫描测定；1～4 阶导数光谱；计算峰面积；波峰检索；图谱运算；图谱窗口处理；图谱保存及调出；图谱打印输出。

（2）定量测定：样品定量分析；时间扫描；绘制标准曲线（1～3 次）；浓度直读；自动测定 S/N 比及稳定性；自动背景扣除；定量分析打印输出。

2. DAN 荧光法测定资料

1）实验试剂

（1）环己烷，硝酸，过氯酸，盐酸，氢溴酸。

（2）盐酸溶液（1∶9）：取 10mL 盐酸，加 90mL 水。

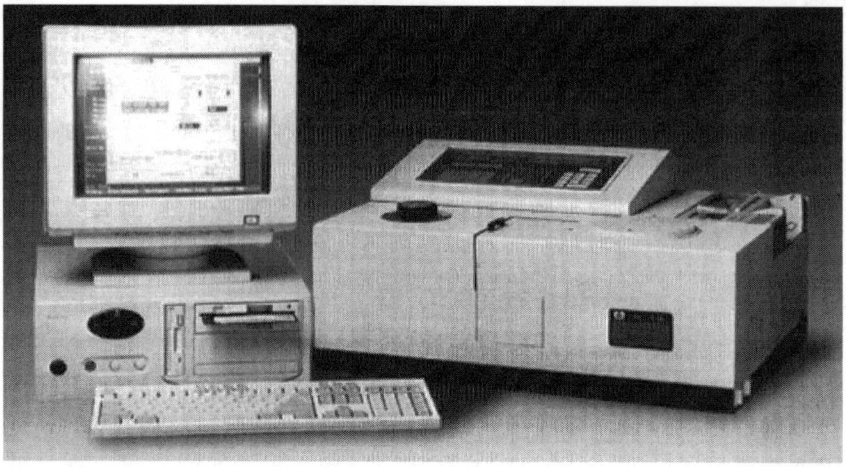

图 4-7　960CRT 型荧光分光光度计

(3) 氨水 (1∶1)。

(4) 去硒硫酸 (5∶95)：取 5mL 去硒硫酸，加于 95mL 水中。

去硒硫酸：取 200mL 硫酸，加于 200mL 水中，再加 30mL 氢溴酸，混匀，置沙浴上加热蒸去硒与水至出现浓白烟，此时体积应为 200mL。

(5) 0.2mol/L EDTA：称 37g EDTA 二钠盐，加水并加热溶解，冷却后稀释至 500mL。

(6) 10%盐酸羟胺：称取 10g 盐酸羟胺溶于水中，稀释至 100mL。

(7) 硝酸∶过氯酸 (2∶1)。

(8) 0.1% 2，3-二氨基萘 (纯度 95%～98%)：需在暗室配制。称取 200mg DAN 于一带盖三角瓶中，加入 200mL 0.1mol/L 盐酸，振摇约 15min，使其全部溶解。加约 40mL 环己烷，继续振摇 5min，将此液转入分液漏斗中，待溶液分层后，弃去环己烷层，收集 DAN 层溶液。如此用环己烷纯化 DAN 直至环己烷中的荧光数值降至最低时为止 (纯化次数视 DAN 纯度不同而定，一般需纯化 3～4 次)。将提纯后的 DAN 溶液储于棕色瓶中，加约 1cm 厚的环己烷覆盖于溶液表面。置冰箱中保存。必要时再纯化一次。

(9) 硒标准溶液。硒标准储备液 (100μg/mL)：精确称取 100.0mg 元素硒 (光谱纯)，溶于少量硝酸中，加 2mL 过氯酸，置沸水浴中加热 3～4h，冷却后加入 8.4mL 盐酸，再置沸水浴中煮 2min。准确稀释至 1000mL，其盐酸浓度为 0.1mol/L。此储备液浓度为 100μg/mL。

硒标准使用液 (0.05μg/mL)：将储备液用 0.1mol/L 盐酸稀释，使含硒为 0.05μg/mL。于冰箱中保存。

(10) 0.02%甲酚红指示剂：称取 50mg 甲酚红溶于水中，加氨水 (1∶1) 1 滴，待甲酚红完全溶解后加水稀释至 250mL。

(11) EDTA 混合液：取 0.2mol/L 的 EDTA 和 10%盐酸羟胺液各 50mL，混匀，再加 5mL 0.02%甲酚红指示剂溶液，用水稀释至 1L。

2）分析步骤

A. 样品前处理

种子类样品：样品用水洗 3 次，于 60℃烘干，用不锈钢磨磨成粉，储于塑料瓶内，放一小包樟脑精，盖紧盖保存，备用。

叶类植物性样品：鲜叶类水冲洗 3 次后用纱布吸去水滴，用不锈钢刀切碎，取混合均匀的样品于 60℃烘干，称重，粉碎，备用。干叶筛去泥沙，用不锈钢刀切碎，取混合均匀的样品于 60℃烘干，称重，粉碎，备用。

动物血液：取 2mL 左右，放于烘干的肝素试管内，4℃冰箱保存备用。

动物组织：用等渗的磷酸钾缓冲液（pH7）冲洗掉表面的血污和坏死组织，然后用滤纸吸干水分，准确称 1g 备用。

B. 消化

称取 0.5～2.0g 样品（含硒量 0.01～0.5μg）于磨口三角瓶内，加 10mL（5∶95）去硒硫酸，样品湿润后，再加 20mL 混合酸液放置过夜。次日于沙浴上逐渐加热，当激烈反应发生后（溶液变无色），继续加热至产生白烟，溶液逐渐变成淡黄色即达终点。某些蔬菜样品消化后常出现浑浊，难以确定终点，所以要细心观察。还有含硒较高的蔬菜含有较多的 Se^{6+}，需要在消化达到终点时冷却后加 10mL（1∶9）盐酸，继续加热，使 Se^{6+} 还原成 Se^{4+}。按上述方法确定终点。

C. 测定

于样品消化液中加 20mL EDTA 混合液，用氨水（1∶1）或盐酸调至淡红橙色（pH 1.5～2.0）。以下步骤在暗室进行：加 3mL DAN 试剂，混匀，置沸水浴中煮 5min，取出立即冷却，加 3mL 环已烷，振摇 4min，将全部溶液移入分液漏斗，待分层后弃去水层，环已烷层转入带盖试管中，小心勿使环已烷中混入水滴，于激发光波长 376nm、发射光波长 520nm 处测定苤硒脑的荧光强度。

D. 硒标准曲线绘制

准确吸取硒标准使用液 0mL，0.2mL，1.0mL，2.0mL 及 4.0mL，加水至 5mL，按样品测定步骤同时进行。硒含量在 0.5μg 以下时荧光强度与硒含量呈线性关系，在常规测定样品时，每次需做试剂空白和与样品硒含量相近的标准管（双份）即可。

【结果计算】

$$X = \frac{C - B}{A - B} \times m_1 \times \frac{1}{m_2}$$

式中，X 为样品中硒含量（μg/g）；A 为标准管荧光读数；B 为空白管荧光读数；C 为样品管荧光读数；m_1 为标准管中硒质量（μg）；m_2 为试样质量（g）。

结果的允许差：同一实验室平行测定或重复测定结果相对偏差绝对值≤10%。

【参考资料】

1. 唐琴华，辛琪，周菊明．1994. 肝病患者的血清硒含量分析. 铁道医学，22（2）：69-71

2. 陈玮，潘忠孝，张懋森，等．1994. 秩消因子分析-荧光光度测定某些食物中的营养元素硒．分析化学，10：86-88

【设计提示】

设计必须包括采用测定方法名称，如 2,3 -二氨基萘法，以及该方法的详细原理。

设计必须包括药品名称、浓度、需要数量，以及配制的具体方法。

设计必须包括使用物品的具体名称、数量，如 20mL 具塞试管 5 支 。

设计必须包括操作的详细流程。

设计重点：

（1）硒是一种微量元素，因此含量比较低，产生的荧光相对不强，容易被外界微量的荧光物质干扰，因此根据文献资料的检索，掌握实验过程中主要容易产生干扰的来源，以及控制方法（如掩蔽剂的使用，或其他统计方法）的使用，是设计的一个重点。

（2）通常固体样品中的硒是结合状态的，因此固体样品必须进行消化后方能进行测定。而固体样品来源不同，消化液的配比与消化时间均不相同，需要根据具体的来源进行设计。这是设计中的另外一个重点。

【思考题】

1. 与其他小组相比，不同来源的样品在具体测定中有什么差异？

2. 如果出现负的测定结果，有可能是什么原因造成的？

实例二：生物样品中维生素 C 的测定

【实验目的】

（1）掌握荧光法和紫外法测定食品中维生素 C 含量的方法。

（2）了解荧光法和紫外法的基本原理。

（3）了解荧光分光光度计和紫外分光光度计的使用方法。

【实验原理】

1. 荧光法

多数分子在常温下处在基态最低振动能级，产生荧光的原因是荧光物质的分子吸收了特征频率的光能后，由基态跃迁至较高能级的第一电子激发态或第二电子激发态，处于激发态的分子，通过无辐射去活，将多余的能量转移给其他分子或激发态分子内振动或转动能级后，回至第一激发态的最低振动能级，然后再以发射辐射的形式去活，跃迁回至基态各振动能级，发射出荧光。荧光是物质吸收光的能量后产生的，因此任何荧光物质都具有两种光谱：激发光谱和发射光谱。

维生素 C 又称抗坏血酸。抗坏血酸在氧化剂存在下，被氧化成脱氢抗坏血酸，脱氢抗坏血酸与邻苯二胺作用生成荧光化合物，此荧光化合物的激发波长是 350nm，荧光波长（即发射波长）为 433nm，其荧光强度与抗坏血酸浓度成正比。若样品中含丙酮酸，它也能与邻苯二胺生成一种荧光化合物，干扰样品中抗坏血酸的测定。在样品中加入硼酸后，硼酸与脱氢抗坏血酸形成的螯合物不能与邻苯二胺生成荧光化合物，而硼酸与丙酮酸并不作用，丙酮酸仍可以发生上述反应。因此，在测量时，取相同的样品两份，其中一份样品加入硼酸，测出的荧光强度作为背景的荧光读数。另一份样品不加硼酸，样品的荧光读数减去背景的荧光读数后，再与抗坏血酸标准样品的荧光读数相比较，即可计算出样品中抗坏血酸的含量。

2. 紫外法一

维生素C属水溶性维生素，分子式 $C_6H_8O_6$。分子中的烯二醇基具有还原性，能被 I_2 定量地氧化成二酮基，因而可用 I_2 标准溶液直接测定。

使用淀粉作为指示剂，用直接碘量法可测定药片、注射液、饮料、蔬菜、水果中维生素C的含量。由于维生素C的还原性很强，较容易被溶液和空气中的氧氧化，在碱性介质中这种氧化作用更强，因此滴定宜在酸性介质中进行，以减少副反应的发生。考虑到 I^- 在强酸性溶液中也易被氧化，故一般选在pH为3～4的弱酸性溶液中进行滴定。

由于碘具有挥发性，碘离子易被空气所氧化而使滴定产生误差；又由于碘的挥发性和腐蚀性，因此碘标准滴定溶液的配制及标定比较麻烦。根据维生素C在稀盐酸溶液中酸度小于pH3.8时，维生素C吸收曲线比较稳定，在243nm波长处有最大吸收的特性，可建立紫外分光光度法测定维生素C含量的方法。

3. 紫外法二

维生素C的2，6-二氯酚靛酚容量法，操作步骤较繁琐，而且受其他还原性物质、样品色素颜色和测定时间的影响。紫外快速测定法，是根据维生素C具有对紫外产生吸收和对碱不稳定的特性，于243nm处测定样品液与碱处理样品液两者吸光度之差，通过查标准曲线，即可计算样品中维生素C的含量。

【实验器材】（必备）

（1）多媒体系统。

（2）960CRT型荧光分光光度计。

（3）UV-1750紫外/可见分光光度计。

其他仪器和药品在设计草案中提出交指导教师批准后采用。

【实验步骤】

（1）提前一周学习实验原理，然后检索实验参考资料。

（2）第一次课利用多媒体系统拟出并提交实验草案，当堂与指导教师讨论并修改实验草案。

（3）按正式方案实验观察实验结果。

（4）利用多媒体系统分析实验结果并提交电子实验报告。

（5）下一次实验提交手写实验报告。

【设计参考】

1. 紫外分光光度计UV-1750

紫外分光光度计UV-1750如图4-8所示。

（1）测光方式：双光束测光方式。

（2）分光器使用切尼尔-特纳装置全息光栅。

（3）扫描速度：最快波长扫描速度3000nm/min；波长移动速度约4800nm/min。

（4）波长范围：190～1100nm。

2. 荧光法

1）仪器与试剂

A. 仪器

组织捣碎机；离心机；荧光分光光度计（960CRT）。

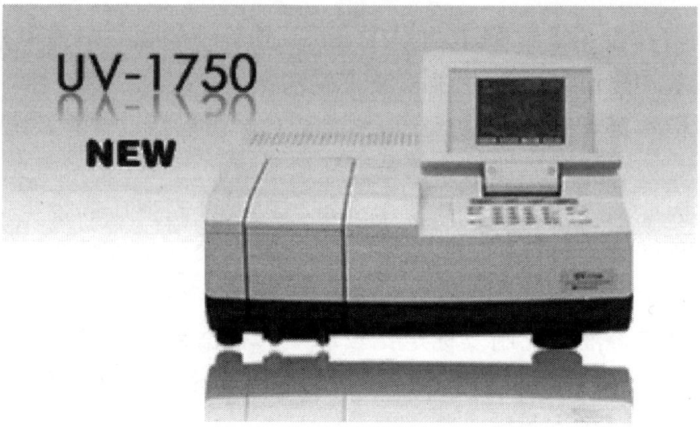

图 4-8 紫外分光光度计 UV-1750

B. 试剂

(1) 百里酚蓝指示剂（麝香草酚蓝）：称 0.1g 百里酚蓝，加 0.02mol/L 氢氧化钠溶液 10.75mL 溶解，用水稀释至 200mL。变色范围 pH1.2（红）～2.8（黄）。

(2) 乙酸钠溶液：称取 500g 乙酸钠溶解并稀释至 1L。

(3) 硼酸-乙酸钠溶液：称取硼酸 9g，加入 35mL 乙酸钠溶液，用水稀释至 1000mL（使用前配制）。

(4) 邻苯二胺溶液：称取 20mg 邻苯二胺盐酸盐溶于 100mL 水中（使用前配制）。

(5) 偏磷酸-冰醋酸溶液：称取 15g 偏磷酸，加入 40mL 冰醋酸，加水稀释至 500mL 过滤后，储存于冰箱中。

(6) 偏磷酸-冰醋酸-硫酸溶液：称取 15g 偏磷酸，加入 40mL 冰醋酸，用 0.015mol/L 硫酸稀释至 500mL。

(7) 抗坏血酸标准溶液：准确称取 0.500g 抗坏血酸溶于偏磷酸-冰醋酸溶液中，定容至 500mL 容量瓶中，此标准溶液浓度为每毫升相当于 1mg 的抗坏血酸（每周新鲜配制）；吸取上述溶液 5mL，再用偏磷酸-冰醋酸溶液定容至 50mL，此溶液每毫升相当于 0.1mg 的抗坏血酸标准溶液（每天新鲜配制）。

(8) 溴。

(9) 活性炭：取 50g 活性炭加入 250mL 10%盐酸，加热至沸，减压过滤，用蒸馏水冲洗活性炭，检查滤液中无铁离子为止，再于 110～120℃烘干备用。

2) 实验步骤

A. 绘制标准曲线

(1) 将制备好的 50mL 标准溶液（含抗坏血酸 0.1mg/mL）倒入三角瓶中，再往三角瓶中加入 2～3 滴溴（在通风橱内进行），摇匀变微黄色后，通空气将溴排净，使溶液恢复为无色，若用活性炭为氧化剂，加 1～2g 活性炭摇匀 1min，过滤。

(2) 取 2 只 50mL 容量瓶，各加入刚处理过的溶液 1.0mL，其中一只容量瓶中再加入 20mL 乙酸钠溶液，用水定容至刻度，此液作为标准溶液。另一只容量瓶中加入 20mL 硼酸-乙酸钠溶液，用水定容至刻度，此液作为标准空白溶液。

（3）取 5 支带塞的刻度试管，一支试管中加入 2.0mL 标准空白溶液，另 4 支试管中各吸 0.5mL、1.0mL、1.5mL、2.0mL 标准溶液，再分别用蒸馏水定容至 3.0mL。

（4）避光反应：在避光的环境中，迅速向各管中加入 5mL 邻苯二胺溶液，加塞，振摇 1～2min，于暗处放置 35min。

（5）荧光测定：选择上述最佳的仪器条件，记录标准溶液各浓度的荧光强度和标准空白溶液的荧光强度，标准溶液荧光强度减去标准空白溶液荧光强度计算相对荧光强度。

B. 样品测定

（1）样品处理：称取均匀样品 10g（视样品中抗坏血酸含量而定，其含量约为 1mg），先取少量样品加入 1 滴百里酚蓝，若显红色（pH1.2），即用偏磷酸-冰醋酸溶液定容至 100mL，若显黄色（pH2.8），即用偏磷酸-冰醋酸-硫酸溶液定容至 100mL，定容后过滤备用。

（2）氧化处理：将全部滤液转入三角瓶中加入 1～2g 活性炭振摇 1～2min，过滤。或在通风橱中加 2～3 滴溴，以下操作与绘制标准曲线同。

（3）取 2 只 50mL 容量瓶，各加入 5.0mL 经氧化处理的样液，再向其中一只加入 20mL 乙酸钠溶液，用水稀释至 50mL 作为样品溶液；另一只加入 20mL 硼酸-乙酸钠溶液，用水稀释至刻度，作为样品空白溶液。

（4）取 2 支带塞的刻度试管，一支试管中加 2.0mL 样品溶液为样液，另一支试管中加入 2.0mL 样品空白溶液作为空白，再分别用蒸馏水定容至 3.0mL。

（5）避光加邻苯二胺，其后的操作与绘制标准曲线（4）、（5）部分同样进行，得出样品的相对荧光强度。

C. 结果计算

绘制相对荧光强度对抗坏血酸溶液浓度的标准曲线。然后根据样品的相对荧光强度，从标准曲线上查出样品溶液中相对应的抗坏血酸浓度，再根据抗坏血酸浓度计算出样品中抗坏血酸含量。

3. 紫外法（2，6-二氯酚靛酚容量法）

1）仪器与试剂

A. 仪器

紫外分光光度计；离心机；分析天平等。

B. 试剂

（1）10%盐酸：取浓盐酸 133mL，加水稀释至 500mL。

（2）1%盐酸：将 10%盐酸再加蒸馏水稀释 10 倍。

（3）1mol/L 氢氧化钠溶液：称取 40g NaOH，加蒸馏水，不断搅拌至溶解，然后定容至 1000mL。

2）操作步骤

A. 标准曲线的制作

准确称取抗坏血酸 10mg，加 2mL 10%盐酸，加蒸馏水定容至 100mL，混匀，此抗坏血酸溶液的浓度为 100μg/mL。取带塞刻度试管 8 支分别加入标准抗坏血酸（100μg/mL）0.1～1.0mL，均加蒸馏水至 10mL。以蒸馏水为空白，在 243nm 处测定标准系列抗坏血酸溶液的吸光度，以抗坏血酸的含量（μg）为横坐标，以相应的吸光度为纵坐标作标准曲线。

B. 样品的测定

(1) 样液的提取：将果蔬样品洗净、擦干、切碎、混匀。称取 5.00g 于研钵中，加入 2～5mL 1%盐酸，匀浆，转移到 25mL 容量瓶中，稀释至刻度。若提取液澄清透明，则可直接取样测定，若有浑浊现象，可通过离心（10 000g，10min）来消除。

(2) 样液的测定：取 0.1～0.2mL 提取液，放入盛有 0.2～0.4mL 10%盐酸的 10mL 容量瓶中，用蒸馏水稀释至刻度后摇匀。以蒸馏水为空白，在 243nm 处测定其吸光度。

(3) 待测碱处理样液的测定：分别吸取 0.1～0.2mL 提取液，2mL 蒸馏水和 0.6～0.8mL 1mol/L 氢氧化钠溶液依次放入 10mL 容量瓶中，混匀，15min 后加入 0.6～0.8mL 10%盐酸，混匀，并定容至刻度。以蒸馏水为空白，在 243nm 处测定其吸光度。

C. 结果计算

由待测样品与待测碱处理样品的吸光度之差查标准曲线，即可计算出样品中维生素 C 的含量。

也可直接以待测碱处理液为空白，测出待测样品的吸光度，通过查标准曲线，计算出样品的维生素 C 的含量。

$$维生素\ C\ 的含量(\mu g/g)=\frac{U\times V_{总}}{V_1\times W_{总}}$$

式中，U 为从标准曲线上查得的抗坏血酸的含量（μg）。V_1 为测吸光度时吸取样品溶液的体积（mL）。$V_{总}$ 为样品定容体积（mL）。$W_{总}$ 为称样质量（g）。

实例三：用红外吸收光谱法进行药物杂质分析

【实验目的】

(1) 在掌握红外吸收光谱法进行物质结构分析基本原理的基础上，学会红外光谱测定的样品制备方法以及红外分光光度计的使用方法。

(2) 学会使用红外吸收光谱法鉴定药物的杂质，从而为制药工艺控制提供依据。

【实验原理】

红外吸收光谱法是通过研究物质结构与红外吸收光谱间的关系，来对物质进行分析的方法，红外光谱可以用吸收峰谱带的位置和峰的强度加以表征。测定未知物结构是红外光谱定性分析的一个重要用途。根据实验所测绘的红外光谱图的吸收峰位置、强度和形状。利用基团振动频率与分子结构的关系，来确定吸收带的归属，确认分子中所含的基团或键，并推断分子的结构，鉴定的步骤如下。

(1) 对样品做初步了解，如样品的纯度、外观、来源、元素分析结果及物理性质（分子质量、沸点、熔点）。

(2) 确定未知物不饱和度，以推测化合物可能的结构。

(3) 图谱解析：①首先在官能团区（1300～4000cm^{-1}）搜寻官能团的特征伸缩振动；②再根据“指纹区”（600～1300cm^{-1}）的吸收情况，进一步确认该基团的存在以及与其他基团的结合方式。

【实验器材】

1. 实验仪器（必备）

红外分光光度计；手压式压片机（包括压模等）；玛瑙研钵；可拆式液体样品池；盐

片等。

2. 实验试剂

(1) KBr(光谱纯)。

(2) 无水乙醇(光谱纯)。

(3) 滑石粉。

(4) 对硝基苯甲酸。

(5) 苯乙酮。

其他试剂根据实验设计而定。

【实验步骤】

(1) 根据红外光谱特点,选择适合的药物分析对象,根据杂质和工艺控制间的关系设计实验草案。

(2) 指导教师讨论并修改实验草案并最终确定仪器和药品使用方案。

(3) 按正式方案实验观察实验结果。

(4) 利用多媒体系统分析实验结果并提交电子实验报告。

(5) 下一次实验提交手写实验报告。

【设计参考】

1. 所用仪器

TJ270-30A 红外分光光度计和 HW-01 红外压片机,如图 4-9、图 4-10 所示。

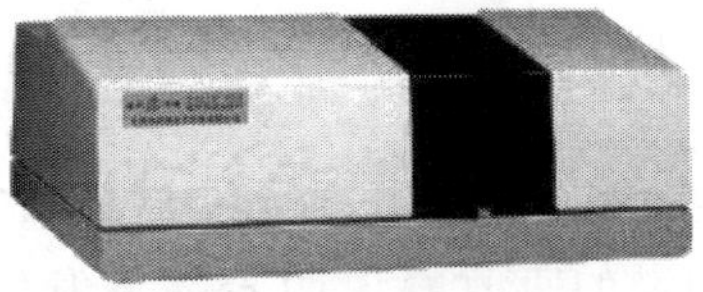

图 4-9 TJ270-30A 红外分光光度计

图 4-10 HW-01 红外压片机

2. 仪器操作方法

按下仪器电源总开关,预热 10min 后,打开参比、样品光束闸门。

记录纸及波数显示器的波数校正。使波数显示器显示 $5050cm^{-1}$,记录笔升至记录纸透光度为 100%(有偏差可调 100%校正旋钮)。

选择扫谱方式。

常规扫谱:将扫谱方式开关置于 NORMAL;时间扫谱,将扫谱速率旋钮置于 T 档,选择一定波数,时间由横坐标来选择走纸速率。

重复扫谱:固定在一个波数范围,调好数码盘的高低波数。在一张图纸上扫谱,扫谱方式置于 OVERLAY。选择实验所需间隔时间及循环扫谱次数。把扫谱方式开关置于 SE-

QUENTIAL 可进行顺序重复扫谱。

将样品及参比置于样品托架和参比托架上，即可进行扫谱。

3. 样品制备方法举例

1）液体样品苯乙酮的制备及测试

A. 液体吸收池法制备试样

将可拆式液体样品池的盐片从干燥器中取出，在红外灯下用少许滑石粉混入几滴无水乙醇磨光其表面。再用几滴无水乙醇清洗盐片后，置于红外灯下烘干备用。将盐片放在可拆液池的孔中央，在盐片上滴一滴苯乙酮试样，将另一盐片平压在上面（不能有气泡）组装好液池。

B. 试样测试

将液体吸收池置于光度计样品托架上，进行扫谱。扫谱结束后，及时用 $CHCl_3$ 或无水乙醇洗去样品，并按前面方法清洗盐片并保存在干燥器中。

2）固体样品对硝基苯甲酸的制备及测试　采用压片法，将研为 2μm 的粉末样品 1～2mg 与 100～200mg KBr 粉末混匀，放入压模内，在压片机上边抽真空边加压，制成厚约 1mm，直径约 10mm 的透明薄片。将此片装于样品架上，先粗测透光率是否达到 40%，若达到，即可扫谱。若未达到 40%，需重新压片。扫谱结束后，取下样品架，取出薄片，按要求将模具、样品架等清理干净，妥善保管。

3）图谱解析方法举例

A. 苯乙酮的图谱解析

在 $3000cm^{-1}$ 附近有 4 个弱吸收峰，这是苯环及 CH_3 的 C—H 伸缩振动；在 1500～$1600cm^{-1}$ 处有 2～3 个峰，是苯环的骨架振动，所以可判定该化合物有苯环存在；在指纹区 $760cm^{-1}$、$692cm^{-1}$ 处有 2 个峰，说明是单取代苯环；在 $1687cm^{-1}$ 处强吸收峰为 C═O 的伸缩振动，在 $1265cm^{-1}$ 出现强吸收峰，这是芳香酮的吸收；在 $1363cm^{-1}$ 及 $1430cm^{-1}$ 处的吸收峰分别为 CH_3 的 C—H 对称及反对称变形振动，所以根据上述图谱分析此物质的结构与苯乙酮标准红外光谱比较，完全一致。

B. 对硝基苯甲酸的图谱解析

在 $3020cm^{-1}$ 的吸收峰是苯环上的═C—H 伸缩振动引起的。在 $1605cm^{-1}$、$1511cm^{-1}$ 的吸收峰是苯环骨架 C═C 伸缩振动引起的。在 $817cm^{-1}$ 的吸收峰说明苯环上发生了对位取代。在 $3000cm^{-1}$ 左右和 $1400cm^{-1}$ 左右的吸收峰是酸的吸收，在 $1530cm^{-1}$、$1300cm^{-1}$ 处是基团—NO_2 的吸收峰。所以推测是对硝基苯甲酸，再与对硝基苯甲酸的标准红外图谱比较，可得结论。

【设计提示】

（1）制备试样是否规范直接关系到红外图谱的准确性，所以对液体样品，应注意使盐片保持干燥透明，每次测定前后均应用无水乙醇及滑石粉抛光，在红外灯下烘干。

对固体样品经研磨后也应随时注意防止吸水，否则压出的片子易沾在模具上。

（2）扫谱前应注意调整好记录纸的准确位置。

（3）记录笔不用时，套上笔套，否则墨水干后堵塞笔尖。

（4）仪器注意防震、防潮、防腐蚀。

【思考题】

1. 为什么红外分光光度法要采取特殊的制样方法?

2. 影响基团振动频率的因素有哪些?这对于由红外光谱推断分子的结构有什么作用?

实例四:几种生物样品中铅含量的比较测定

【实验要求】

(1) 掌握微量元素测定的特点及其生物学意义。

(2) 要求根据不同来源样本的特点,设计预处理方案。

(3) 了解微量元素测定仪的使用原理和方法。

【实验原理】

结合状态的铅离子,可通过试剂处理释放成游离的铅离子,当在电极中施加一定的负电压时,铅离子在汞电极上还原并被吸附在石墨表面上的汞薄膜中富集,通过改变电极电势,将吸附于汞电极的铅氧化解析溶出,铅溶出过程的电流与样品中的铅含量成正比,进而测定出样品中的含量。

【实验器材】(必备)

(1) 多媒体系统。

(2) 微量元素测定仪。

(3) 其他仪器和药品在设计草案中提出交指导教师批准后采用。

【实验步骤】

(1) 选择合适的实验对象,如血液、工业废水,按实验原理设计研究方法。

(2) 第一次课利用多媒体系统拟出并提交实验草案,当堂与指导教师讨论并修改实验草案。

(3) 第二次课按正式方案实验。

(4) 观察实验结果。

(5) 利用多媒体系统分析实验结果并提交电子实验报告。

(6) 下一次实验提交手写实验报告。

【设计参考】

1. 微量元素测定仪

微量元素测定仪如图 4-11 所示。

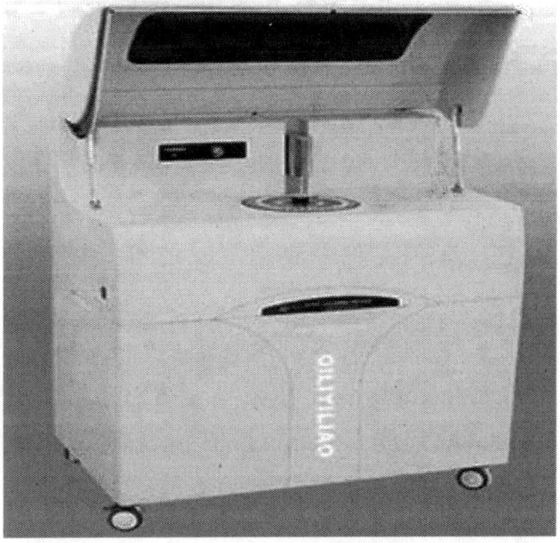

图 4-11 QL8000 全自动微量元素测定仪 A 型

技术指标如下。

项目	电位溶出	极谱
检测下限	≤0.01μg/L (Pb^{2+})	≤5×10^{-8}mol/L
抗先还原物质能力	>5000∶1	>5000∶1
重复性误差/%	RSD<3	RSD<1
校准曲线的精密度/%	RSD<8	RSD<2
线性关系	R≥0.9990	R≥0.9990

2. 样品前处理的基本要求

血样：自然凝结，离心，取上清液测定，最低需要量为10mL。

含蛋白饮料：沉淀蛋白后，取上清液测定，最低需要量为10mL。

尿样、非蛋白饮料、外界水样：直接测定，取样量不少于10mL。

【设计提示】

（1）设计必须包括采用测定方法名称，如2，3-二氨基萘法，以及该方法的详细原理。

（2）设计必须包括药品名称、浓度、需要数量，以及配制的具体方法。

（3）设计必须包括使用物品的具体名称、数量，如20mL具塞试管5支 。

（4）设计必须包括操作的详细流程。

（5）设计比较方案的时候必须考虑对比的价值。

（6）采样：规定必须是不经过消化就能够直接测定的，如血样、尿样、饮料、外界水样。

设计重点：样品的前处理，包括蒸发或血样的蛋白沉淀。

【思考题】

1. 与其他小组相比，不同来源的样品在具体测定中有什么差异？

2. 如果出现负的测定结果，有可能是什么原因造成的？

七、设计思路参考

（一）几种常见食物中硒含量的比较测定

【实验目的】

（1）以DAN法测定为例，测试几种典型来源的样品测定过程是否符合设计构想。

（2）测试实验中所使用的主要仪器特别是F-2500型荧光分光光度计是否能够满足使用要求。

（3）掌握实验中异常情况的可能处理方法。

【实验材料与仪器】

（1）生物多媒体系统。

（2）F-2500型荧光分光光度计。

（3）试剂准备与DAN荧光法测定资料提供的相同（略）。

（4）实验样品：兔血、茶叶、猪肝。

【实验步骤】

1. 取样

家兔：实验用兔，禁食12h，静脉取血2mL左右，放于烘干的肝素试管内，4℃冰箱保存备用。

猪肝：用等渗的磷酸钾缓冲液（pH7）冲洗掉3次，然后用滤纸吸干水分，准确称1g备用。

茶叶：准确称取1g，不锈钢磨粉碎备用。

2. 消化

各样品平行称量3份于磨口三角瓶内，加10mL（5＋95）去硒硫酸，样品湿润后，再加 20mL 混合酸液放置过夜。次日于沙浴上逐渐加热，当激烈反应发生后（溶液变无色），继续加热至产生白烟，溶液逐渐变成淡黄色即达终点。

茶叶、猪肝根据资料介绍的经验，在消化达到终点时冷却后加 10mL（1＋9）盐酸，继续加热 10min，使 Se^{6+} 还原成 Se^{4+}。

3. 测定

于样品消化液中加 20mL EDTA 混合液，用氨水（1＋1）或盐酸调至淡红橙色（pH 1.5～2.0）。以下步骤在暗室进行：加 3mL DAN 试剂，混匀，置沸水浴中煮 5min，取出立即冷却，加 3mL 环己烷，振摇 4min，将全部溶液移入分液漏斗，待分层后弃去水层，环己烷层转入带盖试管中，小心勿使环己烷中混入水滴，于激发光波长 376nm、发射光波长 520nm 处测定苤硒脑的荧光强度。

【实验结果】

样品名称	测定次数	测定结果	标准值（RSD）
茶叶	3	0.055	0.052±0.010
猪肝	3	1.021	1.030±0.050
血液	3	0.098	0.095±0.020

（二）紫外法测鲜果中的维生素 C 含量

【实验目的】

维生素 C 是人类膳食营养中最重要的维生素之一，又名抗坏血酸，是维持人体正常生理机能所必需且人体不能自身合成的小分子有机化合物。维生素 C 可以维持细胞正常的能量代谢，促进胶原组织的合成，具有参与机体的造血功能、抗氧化、解毒、维持心肌功能的重要作用。膳食中长期缺乏维生素 C 会导致坏血病，早期症状为皮肤出现小斑点，伤口愈合不良，牙龈出血等。严重缺乏可导致内脏出血危及生命。但是，维生素 C 性质极不稳定，遇空气、热、碱性物质、氧化酶、铜铁离子时均易被氧化破坏，因此在烹调加工过程中极易被破坏。因此，人体摄取的维生素 C 主要来自于新鲜水果，可见，从水果中摄取维生素 C 显得尤为重要，现取冬季市场上销售的主要水果，对其维生素 C 含量进行测定，可以为大众选择含丰富维生素 C 的蔬果提供理论依据。

【实验原理】

抗坏血酸有很好的还原性，可以在弱酸环境下完全还原碘单质为碘负离子。因此可以用紫外分光光度法间接测定其中维生素 C 的含量。实验中，我们使用的是外标法测维生素 C 的含量，先用抗坏血酸测一个标准曲线，再测出样品在相同波长的吸光度，算出样品中维生素 C 的含量。通过资料得知，在 290nm 处有最大光吸收，而且在 30min 之内吸光度不会发生变化。

【实验试剂和器材】

1. 试剂

维生素 C 标准液：称取 5g 的维生素 C，用 1%的乙酸定容至 100mL。

维生素 C 标准使用液（1000mg/L）：取标准液（50mg/mL）2mL 用 1%的乙酸定容

至 100mL。

0.01mol/L 的碘和碘化钾溶液：称取 0.635g 的碘单质，用 0.1mol/L 的碘化钾定容至 250mL，取上述溶液 2mL 用蒸馏水定容至 100mL。

0.1mol/L 碘化钾溶液：称取 4.15g 碘化钾用蒸馏水定容至 250mL。

0.2mol/L 碘化钾溶液：称取 1.66g 碘化钾用蒸馏水定容至 50mL。

1%的乙酸溶液：量取冰醋酸 2.4mL 用蒸馏水水定容到 250mL（冰醋酸密度 1.049g/mL）。

2. 仪器

紫外分光光度计；250mL 容量瓶 2 个；100mL 容量瓶 5 个；研钵烧杯；试管；玻璃棒；胶头滴管；漏斗；纱布若干。

3. 材料

猕猴桃；苹果；橘子。

【实验方案】

取 100mL 的容量瓶，加入 10mL 0.1mol/L 的乙酸溶液，12mL 0.2mol/L 的碘化钾溶液以及 8mL 0.01mol/L 的碘和碘化钾溶液，用蒸馏水稀释至刻度线。此为标定对照液。

1. 标准曲线的测定

分别取维生素 C 使用液 0.5mL、1mL、2mL、4mL，用配制好的对照液稀释至 10mL。以配制好的对照液作为空白对照，在紫外分光光度计上测出其吸光度。以维生素 C 浓度为横坐标，吸光度为纵坐标绘制标准曲线（图 4-12）。

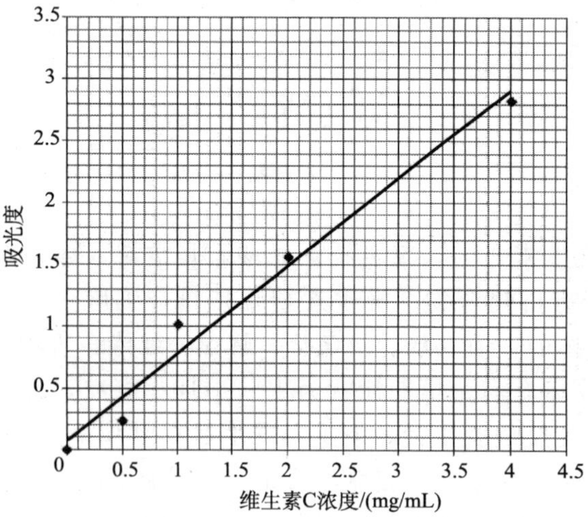

图 4-12　维生素 C 标准曲线

2. 样品处理

取新鲜的猕猴桃一个，苹果一个，橘子一个，去皮，各取果肉 50g，依次放入研钵中研碎为匀浆，用漏斗过滤，1%的乙酸溶液冲洗滤渣 3～4 次，再用 1%的乙酸定容至 100mL。吸取样品溶液 2mL，用对照液稀释至 10mL，在紫外分光光度计上测其吸光度。

3. 含量测定

对比标准曲线，可以算出样品中维生素 C 的含量。比较不同水果中维生素 C 的含量。

【实验结果】

维生素 C 标准曲线绘制如下。

维生素 C/mg	0	0.5	1	2	4
吸光度	0.000	0.238	1.020	1.564	2.831

样品中维生素 C 的吸光度如下。

样品	苹果	猕猴桃	橘子
吸光度	0.156	0.832	1.035

【实验分析】

由计算可知，本次实验中测得的维生素C含量由高到低依次为：橘子、猕猴桃、苹果。

橘子中维生素C含量为135mg/100g。

猕猴桃中维生素C的含量为108mg/100g。

苹果中维生素C含量为17.5mg/100g。

由资料显示，橘子、猕猴桃为维生素C相当丰富的水果，在众多的水果中名列前茅，橘子和猕猴桃属于一级，维生素C的含量为100～420mg/100g，而苹果属于维生素C含量较少的水果，为每100g含几毫克到十几毫克。

因此看来，本次实验的结果基本正确，与事实的相符程度较好。可以为人们冬季水果的选择上给予理论帮助，对维生素C需求量较大的人群可以选择橘子或是猕猴桃，一般成人每天维生素C的摄取为100～500mg，超过1000mg对身体有害，虽然蔬菜中维生素C的含量也很丰富，但是在烹饪过程中蔬菜中的维生素C容易被破坏，因此，新鲜水果是我们补充天然维生素C的最好途径，根据我们测得的几种水果中维生素C的含量，建议大家每天吃猕猴桃2～3个，野生猕猴桃中的维生素C的含量会比一般猕猴桃要高，一般来说，吃1～2个就够了，橘子也是，但是不宜超过10个，长期摄取超过1000mg/天的维生素C会使儿童日后易患骨病，因大剂量维生素C会损害成骨细胞的形成过程。每日口服4g以上维生素C，一周后可发生尿路草酸钙结石和肾结石，严重者可致血尿和肾绞痛。因过量维生素C使尿液呈酸性，而导致草酸盐结石。大剂量维生素C可对抗肝素和双香豆素的抗凝血作用，导致血栓形成，这使原有心脑血管病者更易发生脑梗死（中风）。因此，补充维生素C是可以使我们的身体机能有所提高，但是，应该注意补充的度量，不能盲目贪多，对身体造成负面影响。因而，我们冬季在选择水果的时候，可以每天吃两三种水果，但是每种水果不宜多吃，可以合理地均衡各种维生素和矿物质的摄取，更加有利于我们的身体健康。

【注意事项】

（1）紫外分光光度计的使用：①使用的吸收池必须洁净，外壁若有水需用纸巾擦干；②取比色皿，手指应拿毛玻璃面的两侧，装盛样品以池体的4/5为度，使用挥发性溶液时应加盖，透光面要用擦镜纸由上而下擦拭干净，检视应无溶剂残留；③吸收池放入样品室时应注意方向相同，光滑的一面对准光路，用后用溶剂或水冲洗干净；④每测一组数据之后注意校零，第一个为对照组。

（2）取用固体或是粉末需药匙或是纸槽，倒取液体手贴标签再倾倒，量体积时读数要与切面平。

（3）被称量的药品不能直接放在托盘上，要用滤纸称量。

（4）定容过程中，溶解时往往因溶解的放热而使溶液的温度升高，故必须冷至室温以后再转移定容，移液后，必须用蒸馏水洗涤烧杯和玻璃棒（2～3次），并将洗涤液皆并入容量瓶中，然后再定容。定容后盖好瓶塞，用食指顶住瓶塞，用另一只手的手指托住瓶底，把容量瓶倒转和摇动多次，使溶液混合均匀。维生素C极易被空气氧化，在称取配制维生素C

标准使用液的时候要注意快速，小心。碘单质易升华，有毒性和腐蚀性，因此取用碘的时候，应尽量在通风橱中操作。

(5) 在通风橱中操作时，如果打开了紫外灯，尽量避免长时间在紫外灯下操作，若实验过程中需要长时间等待，尽量远离操作台。

(6) 使用玻璃仪器时要小心，避免打碎仪器划伤。在实验操作时，应该将玻璃器皿放在远离桌子边缘的地方，防止仪器掉落下来伤到自己和他人。

(7) 配制溶液时，用到酸碱要尽量避免溅落或是散落出来，若是不小心溅出，应用抹布擦掉。

(8) 小组分工。

第一小组：碘和碘化钾溶液的配制（两个人，一人一种浓度）。

第二小组：乙酸溶液的配制，维生素 C 标准液和维生素 C 标准使用液的配制（两个人）。

第三小组：对照液的配制（一个人）。

第四小组：标准曲线的测定绘制和样品吸光度的测定（两个人）。

第五小组：样品的处理（三个人）。

【备注】

(1) 波长的选择：有资料显示维生素 C 在碘和碘化钾的酸性溶液中时，在 290nm 处有最大光吸收。

(2) 酸度对实验结果的影响：维生素 C 为极易氧化的有机化合物，在空气中很容易氧化，因此在酸性条件下可以降低维生素 C 氧化程度，但是酸性太强会将碘负离子也氧化，因此我们选择弱酸乙酸调节 pH。通过实验分析，在参照液中加入 10mL 乙酸时，在此乙酸浓度下吸光度最大且恒定。

(3) 加入碘化钾的原因：碘具有很强的腐蚀性，易挥发，加入过量的碘化钾，使其变成 KI 使溶解度增加，降低碘的挥发，利于保存，并能减小对人体的伤害。

(4) 显色时间的影响：该实验在 30min 之内吸光度不会变化，因此实验在 30min 之内完成效果最好，误差最小。

第三节 酶工程部分

一、酶工程实验设计的特点概述

(一) 酶工程实验的特点

酶工程是生物工程的重要组成部分之一，是研究酶生产与应用的技术。其主要任务是通过各种工程技术方法，获得人们所需的酶，并使酶充分发挥催化功能。

酶工程实验设计的目的是使学生通过自己动手实验，学习酶工程基本的研究方法和实验技术，进一步深入认识、巩固和拓展所学的理论知识，培养学生进行酶工程研究的基本技能，锻炼学生提出、分析和解决问题的能力，培养学生从事与酶工程相关科研和生产的专业能力。

本节课程的任务是，使学生掌握产酶菌株的筛选、酶的发酵生产、酶的纯化、分子修饰、酶的应用等技术中的基本研究手段和方法；了解酶工程的最新研究进展和动态；对酶工程实验技术有一个全面的掌握，并能应用于生产实践中。

（二）酶工程实验设计方法

教学以实验室实践为主，教师只做必要的实验原理和注意事项的讲解，由学生自己独立进行实验操作，自己设计实验内容，写出实验方案，经导师审查同意后，学生独立操作完成。通过这些训练加强学生对理论知识的认识，提高学生分析问题和解决问题的能力，把学到的理论知识融会贯通，最终达到掌握基本酶工程实验技能并培养创新能力的目的。

实验方案的书写：实验操作方案应包括实验名称、实验目的、实验原理、实验步骤、所需条件（材料、设备、试剂、耗材）、所需时间及时间安排、预期结果等内容。

实验报告：实验报告采用统一的实验报告本，实验报告本封面包括课程名称、实验名称、实验序号、班级、姓名、学号、实验时间等信息。实验报告内容应包括实验目的、实验原理、实验步骤、实验记录、实验分析与总结等内容。

二、常用酶工程参考资料

（一）参考书目

1. 魏群 . 2002. 生物工程技术实验指导 . 北京：高等教育出版社

2. 禹邦超，胡耀星 . 2007. 酶工程（附实验）. 2 版 . 武汉：华中师范大学出版社

3. 袁勤生，赵健 . 2005. 酶与酶工程 . 上海：华东理工大学出版社

4. 贾士儒 . 2003. 生物反应工程原理 . 2 版 . 北京：科学出版社

5. 梅乐和，岑沛霖 . 2006. 现代酶工程 . 北京：化学工业出版社

6. 郭勇 . 2004. 酶工程 . 2 版 . 北京：科学出版社

7. 郭勇 . 2010. 酶工程原理与技术 . 2 版 . 北京：高等教育出版社

8. Simon R. 2001. Protein Purification Techniques：a Practical Approach. 2nd ed. Oxford：Oxford University Press

（二）参考期刊

1. Advances in Enzyme Regulation
2. Enzyme and Microbial Technology
3. Genzyme Corporation SWOT Analysis
4. Journal of Enzyme Inhibition and Medicinal Chemistry
5. Journal of Enzyme Research
6. Open Enzyme Inhibition Journal

（三）参考网站

1. 中国酶制剂网：http://www.zgmzj.cn/
2. 中国发酵工业网：http://www.cn-ferment.com/

3. BIOME（生命科学资源导航）：http://biome. ac. uk/browse/

4. Directory of P450-containing Systems（P450 酶系目录）：http://p450. abc. hu/

5. 生物信息学资源导航：http://dna. sibc. ac. cn/bio/index. htm

三、酶工程实验设计实例

实例一：纤维素酶产生菌的快速分离筛选

【实验目的】

熟悉功能性菌株筛选步骤；掌握产纤维素酶菌株的快速筛选方法。

【实验原理】

利用产酶菌的营养特性，以羧甲基纤维素为唯一碳源，因此只有能分解利用纤维素的微生物能够在培养基上良好生长。产酶菌分泌的纤维素酶将菌体周围的标记过的羧甲基纤维素分解，形成围绕菌落的透明圈。透明圈的大小与产酶量及酶活性成正相关。

【试剂与材料】

选择性培养基：羧甲基纤维素钠 10g，$(NH_4)_2SO_4$ 4g，KH_2PO_4 2g，$MgSO_4 \cdot 7H_2O$ 0. 5g，蛋白胨 1g，琼脂 16g，蒸馏水 1000mL，刚果红 5mg。

【实验仪器】

高压灭菌锅；恒温通气式培养箱；离心机和离心管；电子天平；250mL 三角瓶；9. 0cm 培养皿；涂布棒；移液枪及枪头；滴管、取样器和塑料直尺等。

【实验步骤】

（1）土样采集：从富含纤维素的堆肥、林间环境中采集离土表 2～10cm 深的土样，分别用纸袋包装做好标记后带回室内风干研细备用。

（2）培养基配制：采用经刚果红染料标记的羧甲基纤维素（呈紫红色）配制选择性培养基，倒固体平板备用。

（3）将土样 8g 加入 10mL 灭菌水中，充分搅拌使其均匀悬浮，4000r/min 离心 5min，取上清液，按梯度稀释方法稀释为 10^{-2}、10^{-3}、10^{-4}、10^{-5} 备用。

（4）取 0. 1mL 不同浓度的样品液分别加入选择性平板培养基上，涂抹均匀，倒置放入 28℃恒温培养箱培养。每个浓度重复 3 次。

（5）每天观察培养基上菌落生长情况，将有明显透明圈的菌落挑出。

（6）将选出的菌落挑出悬浮在 1mL 灭菌水中，按 10 倍梯度稀释方法将其稀释为 10^{-2}、10^{-3}、10^{-4}、10^{-5}，重新按步骤（4）的方法接种于新的选择性培养基上培养。

（7）每天观察培养基上菌落生长情况，测定培养基透明圈的大小，筛选判定产纤维素酶菌株。

【思考题】

1. 为什么要在富含纤维素的环境中采集土样？

2. 土壤样品液为什么要做梯度稀释？

实例二：淀粉酶的酶活性测定

【实验目的】

了解酶活力常用测定方法。

【实验原理】

α-淀粉酶可随机作用于淀粉中α-1，4-糖苷键，生成葡萄糖、麦芽糖、麦芽三糖、糊精等还原糖，这些还原糖能使3，5-二硝基水杨酸还原，生成棕色的3-氨基-5-硝基水杨酸。因此，淀粉酶活力的大小与产生的还原糖的量成正比。用标准浓度的麦芽糖溶液制作标准曲线，用比色法测定淀粉酶作用于淀粉后生成的还原糖的量，以单位质量样品一定时间内生成的麦芽糖的量来表示酶活力。

【试剂与材料】

(1) α-淀粉酶液：精确称取α-淀粉酶100mg，先用少量40℃ 0.05mol/L pH5.5的柠檬酸缓冲液溶解，溶解过程中轻轻用玻璃棒捣研。将上层液小心倾入100mL容量瓶，沉渣部分再加入少量上述缓冲液，如此反复捣研3～4次。最后，将溶液与残渣全部移入容量瓶中，用缓冲液先定容摇匀后，通过4层纱布过滤，溶液为工作酶液。

(2) 标准麦芽糖溶液（1mg/mL)：精确称取100mg麦芽糖，用蒸馏水溶解并定容至100mL。

(3) 3，5-二硝基水杨酸试剂：精确称取3，5-二硝基水杨酸630mg，溶于26mL 2mol/L NaOH溶液中，加入50mL蒸馏水，再加入19.2g酒石酸钾钠，待溶解后用蒸馏水定容至100mL。储于密闭的棕色瓶中备用。

(4) 0.05mol/L pH5.5的柠檬酸缓冲液：0.05mol/L柠檬酸23mL，0.05mol/L柠檬酸钠77mL，混匀。

(5) 1%淀粉溶液：称取1g水溶性淀粉溶于100mL 0.05mol/L pH5.5的柠檬酸缓冲液中。

【实验仪器】

恒温水浴槽；可见分光光度计；试管；移液器；烧杯；容量瓶。

【实验步骤】

1. 麦芽糖标准曲线的绘制

取7支干净的具塞刻度试管，编号，依次加入如下试剂。

项目	管号						
	0	1	2	3	4	5	6
麦芽糖标准液/mL	0	0.1	0.2	0.3	0.4	0.5	0.6
蒸馏水/mL	1.0	0.9	0.8	0.7	0.6	0.5	0.4
3，5-二硝基水杨酸溶液/mL	1.0	1.0	1.0	1.0	1.0	1.0	1.0
麦芽糖含量/mg	0	0.1	0.2	0.3	0.4	0.5	0.6

摇匀，置沸水浴中5min，冷却，向各试管中加蒸馏水8mL。以0号管作为空白调零点，

在 540nm 波长下测吸光度（A_{540}）。以麦芽糖含量为横坐标、A_{540} 值为纵坐标，绘制标准曲线。

2. 淀粉酶酶活性测定

取 4 支干净的具塞刻度试管，编号，加入如下试剂。

项目	管号			
	0（对照）	1	2	3
1% 淀粉液（40℃保温 10min）/mL	1.0	1.0	1.0	1.0
淀粉酶液（40℃保温 10min）/mL	0	0.5	0.5	0.5

将酶液和淀粉溶液分别预先在 40℃ 保温 10min，混匀，40℃ 保温反应 10min，加入 3，5-二硝基水杨酸溶液（DNS）1.5mL，摇匀后水浴煮沸 5min。取出将试管冷却，加蒸馏水 7mL（对照加 7.5 mL）摇匀。以对照作为空白调零，测定吸光度（A_{540}），并记录结果。

3. 酶活力计算

从麦芽糖标准曲线中查出麦芽糖含量，计算酶活性。酶活力以所用条件下每分钟每毫克酶量水解产生还原糖的量来表示。

$$\text{淀粉酶活力(mg/mg/min)} = C \times V_t / (W \times V_s \times T)$$

式中，C 为从标准曲线上查得的麦芽糖含量（mg）；V_t 为配制的淀粉酶液总体积（mL）；V_s 为反应所用淀粉酶液体积（mL）；W 为酶样品质量（mg）；T 为反应时间（min）。

【思考题】

为什么在将酶液和淀粉液混合反应之前要将淀粉酶液和淀粉液分别置于 40℃ 水浴中保温？

实例三：淀粉酶的酶学特性分析

【实验目的】

通过实验让学生了解酶学特性常用测定指标和方法。掌握各环境因素（如温度、pH 等）对酶稳定性的影响，掌握测定米氏常数（K_m）和最大反应速度（V_{max}）的基本原理及测定方法。

【实验原理】

酶的最适作用条件、稳定性以及米氏常数和最大反应速度等指标是酶的重要特性，通过测定不同温度、pH 条件下酶的活性和动力学参数，掌握淀粉酶的酶学性质，可以确定酶的应用范围，最大限度发挥酶促反应效率。

温度和 pH 是影响酶活性的最主要因素。pH 对酶活力的影响可能是它改变了酶活性部位有关基团的解离状态。在最适 pH 时，酶分子上活性基团的解离状态最适于酶与底物的结合。而高于或低于最适 pH 时，酶活性部位基团的解离状态均不利于酶与底物的结合，酶活力也就相应降低。温度对酶的影响有双重作用。一方面，温度加速酶促反应的速度；另一方面，过高的温度会引起酶蛋白质的变性。因此，在较低温度范围内，酶促反应速度随温度升高而增大，超过一定温度后，反应速度下降。酶促反应速度达到最大值时的温度称酶促反应的最适温度。

在酶学分析中，米氏常数 K_m 是酶促反应的一个基本特征常数，它包含着酶与底物结合和解离的性质。K_m 与底物浓度、酶浓度无关，与 pH、温度、离子强度等因素有关。对于每一个酶促反应，在一定条件下都有其特定的 K_m 值，因此可用于鉴别酶。K_m 等于反应速度达到最大反应速度一半时的底物浓度，因此可以通过测定不同底物浓度下酶反应速度来测定。

测定 K_m、V_{max} 一般用作图法。作图法有很多种，最常用是的 Lineweaver-Burk 作图法，该法是根据米氏方程的倒数形式，$1/v$ 对 $1/[S]$ 作图。可得到一条直线。直线在横轴上的截距为 $-1/K_m$，纵轴截距为 $1/V_{max}$，可求出 K_m 与 V_{max}。

【试剂与材料】

1. α-淀粉酶液

精确称取 α-淀粉酶 100mg，先用少量 40℃ 0.05mol/L、pH5.5 的柠檬酸缓冲液溶解，溶解过程中轻轻用玻璃棒捣研。将上层液小心倾入 100mL 容量瓶，沉渣部分再加入少量上述缓冲液，如此反复捣研 3～4 次。最后，将溶液与残渣全部移入容量瓶中，用缓冲液先定容摇匀后，通过 4 层纱布过滤，溶液为工作酶液。

2. 标准麦芽糖溶液（1mg/mL）

精确称取 100mg 麦芽糖，用蒸馏水溶解并定容至 100mL。

3. 3，5-二硝基水杨酸试剂

精确称取 3，5-二硝基水杨酸 630mg，溶于 26mL 的 2mol/L NaOH 溶液中，加入 50mL 蒸馏水，再加入 19.2g 酒石酸钾钠，待溶解后用蒸馏水定容至 100mL。储于密闭的棕色瓶中备用。

4. 0.05mol/L 的柠檬酸缓冲液

不同 pH 配制情况如下。

项目	pH							
	3.5	4.0	4.5	5.0	5.5	6.0	6.5	7.0
0.05mol/L 柠檬酸/mL	71	59	47	35	23	11.5	4	1
0.05mol/L 柠檬酸钠/mL	29	41	53	65	77	88.5	96	99

5. 酶促反应底物

1）*1%淀粉溶液*　用于最适温度、最适 pH 的测定，称取 1g 淀粉溶于 100mL 0.05mol/L pH5.5 的柠檬酸缓冲液中。

2）*2-氯-4-硝基苯酚-α-麦芽三糖（CNP-G3）*　用于淀粉酶 K_m 值的测定，它会被淀粉酶直接水解释放出生色基团 CNP，在 405nm 处可检测 CNP 的生成量。称取 100mg CNP-G3 溶于 100mL 0.05mol/L pH5.5 的柠檬酸缓冲液中。

【实验仪器】

恒温水浴槽；可见分光光度计；试管；刻度吸管。

【实验步骤】

1. 麦芽糖标准曲线的绘制

按实例二“淀粉酶的酶活性测定”方法进行。

2. 最适 pH 的测定

1）*酶促反应*　取 9 支干净试管，编号，所加溶液及操作如下，分别测定不同 pH 条件下的α-淀粉酶活力，设0号管为不加酶对照。

项目	管号								
	0	1	2	3	4	5	6	7	8
缓冲液 pH	5.5	3.5	4.0	4.5	5.0	5.5	6.0	6.5	7.0
1%淀粉溶液/mL	0.2	0.2	0.2	0.2	0.2	0.2	0.2	0.2	0.2
不同 pH 缓冲液/mL	1.2	1.0	1.0	1.0	1.0	1.0	1.0	1.0	1.0
预保温：将各试管和淀粉酶溶液分别置于40℃恒温水浴中预保温 10min									
淀粉酶溶液/mL	0	0.2	0.2	0.2	0.2	0.2	0.2	0.2	0.2
3，5-二硝基水杨酸/mL	1.4	1.4	1.4	1.4	1.4	1.4	1.4	1.4	1.4

注：0号管中加入0.2mL pH5.5柠檬酸缓冲液代替酶液作为空白对照

准确保温反应10min后将各试管摇匀，加入3，5-二硝基水杨酸溶液（DNS）1.4mL，摇匀后水浴煮沸5min。取出将试管冷却，加蒸馏水7.2mL摇匀。以对照作为空白调零，测定A_{540}，做好记录。

2）数据处理

（1）分别计算处理试管OD平均值与空白对照OD平均值之差，在标准曲线上查出相应的麦芽糖含量（mg），按下列公式计算不同pH条件下的α-淀粉酶的活力。

$$淀粉酶活力(mg/mg/min) = C \times V_t / (W \times V_s \times T)$$

式中，C为从标准曲线上查得的麦芽糖含量（mg）；V_t为淀粉酶原液总体积（mL）；V_s为反应所用淀粉酶原液体积（mL）；W为酶样品质量（mg）；T为反应时间（min）。

（2）以反应pH为横坐标，酶活力为纵坐标，绘制pH-酶活力曲线，求出α-淀粉酶的最适pH。

3）最适作用温度的测定

A. 酶促反应

取9支试管，编号制表，0号管为事先加入0.5mL缓冲液不加酶的对照。酶与底物对应在25℃、30℃、35℃、40℃、45℃、50℃、55℃恒温水浴槽保温反应10min，如下所示。

项目	管号							
	0	1	2	3	4	5	6	7
淀粉酶溶液/mL	0	0.5	0.5	0.5	0.5	0.5	0.5	0.5
1%淀粉溶液/mL	1.0	1.0	1.0	1.0	1.0	1.0	1.0	1.0
温度/℃	35℃	25℃	30℃	35℃	40℃	45℃	50℃	55℃
3，5-二硝基水杨酸/mL	1.5	1.5	1.5	1.5	1.5	1.5	1.5	1.5

准确保温10min后将各试管摇匀，按上表加入3，5-二硝基水杨酸溶液（DNS），摇匀后水浴煮沸5min。取出将试管冷却，加蒸馏水7mL摇匀。以对照作为空白调零，测定A_{540}，做好记录。

显色后测定OD值，将结果按不同温度对应记录，操作同制作标准曲线。

B. 数据处理

(1) 分别计算处理试管 OD 平均值与空白对照 OD 平均值之差，在标准曲线上查出相应的麦芽糖含量（mg），按下列公式计算不同温度值下的 α-淀粉酶的活力。

$$淀粉酶活力(mg/mg/min) = C \times V_t/(W \times V_s \times T)$$

式中，C 为从标准曲线上查得的麦芽糖含量（mg）；V_t 为淀粉酶原液总体积（mL）；V_s 为反应所用淀粉酶原液体积（mL）；W 为样品质量（g）；T 为反应时间（min）。

(2) 以反应温度为横坐标，酶活力为纵坐标，绘制温度-酶活力曲线，求出 α-淀粉酶的最适作用温度。

4) K_m 的测定

A. 酶促反应

取 10 支试管按下表编号，分别加入不同浓度的底物样品 CNP-G3 溶液。1～5 号设为空白管（预先以 0.3mol/L NaOH 使酶失活），6～10 号为处理管。管中加入前 3 栏试剂后：将各管及淀粉酶液分别在 40℃预保温 5min 再加入酶液至各管中，40℃精确反应 10min 后，处理各管加入 0.3mol/L NaOH 溶液终止反应。

项目	空白管号					反应管号				
	1	2	3	4	5	6	7	8	9	10
底物 CNP-G3	0.2	0.4	0.6	0.8	1.0	0.2	0.4	0.6	0.8	1.0
柠檬酸缓冲液/mL	1.8	1.6	1.4	1.2	1.0	1.8	1.6	1.4	1.2	1.0
0.3mol/L NaOH/mL	2.0	2.0	2.0	2.0	2.0	0	0	0	0	0
酶液/mL	0.5	0.5	0.5	0.5	0.5	0.5	0.5	0.5	0.5	0.5
0.3mol/L NaOH/mL	0	0	0	0	0	2.0	2.0	2.0	2.0	2.0

B. 测定 A_{405} 值

终止各管反应，待冷却后以 1～5 号管中相应底物浓度作空白，在可见分光光度计上测定 A_{405} 值。

3. 数据处理

通过测定，得到一组数据 A_{405}，由于酶促反应产物 2-氯-4-硝基苯酚（CNP）在 0.1～0.2mol/L NaOH 溶液中，在 405nm 处的摩尔消光系数为 δ（该系数需要在实际实验中进行测量），则 A_{405} 值与反应速度的换算为

$$V[(\mu mol/L\ CNP)/min] = OD_{405}/t \times 10^6/\delta \times V'(mL)/1000$$

式中，A_{405} 为每管测定吸光度；t 为反应时间（min）；V' 为测定液体积。

反应液中底物浓度换算式：$[S] = XM / Y$，式中，X 为底物加入量（mL）；Y 为反应液体积；M 为加入时的底物浓度（mmol/L）。

通过计算求得 $[S]$、V、$1/[S]$、$1/V$ 等值，然后作双倒数图，获取纵横截距，求出 K_m 和 V_m 值。

【思考题】

1. 怎样绘制 pH-酶活力曲线图，并计算出 α-淀粉酶最适 pH？
2. 怎样绘制温度-酶活力曲线图，并计算出 α-淀粉酶最适温度？

3. 怎样绘制 $1/V$-$1/[S]$ 直线图，并计算 K_m 和 V_{max} 值？

实例四：淀粉酶液体发酵条件优化及酶的纯化

【实验目的】

通过实验让学生了解产淀粉酶活性菌株的液体发酵条件优化方法，掌握蛋白质含量测定和酶纯化程度测定的基本方法，掌握离子交换层析的方法和原理，了解酶分离纯化的基本过程。

【实验原理】

淀粉酶是能够分解淀粉糖苷键的一类酶的总称，包括 α-淀粉酶、β-淀粉酶、糖化酶和异淀粉酶。本实验通过单因素试验、正交试验等方法对淀粉酶产生菌——地衣芽孢杆菌 *Bacillus licheniformis* 的液体发酵条件进行优化，并采用离子交换层析的方法对发酵得到的淀粉酶进行初步分离，提纯。

离子交换层析是利用离子交换剂上的可解离基团（活性基团）对各种离子的亲和力不同而达到分离目的的一种层析分离方法。不同的离子交换剂含有不同的可解离基团（活性基团）。按活性基团的性质不同，离子交换剂可以分为阳离子交换剂和阴离子交换剂，按母体物质种类的不同，离子交换剂有离子交换树脂、离子交换纤维素、离子交换凝胶等。当酶溶液的 pH 大于酶的等电点时，酶分子带负电荷，可用阴离子交换剂进行层析分离；当溶液 pH 小于酶的等电点时，酶分子带正电荷，则要采用阳离子交换剂进行分离。本实验所用的材料是 DEAE-Sepharose CL-6B。酶活性测定按实例二“淀粉酶的酶活性测定”方法。

【试剂与材料】

1. 菌种：地衣芽孢杆菌 *Bacillus licheniformis*。

2. 培养基：淀粉酶发酵基础培养基。蛋白胨 0.5%，可溶性淀粉 0.5%，调整 pH 为 8.8。

3. 试剂：1% 可溶性淀粉，pH7.1、0.02mol/L Tris-HCl 缓冲液，HCl，NaOH，DEAE-Sepharose CL-6B。

【实验仪器】

离心机；超滤器（10kDa 膜）；层析柱（2.5cm×20cm）；部分收集器；梯度洗脱仪；紫外分光光度计；透析袋；全自动高压灭菌锅；培养皿；恒温培养箱；超净工作台；恒温摇床；恒温水浴锅；移液管；pH 试纸；洗耳球；玻璃棒；量筒；试管；试管架；酒精灯；电子天平；三角烧瓶；洗瓶；接种针；接种环；直尺；记号笔等。

【实验步骤】

1. 液体发酵条件的优化

1）单因素试验

（1）培养基初始 pH 对产酶的影响：用 1mol/L 盐酸或 1mol/L 氢氧化钠调节培养基 pH，使培养基的初始 pH 为 5.0、7.0、9.0，分装至 250mL 三角瓶中，每瓶 25mL，灭菌，冷却后接种活化后的淀粉酶产生菌，37℃下恒温摇床培养 48h 后制备粗酶液，测定发酵液酶活。

（2）培养基碳源对产酶的影响：在不含可溶性淀粉的培养基中，分别加入 0.5%的不同碳源（可溶性淀粉、葡萄糖、蔗糖、麸皮），以蛋白胨作为氮源，进行碳源对产酶影响的发酵实验。

2）正交试验　通过三因素两水平的正交试验对高产菌的发酵条件进行优化，建立高产菌株的最佳摇瓶发酵条件。

因素 处理	初始 pH	淀粉含量/(g/L)	蛋白胨含量/(g/L)
处理一	9.0	5	5
处理二	9.0	10	10
处理三	8.0	5	10
处理四	8.0	10	5

2. 淀粉酶的分离纯化

1）DEAE-6B 琼脂糖凝胶的预处理及装柱

(1) 量取 DEAE-Sepharose CL-6B 琼脂糖约 70mL，用 pH7.1，0.02mol/L 的 Tris-HCl 缓冲液反复漂洗，直至 pH 达到 7.1，真空抽滤除去气泡。

(2) 2.5cm×20cm 层析柱用洗涤液清洗干净，柱的下端连接塑料管，装上螺旋夹。关闭螺旋夹，柱内装入缓冲液 Tris-HCl 缓冲液，微开螺旋夹，让缓冲液缓慢流出，赶走死区及管道中的气泡，柱中保留少量缓冲液，关闭螺旋夹。

(3) 将预处理好的 DEAE-Sepharose CL-6B 悬液沿管壁倒入柱中，待沉降至床高约 1cm 高度时，部分旋松下端的螺旋夹，让缓冲液缓慢流出去，注意此时的流速要比正常洗脱时的流速慢，继续加入悬液，直至达到高 15cm 以上的柱床体积。

(4) 平衡：当全部交换剂装入柱中后，用上柱起始缓冲液进行平衡。流速可维持在 4mL/15min，直至流出液的 pH 与上柱缓冲液完全相同。(一般要平衡 8h 以上或过夜。)

2）粗酶液制备　将发酵液用 4 层纱布过滤，然后 10 000r/min 离心 15min，取上清用 10kDa 孔径超滤器对上清酶液进行超滤，弃滤过液，所余即为粗酶液。

3）DEAE-Sepharose CL-6B 离子交换柱层析　将粗酶液上 10mL 上 DEAE-Sepharose CL-6B 柱。用 pH7.1，0.02mol/L Tris-HCl 缓冲液配制的 0～0.5mol/L NaCl（各 300mL）进行线性梯度洗脱，流速 0.4mL/min，5mL 收集一管。测定其 A_{280} 吸光度。

4）酶活性测定　按实例二“淀粉酶的酶活性测定”方法测定各收集管的酶活性，确定酶活性成分所在。

5）酶纯化程度测定　如有必要，可将活性部分经透析脱盐后以变性梯度聚丙烯酰胺凝胶电泳（SDS-PAGE）检测纯化效果，估算酶的分子质量。

将具活性的洗脱液转入透析袋透析过夜除去盐分。然后以 SDS-PAGE 检测酶纯度，根据蛋白质标准估算酶的分子质量。

【思考题】

1. 设计正交试验时应注意考虑哪些方面？
2. 为什么既可以用阴离子交换剂，也可以用阳离子交换剂进行酶的纯化？
3. 当全部交换剂装入柱中后，为什么要用上柱起始缓冲液进行平衡？

实例五：壳聚糖凝胶颗粒固定化淀粉酶

【实验目的】

(1) 掌握共价结合法固定化酶的原理和方法。

(2) 学习壳聚糖固定化淀粉酶的方法。

【实验原理】

共价偶联法是酶与载体以共价键结合的固定化方法，是报道最多的酶的固定化方法之一。要使载体与酶形成共价键，首先必须使载体活化，即借助于某种方法，在载体上引进某一活性基团，然后此活性基团与酶分子上的某一基团反应，形成共价键。用共价偶联法制备的固定化酶，一般不会因底物浓度高或存在盐类等原因而轻易脱落，可以连续使用很长时间。

壳聚糖（CS）是具有氨基的碱性多糖，具有良好的生物降解性、生物相容性，利用其分子侧链上大量的游离氨基，再选择适当的交联剂，可以使得酶共价结合于载体上的反应易于进行。本实验以壳聚糖为材料制备载体，用戊二醛活化载体，采用偶联法固定淀粉酶。

【试剂与材料】

乙酸-乙酸钠缓冲液（0.2mol/L，pH4.4）；α-淀粉酶溶液（1mg/mL，乙酸-乙酸钠缓冲液配制）；1%可溶性淀粉（乙酸-乙酸钠缓冲液配制）；磷酸盐缓冲液（0.1mol/L，pH7.5）；3，5-二硝基水杨酸；NaOH；冰醋酸；甘油；戊二醛；无水乙醇；浓盐酸。

【实验仪器】

恒温水浴箱2台；分光光度计；低速离心机；天平；瓷盘；三角瓶；烧杯（50mL，250mL）；试管架；试管；量筒（50mL，100mL）；滴管；移液管架；移液管（2mL，5mL）；注射器；洗耳球；洗瓶；纱布；玻棒；药匙；标签纸；吸水纸；剪刀等。

【实验步骤】

1. 载体的制备

(1) 取壳多糖4g加入到180mL的3%的乙酸中，加20mL甘油搅拌溶解，制得壳多糖溶液。

(2) 配制40mL 4%的NaOH溶液，用注射器吸取10～15mL壳多糖溶液滴入4% NaOH溶液中，即得到壳多糖的微珠载体。静置10min，用蒸馏水清洗6次，每次5min，水洗至中性，最后用pH7.5的磷酸盐缓冲液浸洗一次（3min）。

2. 载体的活化

倾去磷酸盐缓冲液，载体中加入4%戊二醛溶液约40mL，过夜或者室温活化5h。

3. 偶联

(1) 水洗除去游离的戊二醛（5min，5次），最后低速离心，弃上清，留下壳多糖微珠。

(2) 加入α-淀粉酶的水溶液20mL，覆盖活化载体，4℃过夜，中间摇几次。

4. 固定化淀粉酶的活性检测

(1) 水洗除去游离酶（2min，4次）。储存于4℃冰箱备用。使用前加入pH4.4乙酸-乙酸钠缓冲液充分悬浮均匀。

(2) 取5支试管编号后加样如下。其中对照管中酶液以0.5mL pH4.4乙酸-乙酸钠缓冲液替代。

试剂	对照管	处理 1-1	处理 1-2	处理 2-1	处理 2-2
乙酸-乙酸钠缓冲液/mL	1	1	1	0.5	0.5
1%淀粉溶液/mL	2	2	2	2	2
酶	不加酶	固定化酶 0.5mL	固定化酶 0.5mL	酶液 0.5mL	酶液 0.5mL
反应温度/℃	70	40	70	40	70
反应时间/h	1	1	1	1	1

(3) 取 5 支试管分别取上述各处理上清液各 1mL，再分别加入 3，5-二硝基水杨酸 1mL，沸水浴保温 5min，分光光度计检测 A_{540}，记录并分析酶固定化后热稳定性的变化。

(4) 再取 5 支试管分别加入以上各处理上清液 1mL，再加入 2mL 无水乙醇（含 1%的浓盐酸），摇匀，静置 15min，观察是否出现沉淀，记录并解释。

【思考题】

1. 制备载体的关键步骤是什么?

2. 载体为什么要活化?

四、设计思路参考（液体发酵生产糖化酶实验）

黑曲霉 *Aspergillus niger* 能生产糖化酶。糖化酶又称葡萄糖淀粉酶，能水解淀粉、糊精、低聚糖，生成葡萄糖，广泛应用于酿酒工业、酒精工业和葡萄糖的生产，以及以葡萄糖作发酵基质的各种抗生素、有机酸、氨基酸等微生物发酵工业中。

曲霉菌为丝状真菌，通常为需氧发酵菌。需氧发酵既可以固体培养基发酵也可以液体发酵，影响发酵结果的因素包括温度、pH、溶解氧、培养基组成及浓度、接种量以及发酵设备形式等。

黑曲霉 AS. 3. 4309（UV-11）是一种优秀的糖化酶生产菌。本实验采用 AS. 3. 4309（UV-11）或其诱变菌株生产糖化酶，并通过改变温度、培养基组成及其 pH、摇床转速等影响因子考察对糖化酶生产的影响。

实验一、培养基的配制与灭菌和生产菌的活化与固体培养

【实验目的】

掌握黑曲霉的糖化酶发酵培养基的制备和灭菌方法；熟悉有氧发酵固体培养的方法。

【实验原理】

淀粉糖化酶是诱导性水解酶，配制的培养基中应含有淀粉、蛋白质和必需的微量元素。对培养基灭菌和无菌操作是保证生产正常进行的关键。必须对实验所用菌种进行纯化复壮，使其保持较强的生长繁殖能力和较高的产酶能力。

【实验材料及仪器】

1. 菌种

Aspergillus niger AS. 3. 4309（UV-11）或诱变株等。

2. 材料

小米；麸皮；谷糠。

3. 仪器设备

高压灭菌锅；超净工作台；15×150 试管；500mL 三角瓶；100mL 烧杯；100mL 量筒；

天平；药匙；接种针；酒精棉；棉花；纱布；牛皮纸；线绳。

【实验步骤】

1. 小米培养基的制备

取5份小米，浸泡过夜，倾去水，隔水蒸熟（注意：不能过烂）；取1份麸皮，水浸透（约2h），与小米混合。

将小米、麸皮混合物分装于试管中，每管约10g，塞上棉塞，包扎后0.1kPa蒸煮灭菌1h。间隔一昼夜再灭菌0.5h一次。然后将试管斜置（将其中物料摊平）晾凉，过夜。

2. 麸皮培养基制备

取麸皮5～10g，加入5%～10%的谷糠或细稻皮，混合后加入1～1.2倍的水（手捏湿料不滴水）浸润2h，装入三角瓶中，塞上棉塞（不能过紧），牛皮纸包扎，放入高压锅中，121℃蒸汽灭菌60min左右，取出晾凉，备用。

3. 试管孢子的制作

取出冰箱保藏的菌种。在超净工作台上用接种环接入少量黑曲霉菌于小米培养基试管中，稍做振动，摆成斜面，30～32℃培养5～7天，即长满培养基，试管壁可见大量孢子。备用。

4. 固体培养

取培养好的小米试管菌种，接种到三角瓶麸皮培养基中（3环），摇动混匀。放入30℃培养箱恒温培养约20h，麸皮上略长白色菌丝，开始每隔4h左右摇瓶一次，把培养物混匀，若干次后根据生长情况将麸皮平摊于瓶的底部。再经10h左右麸皮连接成饼状（此时可以摇瓶。轻叩轻放后继续培养，每隔12h复叩一次），72～96h培养完成（注意：不能长出孢子体）。取样分析备用。

实验二、糖化酶的液体发酵

【实验目的】

熟悉摇瓶液体发酵的操作方法；了解有氧液体发酵糖化酶时控制因子的影响。

【实验原理】

由于液体具有良好的流动性，酶生成速度加快，发酵周期缩短，酶活力提高。温度、培养基组成及其pH对酶的生成具明显影响；摇床转速、瓶塞透气性和装液量等通过影响溶解氧量对酶的生成有一定影响。

【实验材料及仪器】

1. 材料

玉米面；麸皮；脱脂豆饼粉；硫酸铵。

2. 仪器设备

水浴恒温摇床。

【实验步骤】

1. 液体培养基制备

称量玉米粉10g，麸皮8g，脱脂豆饼粉6g，硫酸铵0.1g，水200mL，装入500mL三角瓶中，检测pH。

轻轻晃动三角瓶将原料混匀。用4～6层纱布做瓶塞，塞好后再用牛皮纸包扎瓶口，然后放入高压灭菌锅中，121℃灭菌60min。

液体培养基灭菌后晾凉至室温，备用。

2. 接种与发酵

在无菌条件下，取小米试管菌种（1～3 环）孢子接种至液体培养基中（或接入孢子悬浮液 10～20mL），然后放入摇床中培养。摇瓶培养条件：温度 30～33℃，摇床转速 160～200r/min，培养时间 72～120h。

实验三、黑曲霉有氧发酵结果分析

【实验目的】

掌握碘量法测定糖化酶的方法；了解影响糖化酶产量的因素。

【实验原理】

发酵生成的糖化酶活力可采用碘量法测定，其机制是淀粉经糖化酶水解为葡萄糖，葡萄糖的醛基能被弱氧化剂次碘酸钠所氧化，用硫代硫酸钠滴定过量的碘可计算出葡萄糖的生成量。

【实验材料及仪器】

150mL 三角瓶；250mL 三角瓶；漏斗；1mL 吸管；2mL 吸管；5mL 吸管；10mL 吸管；15mL 大肚吸管；25mL 大肚吸管；50mL 比色管；250mL 容量瓶；100mL 量筒；2%可溶性淀粉溶液；pH4.6 HAc-NaAc 缓冲液；0.1mol/L NaOH 溶液；0.1mol/L 碘溶液；250mL 碘量瓶；2mol/L H_2SO_4 溶液；0.5%淀粉指示剂；0.01mol/L $Na_2S_2O_3$；0.85% NaCl（无菌生理盐水）；铁架台；铁圈；水浴锅；脱脂棉；玻璃珠。

【操作步骤】

1. 稀释酶液

1）*固体培养物酶液制备*　取 100mL 无菌生理盐水倒入实验一麸皮培养物的三角瓶里，装入 5～10 粒玻璃珠，浸泡并摇晃将菌饼打散，倒出，用漏斗和脱脂棉过滤至 150mL 三角瓶中，吸取滤液 5mL 为原酶液，定容至 250mL，为稀释酶液，备用。

2）*液体培养物酶液制备*　从摇床中取下实验二液体发酵完成的三角瓶，用脱脂棉过滤至 250mL 三角瓶中，吸取滤液 5mL 原酶液，定容至 250mL，此为稀释酶液，备用。

2. 反应

吸取 25mL 2%可溶性淀粉溶液，置入 50mL 比色管中（每组甲、乙 2 支）；加入 5mL pH4.6 HAc-NaAc 缓冲液（0.1mol/L 乙酸-乙酸钠缓冲液），分别加入固体和液体培养酶液稀释酶液 2mL 于 40℃水浴中保温糖化 1h。

准确加入 15mL 0.1mol/L NaOH 溶液，终止酶解反应。冷却后用去离子水定容至 50mL，摇匀。此为酶糖化液，供检测。同时设一空白液（乙管），另取一支 50mL 比色管，吸取 25mL 2%可溶性淀粉溶液，放入比色管中，先加入 15mL 0.1mol/L NaOH 溶液，然后再加入 2mL 稀释酶液，用水定容至 50mL，摇匀，作为空白对照。

3. 检测

吸取 10mL 0.1mol/L 碘溶液，置入 250mL 碘量瓶中，加入 15mL 0.1mol/L NaOH 溶液，准确加入 5mL 酶糖化液，摇匀，于暗处反应 15min。

加入 10mL 2mol/L H_2SO_4 溶液，50mL 去离子水，摇匀，立即用溶液滴定至浅灰色，用吸管加入约 1mL 0.5%淀粉指示剂，继续滴定至蓝灰色消失。

空白实验：吸取 5mL 空白液代替酶糖化液，同上操作。

4. 结果计算

糖化酶活力定义：1g（或1mL）糖化酶，于40℃，pH4.6，1h内水解可溶性淀粉生成葡萄糖的毫克数，即

$$糖化酶活力(mg/mL 或 g) = (V_0 - V) \times N \times 90.05 \times 50/5 \times 1/2 \times n$$

式中，V_0 为空白试验消耗 0.1mol/L $Na_2S_2O_3$ 溶液的体积（mL）；V 为试样消耗 0.1mol/L $Na_2S_2O_3$ 溶液的体积（mL）；N 为 $Na_2S_2O_3$ 溶液的浓度，0.1mol/L；90.05 为 1mg 当量 $Na_2S_2O_3$ 溶液相当于葡萄糖的毫克数，即葡萄糖的毫克当量（mg）；5 为 5mL 酶糖化液；50 为 酶糖化液的总体积（mL）；2 为 2mL 稀释溶液；n 为稀释倍数，50 倍。

5. 酸度的测定

取 10mL 原酶液于干净的三角瓶中，加入 10mL 去离子水，滴入 1 滴酚酞指示剂，用 0.1mol/L NaOH 滴定。酸度定义：1mL 原酶液被 0.1mol/L NaOH 滴定所消耗的毫升数。

6. 发酵液残糖的测定

方法同碘量法。

7. 产酶菌株生长状态镜检

菌丝体：镜检发酵醪中的菌丝体，是否粗壮整齐，并简单描绘其形态特征。

孢子：取干小米试管培养物 0.2g，用 100mL 无菌水稀释，充分振荡摇匀，取中间液层，用血球计数板计数法测其孢子数，每瓶做两次重复。

【注意事项】

将麸皮用 20 目/寸筛过筛，筛去粉末，否则经蒸煮后会出现结块现象，造成培养时透气性不好。按实验设计进行配料，装入 500mL 三角瓶中，扎牛皮纸包口于湿热灭菌锅内 121℃灭菌 30min。取出后趁热摇散培养基，以防结块。自然冷却至室温。

在冰箱中放置过久的菌种活性会下降，采用透明圈法挑选性能优良的菌种，然后转接入米曲汁斜面试管，30℃恒温培养 4 天，待孢子浓密时，置 4℃冰箱中，备用。

【思考题】

1. 生产糖化酶的黑曲霉发酵培养基需要哪些成分？为什么？
2. 孢子悬浮液如何制备？
3. 影响糖化酶生成的因素有哪些？
4. 检测时需进行空白实验的目的是什么？

第四节　发酵工程部分

一、发酵工程实验设计的特点概述

（一）课程特点

发酵工程实验是生物技术及应用专业重要的专业课之一，是基础微生物学的应用学科。随着生物技术相关产业的发展，微生物工程处于越来越重要的地位。细胞工程、酶工程、基因工程，最终都离不开菌种的发酵与产品的分离提取纯化。因此，掌握发酵工程的基本原理及简单操作步骤，可以锻炼学生独立思考和举一反三的能力。

（二）课程要求

本课程最主要的目的是让学生对发酵工程有个正确的认识，能利用所学的相关知识，解决实际生产中遇到的问题。

发酵工程实验目的是使学生掌握发酵工程的基本原理、组成部分、设计思路，使学生具有适应于从事相关学科的基础理论研究与实际生产应用的发酵工程实验技能。与发酵工程理论课紧密结合，使学生将理性知识与感性认识有机地结合，将书本知识用于实验，在实验中更深地理解基础理论，提高学生的综合能力与创新意识，以及分析问题和解决问题的能力。根据本学科的特点，逐步使学生认识发酵的基本特性，比较它们与其他工程的相似和不同之处，知道如何利用微生物发酵各类产品以及对研究中所出现的问题进行分析，并加以解决。

二、常用发酵工程实验参考资料

（一）参考书目

1. 杨国伟．2011. 发酵食品加工与检测．北京：化学工业出版社
2. 王福源．2011. 现代食品发酵技术．2 版．北京：中国轻工业出版社
3. 管斌．2011. 发酵实验技术与方案．北京：化学工业出版社
4. 陈坚．2008. 发酵工程实验技术．2 版．北京：化学工业出版社
5. 韦革宏．2008. 发酵工程．北京：科学出版社
6. 黄方一，叶斌．2006. 发酵工程．武汉：华中师范大学出版社
7. 陈宁．2007. 氨基酸工艺学．北京：中国轻工业出版社
8. 谭平．2006. L-谷氨酸合成新工艺研究．长沙：湖南大学出版社

（二）参考期刊

1. Biotechnology and Bioengineering
2. Biotechnology Progress
3. Bioresource Technology
4. Process Biochemistry
5. Journal of Biotechnology
6. Applied Microbiology Biotechnology
7. Biochemical Engineering Journal

（三）参考网站

1. 发酵人论坛：http://www.fajiaoren.com
2. 发酵工业网：http://www.cn-ferment.com/
3. 中国发酵产业协会 http://www.cfia.org.cn/
4. 中国发酵在线：http://www.cnferment.net/

三、实验案例

实例一：啤酒发酵设计

【实验目的】

通过酵母菌种的扩大培养，进行主发酵、后发酵过程制备啤酒，并对啤酒进行乙醇含量等方面的评测。通过此过程了解工业中啤酒的基本生产工序。

【实验原理】

发酵是啤酒酿造过程中的一个关键的环节，一个复杂的生化反应过程，也是啤酒质量指标形成的重要步骤。在此过程中，麦芽糖在酵母的作用下生成乙醇及一系列的啤酒风味物质。发酵的工艺决定了啤酒的口味及其质量的稳定性。因此，啤酒发酵的控制十分重要。

【实验器材】

1. 材料

麦芽；啤酒酵母；酒花；碘溶液（0.02mol/L，2.5g 碘和 5g 碘化钾溶于水中，定容至1000mL)。

2. 仪器设备

实验室糖化锅；糊化锅；麦芽汁过滤槽；麦芽汁煮沸锅；恒温培养箱；糖锤度计（波美计)；蒸馏冷凝设备；超净工作台；粉碎机；筛；水浴锅；量筒；容量瓶；三角瓶等。

【实验步骤】

1. 麦芽汁制备

将固态的麦芽、非发芽谷物、酒花用水调制，加工成澄清透明的麦芽汁的过程。

回潮粉碎：取 500g 麦芽，用植物粉碎机碎机（40 目筛)。

将装有 2500mL 水的糖化锅加热至 50℃，再加入麦芽粉，放入 50℃水浴锅中，搅拌维持 1h 左右。

升温至 65～68℃，维持 1h，后每 5min 取一滴麦芽汁加碘检测，至不显色。

升温至并加入 76～78℃，过滤（滤渣加入少量 76～78℃水冲洗，使总滤液为 2500mL)。

滤液（加入搅拌有泡沫的鸡蛋清和 2g 的酒花）煮沸 25min，再加入 2.5g 的酒花，停止加热，冷却后过滤，补水至 2500mL。

将过滤后的麦芽汁冷却至发酵温度。

2. 菌种接种及扩大培养

取麦芽汁滤液 50mL 装入 250mL 三角瓶内，取 550mL 装入 1000mL 三角瓶。包好瓶口，在 0.05MPa，112℃下灭菌 30min。

无菌环境下，将 50mL 麦芽汁的三角瓶接种啤酒酵母，20℃静置培养 2 天，每天轻摇 3 次。之后，将 250mL 三角瓶的菌落接入 1000mL 三角瓶中，15℃下静置培养。

3. 啤酒主发酵

取麦芽汁滤液 250mL 装入灭菌的 500mL 烧杯中内，加入 12.5g 酵母泥混匀，在 20～25℃下培养 12～24h（经常搅拌)；加入余下的芽汁滤液（10℃)，在 10～13℃恒温培养箱进行发酵。约 20h，开始产生泡沫，以后 2～3 天泡沫越来越多，又经过 2～3 天，泡沫逐渐下降，落泡后形成嫩啤酒，发酵终止。测定其酒精度及麦芽汁浓度。

4. 啤酒后发酵

在无菌环境下将嫩啤酒倒入灭菌的啤酒瓶中，盖紧盖子（密封）后在0～2℃冰箱后发酵20天，60℃杀菌30min，即为啤酒。

5. 实验结果

1）啤酒的品级评价　　色素、口感、气味、泡沫、沉淀等。

2）酒精度测定（按照中国国家标准GB/T4928—2008容量法进行）

A（比重瓶＋温度计＋小帽＋水）＝83.7253g

B（比重瓶＋温度计＋小帽＋馏出液）＝83.7005g

C（比重瓶＋温度计＋小帽）＝35.1162g

D（蒸馏液比重）＝85.0066g

故 $d=(B-C)/(A-C)=0.9995$，查表得乙醇含量：$a=0.270\%$。

【注意事项】

(1) 接种时需格外注意无菌操作的细节，避免杂菌混入。

(2) 蒸馏啤酒时，火力不能过大，否则会影响酒精度等指标的测定。

【思考题】

1. 讨论啤酒低温发酵机制，发酵温度根据什么调节？

2. 列举几项常用的啤酒理化检验方法。

实例二：谷氨酸发酵设计

【实验目的】

通过谷氨酸的液体发酵，初步掌握谷氨酸发酵的菌种制备、发酵罐的操作原理、还原糖与总糖的测定，并完成谷氨酸发酵的全过程。

【实验原理】

谷氨酸棒状杆菌是代谢异常化的菌种，对环境因子（如氧气、温度、pH、磷酸盐、生物素等）敏感，在适合的条件下经摇瓶培养，可以快速生长而得到大量菌种；而改变特定的环境条件，可使其将糖大量转化为谷氨酸。需要从生化角度对此发酵过程进行调节控制。还原糖的消耗与谷氨酸的生成是衡量发酵程度的重要指标。

【实验器材】

1. 材料

水解糖液（葡萄糖含量约30%）；甘蔗糖蜜；玉米浆；谷氨酸棒状杆菌；葡萄糖标准溶液；谷氨酸标准样品；茚三酮试剂；DNS试剂[（3，5-二硝基水杨酸（DNS）试剂：称取6.5g DNS溶于少量蒸馏水中，移入1000mL容量瓶中，加入2mol/L氢氧化钠溶液325mL，再加入45g甘油，摇匀，冷却后定容至1000mL]；葡萄糖标准溶液（准确称取干燥恒重的葡萄糖200mg，加入少量蒸馏水溶解后，以蒸馏水定容至100mL，即含葡萄糖为2.0mg/mL)；谷氨酸标准液[称取100mg的谷氨酸（纯度不低于99%）溶于100mL水中，作为母液。准确吸取5mL母液，加水定容至50mL作为工作液（1mL含谷氨酸0.1mg)]等。

2. 仪器设备

无菌操作设备；培养箱；30L小型发酵罐；水浴装置；三角瓶；烧杯；试管；移液管；

加样枪；分光光度计；比色皿等。

【实验步骤】

1. 培养基的配制

一级种子培养基：葡萄糖 2.5%、尿素 0.5%、磷酸氢二钾 0.1%、硫酸镁 0.04%、玉米浆 2.5%～3.5%、硫酸亚铁 2mg/kg、硫酸锰 2mg/kg，调整 pH=7.0。按 20%装液量分装后，于 121℃灭菌 30min，冷却备用。

二级种子培养基：水解糖 2.5%、玉米浆 2.5%～3.5%、磷酸氢二钾 0.15%、硫酸镁 0.04%、尿素 0.4%、硫酸亚铁 2mg/kg、硫酸锰 2mg/kg，调整 pH=7.0。按 20%装液量分装后，于 121℃灭菌 30min，冷却备用。

发酵培养基：水解糖 10%、甘蔗糖蜜 0.18%～0.22%、玉米浆 0.1%～0.15%、尿素 0.34%、磷酸氢二钠 0.17%、氯化钾 0.12%、硫酸镁 0.04%、消泡剂 0.5%，调整 pH=7.2。

2. 菌种制备

斜面菌种接种到装有 100mL 一级菌种液体培养基的 250mL 锥形瓶中，28℃、150r/min 摇床培养，形成一级菌种。20mL 一级菌种液接种到装有 200mL 二级菌种液体培养基的 250mL 锥形瓶中，28℃、150r/min 摇床培养，形成二级菌种。此后，在无菌条件下，将 5 瓶二级菌种合并在 1L 三角瓶中待用。

3. 发酵罐灭菌及接种

(1) 20L 发酵培养基装入发酵罐，先打开进夹套的蒸汽阀和夹套下排水，开启搅动，待温度上升到 90℃以上时，关闭夹套进汽阀，打开进发酵罐的蒸汽阀，继续升温到实验要求。

(2) 保压 0.11MPa，105℃保持 5min，同时对空气管道灭菌，在此过程中，时刻注意观察此压力。

(3) 灭菌结束后，关闭进气阀，打开冷却水进行冷却；同时打开空气阀，送入空气吹干过滤器，需 20～25min。注意保持罐压 0.03～0.05MPa。

(4) 温度降至 40℃左右时，加初尿，添加量为 0.6%～1.0%。

(5) 接种：缓慢降罐压至 0.01MPa，火焰封口法接种 1L 的菌种液。

4. 发酵控制

(1) 温度控制：0～12h 为长菌期，最适温度 30～32℃；12～24h 为产酸期，温度 34～36℃。注意冷却发酵罐，避免发酵迟缓。

(2) pH 控制：长菌期控制 pH 为 6.8～7.0，产酸期将 pH 控制在 7.2 左右。

5. 制作葡萄糖标准曲线并测定样品中还原糖含量

(1) 取 5 支 15mm×180mm 试管，加入 2.0mg/mL 葡萄糖标准液和蒸馏水如下。

试管号	葡萄糖标准液/mL	H_2O/mL	葡萄糖含量/(mg/mL)
0	0	1.0	0
1	0.2	0.8	0.4
2	0.4	0.6	0.8
3	0.6	0.4	1.2
4	0.8	0.2	1.6
5	1.0	0	2.0

在上述各管重分别加入DNS试剂2.0mL，于沸水浴中加热2min，进行显色。取出后再用自来水迅速冷却，各加入蒸馏水9.0mL，摇匀，在540nm波长处测定吸光度。以1.0mL蒸馏水代替葡萄糖标准液按同样显色操作作为空白调零点。以葡萄糖含量（mg）为横坐标，以OD_{540}作为纵坐标，绘制标准曲线。

（2）发酵液中葡萄糖含量的测定。

取3支15mm×180mm试管，编号为0，1，2。0号管加入发酵培养基作为空白对照，其余1，2号管加入处理后发酵液（10 000*g*离心后的上清液）。

项目	管号		
	0	1	2
发酵液/mL	0.0	1.0	1.0
3，5-二硝基水杨酸/mL	2.0	2.0	2.0

加完试剂后，其余操作均与制作标准曲线过程相同，测定540nm处吸光度，然后将样品的吸光度平均值在标准曲线上查出与其相对应的含残糖量。

6. 制作谷氨酸标准曲线并测定样品中谷氨酸含量

（1）取6支15mm×180mm试管，加入0.1mg/mL谷氨酸标准液和蒸馏水于一组25mL容量瓶中，加入2%茚三酮溶液0.5mL，在沸水加热15min，冷却后加水定容至25mL，放置10min后，用5mm比色杯在570nm处测定吸光度，将测得的吸光度与相应的谷基酸浓度绘制标准曲线，如下。

试管号	谷氨酸标准液/mL	H_2O/mL	谷氨酸含量/(mg/L)
0	0	3.0	0
1	1.0	2.0	4
2	1.5	1.5	6
3	2.0	1.0	8
4	2.5	0.5	10
5	3.0	0	12

（2）发酵液谷氨酸含量的测定：取3支15mm×180mm试管，编号为0，1，2。0号管加入100倍稀释培养基3mL作为对照，1，2号管加入处理后发酵液如下（10 000*g*离心后的上清液，稀释100倍，pH5.5）。

项目	管号		
	0	1	2
发酵液/mL	0.0	3.0	3.0
2%茚三酮溶液	0.5	0.5	0.5

加完试剂后，其余操作均与制作标准曲线过程相同，测定540nm处吸光度，然后将样品的吸光度平均值在标准曲线上查出与其相对应的含残糖量。

7. 绘制发酵曲线图

每4h记录发酵温度、pH、残糖量、谷氨酸含量，绘制发酵曲线图。

【注意事项】

菌种的污染，势必导致发酵的失败，轻者产酸下降，重者不积累产物，因此，在菌种制备的整个过程中，都要树立起牢固的无菌概念，工作力求细致、到位 。

实例三：固体发酵法生成柠檬酸

【实验目的】

学习固体发酵的方法；学习柠檬酸发酵产物提取方法和检测方法。

【实验原理】

能够生产柠檬酸的微生物很多，青霉、毛霉、木霉、曲霉及葡萄孢霉中的一些菌株都能够利用淀粉质原料大量积累柠檬酸。发酵法生产柠檬酸的代谢途径被认为是微生物产生糖化酶首先将淀粉转化为葡萄糖，葡萄糖经过糖酵解途径（EMP）转变为丙酮酸，丙酮酸有丙酮酸氧化酶生成乙酸和二氧化碳，继而经乙酰磷酸形成乙酰辅酶A，然后在柠檬酸合成酶的作用下乙酰辅酶A和草酰乙酸合成柠檬酸。产生的柠檬酸经碳酸钙作用形成柠檬酸钙沉淀，再经稀硫酸作用释放出柠檬酸。本实验以马铃薯（或玉米粉）为原料利用黑曲霉经固体发酵产生柠檬酸。

【实验器材】

1. 菌种

黑曲霉 *Aspergillus niger* 2333。

2. 材料、试剂及器具

麸皮；米糠；红薯；玉米面；马铃薯；蔗糖；硝酸钾；磷酸二氢钾；七水硫酸镁；氯化钾；七水硫酸亚铁；碳酸钙；硫酸；正丙醇；浓氨水；活性炭；阳离子树脂；50mL三角瓶；灭菌的搪瓷盘；新华3号滤纸；毛细管；分液漏斗；层析缸（30×60cm）。

3. 培养基

一级种子培养基：含麸皮（10%）的查氏培养基。

二级种曲培养基：麸皮30g，米糠12g，水30mL，调pH至5.0，装入500mL三角瓶，塞上8层纱布。

发酵培养基：红薯800g（捣碎），麸皮80g，米糠80g，拌均匀后装入大搪瓷缸，或玉米面400g，麸皮50g，水200mL，拌均匀，装入大搪瓷缸。

上述3种培养基经高压蒸汽灭菌（121℃，30min）后备用。

4. 检测试剂

0.1%酚酞指示剂；0.04%溴甲酚绿乙醇；0.1429mol/L NaOH；2%标准柠檬酸溶液。

5. 薄层层析展开剂

正丙醇：浓氨水=3：2（V/V）。

【实验步骤】

1. 种子制备

1）一级种子的制备　　用接种环挑取冰箱中保藏的菌种接种于一级种子培养基斜面上，于28℃恒温培养箱中培养3～5天，待长成大量黑色孢子后即为一级种子。

2）孢子悬浮液的制备　在一级种子斜面菌种管中加入10mL无菌水，用接种环搅起黑曲霉孢子，在振荡器振荡2min制成均匀的孢子悬液（整个过程需无菌操作）。

3）二级种曲的制备　吸取孢子悬液10mL于装有种子培养基的三角瓶中，然后摊开纱布，扎好，并在掌心轻轻拍三角瓶，使孢子培养基充分混合，于28℃恒温培养箱培养一天后，再次拍匀三角瓶内培养物，继续培养3～4天即成种曲。

2. 发酵培养

1）接种与摊盘　将灭过菌的发酵培养基倒在灭过菌的搪瓷盘中，厚度为1～2cm，待培养基冷却至30℃左右时均匀拌入1%种曲，在培养基上覆盖两层灭过菌的纱布。

2）发酵培养　摊盘之后，将搪瓷盘放到恒温培养箱中，并在培养箱中放置一个内有清水的小搪瓷盘，以保持培养箱中的湿度，30℃培养24h℃后翻曲一次，并将培养箱温度调至28℃，继续发酵4～5天。

3. 检测

1）柠檬酸的提取　发酵结束后将发酵物倒入一个大烧杯中，加入蒸馏水，拌匀，浸泡1h，并用两层纱布过滤，将滤液加热到100℃处理10min，离心（3000r/min，10min），以去除蛋白质、酶、菌体、孢子等其他杂质。向清液中加入碳酸钙进行中和（每100g柠檬酸加入71.4kg碳酸钙，一定要控制好终点，过量的碳酸钙会造成胶体等其他杂质的沉淀而影响质量）。继续加热到90℃，反应30min，中和终点用NaOH滴定，此时柠檬酸呈钙盐析出。

2）酸解　将柠檬酸钙加水搅拌成糊状，在不断搅拌下，将稀硫酸缓缓的加入，用量为碳酸钙量的85%左右（pH1.8），酸解的温度必须控制在80℃以上。当加入足够量的硫酸后，柠檬酸就会被游离出来。3000r/min离心5min，收集上清液。

3）脱色和去除各种阳离子　用活性炭进行脱色，用阳离子交换树脂去除各种阳离子，当流出液pH为4时，表示有柠檬酸被洗脱出来，这时开始收集洗脱液。

4）总酸量的测定　精确吸取所吸收的上清1mL，加2～3滴0.1%酚酞指示剂，用0.1429mol/L NaOH进行滴定，滴定至微红色，计算用去的NaOH的毫升数，即柠檬酸的百分含量（每消耗1mL NaOH为1%的酸度）

【实验注意事项】

(1) 提取和检测要注意产物量的变化。

(2) 实验安排：第一天，配制试剂、接种一级种子（一级种子、孢子悬液、二级种曲的制备，发酵的接种、摊盘和翻曲在教师指导下由学生在课余时间完成，需要10～11天）。第二天，柠檬酸提取与纯化。

【思考题】

1. 柠檬酸发酵的影响因素有哪些？

2. 简述柠檬酸提取的步骤及其原理。

实例四：乙醇发酵生产工艺实验

【实验目的】

(1) 加深理解“双酶法”糖化的原理、工艺条件，了解淀粉酶水解的现象，掌握操作方法。

（2）明确工艺条件对糖-醇转化的影响；深入理解乙醇发酵的理论。

（3）掌握并熟悉葡萄糖生产和乙酸发酵过程参数的检测方法，包括糖的测定、乙醇含量的测定和发酵酸的测定等；清楚发酵使用方法。分析检测结果所反映出的工艺条件对糖-醇转化的影响，加深理解乙醇发酵的原理。

【实验原理】

（1）淀粉糖化：淀粉分子经α-淀粉酶作用后，迅速“液化”生成小分子糊精及少量麦芽糖和葡萄糖；再被糖化酶作用生成葡萄糖，这就是所谓“双酶法”水解淀粉（糖化）过程。影响酶反应的因素，包括淀粉的浓度、酶的浓度、酶作用时间、温度和醪液的 pH 等。

（2）乙醇发酵：淀粉经过糖化后产生的葡萄糖，在酵母菌“酒化酶”的作用下，生成乙醇和二氧化碳。

（3）糖的检测方法：兰-埃农（Lane-Eynon）法。将一定量的斐林试剂甲液和斐林试剂乙液等量混合，立即生成天蓝色的氢氧化铜沉淀，这种沉淀很快与酒石酸钾钠反应，生成深蓝色的可溶性酒石酸钾钠铜络合物。在加热条件下，以次甲基蓝作为指示剂，用样液滴定，样液中的还原糖与酒石酸钾钠铜反应，生成红色的氧化亚铜沉淀，待二价铜全部被还原后，稍过量的还原糖把次甲基还原，溶液由蓝色变为无色，即为滴定终点。根据样液消耗量，已知浓度的葡萄糖标准液可计算还原糖的含量。

【实验器材】

1. 仪器

天平；恒温水浴锅；手持式糖度计；铁架台；电动搅拌器。手持式糖度计；高温灭菌锅；恒温培养箱；电冰箱；不锈钢锅；电炉；气相色谱仪。

2. 材料及试剂

活性乙醇酵母；商品淀粉；玉米浆；α-淀粉酶；糖化酶；氯化钙；20%盐酸溶液；20%氢氧化钠溶液；0.1mol/L 碘液；0.25%标准葡萄糖溶液；0.5%次甲基蓝指示剂；斐林试剂甲、乙液；1%酚酞指示剂；0.1mol/L NaOH 溶液；1%蔗糖液；浓硫酸。

3. 器具

250mL 三角瓶 2 只；50mL 碱式滴定管 1 支；白瓷板；50mL 烧杯 1 个；1000mL 烧杯 1 个；2mL 移液管 1 支；5mL 移液管 3 支；10mL 移液管 1 支；250mL 容量瓶 2 只；1000mL 三角瓶；pH 试纸；温度计；搅拌棒；1m 长玻璃管；蛇管冷却器；500mL 洗瓶 1 个；酒度计；0～100℃温度计；发酵栓；纱布；线绳；牛皮纸；棉花少许。

【实验步骤】

1. 淀粉糖化

1）液化　称取商品淀粉 200g，倒入 1000mL 烧杯中，加入 800mL 水后，放入水浴锅中，调节到 45℃，搅拌混匀。加入 0.2%氯化钙溶液，并调节浆液的 pH 为 6.0～6.2。

吸取液体 α-淀粉酶，取量为 5U/g 原料加入到浆液中，一边搅拌，一边以 1～1.5℃/min的速度升温至 70～75℃，当浆液黏度达到最大值时，保温 10min 左右。

当黏度降低后，继续升温至 85～95℃（视酶的最佳作用温度而定），恒温 30min 左右，以碘液反应不变色为准，即表示液化过程结束。注意：整个液化过程必须连续搅拌，同时补充蒸发掉的水。

2）糖化　将液化醪迅速冷却至 58～60℃，并调节醪液的 pH 为 4.4～4.6。吸取液体糖化酶，取量为 200U/g 原料，加入醪液中，于 60℃恒温保持 2～3h。要时时补充蒸发掉的水。

糖化结束，将糖化醪液冷却至 35℃左右，倒入 1000mL 三角瓶中（此时体积应少于 880mL），加入 20mL 玉米浆（2%）或发酵营养液后，加入酵母培养液 100mL，补水至 1000mL，混匀。取样检测总糖、还原糖，计算葡萄糖值。计算公式为

$$\text{葡萄糖值(DE 值)} = \frac{\text{还原糖}}{\text{干物质}} \times 100\%$$

2. 乙醇发酵

1）活性干酵母的活化　取 1%蔗糖液 100mL 于 250mL 三角瓶中，加入 0.5g 活性乙醇干酵母，于 28～30℃恒温培养 3h，待用。

2）玉米浆制备　取 20mL 玉米浆（总发酵醪液量 1000mL 的 1%）灭菌，备用。

3）发酵　取预先经灭菌处理的 1000mL 发酵瓶，装入糖化醪液 880mL，再加入稀释玉米浆 20mL 和酵母活化营养液 100mL，补水使总体积到 1000mL。取样检测。安装好发酵栓（内装浓硫酸）。称量发酵前发酵液和瓶（包括发酵栓）的总质量。

将发酵瓶放入 30℃保温箱中，恒温发酵 3 天。发酵过程中，每隔一段时间，称量发酵醪质量，直至发酵结束。绘制 CO_2-发酵时间曲线。

3. 糖化醪和发酵醪的检测与转化率计算

1）糖化醪中的还原糖测定　取糖化醪 10mL，用水洗入 250mL 容量瓶中，加水定容后混合均匀，然后吸取 5mL 注入盛有斐林甲、乙液各 5mL 和水 20mL（注意应使总体积不变）的 150mL 三角瓶中，按兰-埃农法测定还原糖。空白以 5mL 水代替样品测定。

$$\text{还原糖(\%)} = (V_1 - V_2) \times n\text{(糖化醪稀释倍数)} \times c\text{(滴定用葡萄糖浓度)} \times 100\text{(每 100mL 溶液中葡萄糖的克数)}$$

式中，V_1 为空白滴定消耗 0.25%葡萄糖毫升数；V_2 为试样滴定消耗 0.25%葡萄糖毫升数。

2）糖化醪总糖的测定　取糖化醪 10mL 于 250mL 三角瓶中，加水 70mL 和 20% HCl 20mL，塞上带 1m 长玻璃管的橡皮塞，置于沸水浴中转化 60min，取出激冷，用 20% NaOH 中和至微酸性（缓慢中和，不要过量），倒入 250mL 容量瓶中，加蒸馏水定容，然后吸取 5mL 注入盛有斐林甲、乙液各 5mL 和水 20mL 的 150mL 三角瓶中，按兰-埃农法定糖。空白以 5mL 水替代样品测定。计算方法同上。

糖化率计算：

$$\text{糖化率} = \text{糖化醪还原糖} / \text{糖化醪总糖} \times 100\%$$

3）发酵醪中残余还原糖的测定　取发酵醪 10mL，用水洗入 250mL 容量瓶中，加蒸馏水定容，然后吸取 5mL 注入盛有斐林甲、乙液各 5mL 和水 20mL 的 150mL 三角瓶中，按兰-埃农法定糖。空白以 5mL 水替代样品测定。计算方法同上。

4）发酵醪中残余总糖的测定　于 250mL 三角瓶中取发酵醪 10mL，先后加入 20% HCl 20mL 和 70mL 去离子水，塞上带 1m 长玻璃管的橡皮塞，置于沸水浴中转化 60min，取出激冷，用 20% NaOH 中和至微酸性（缓慢中和，不要过量），倒入 250mL 容量瓶中，加蒸馏水定容，然后吸取 5mL 注入盛有斐林甲、乙液各 5mL 和水 20mL 的 150mL 三角瓶中，按兰-埃农法定糖。空白以 5mL 水替代样品测定。计算方法同上。

5）*乙醇浓度的测定*　取发酵醪 100mL，倾入 500mL 三角瓶中，加入 96mL 蒸馏水及 4mL 1mol/L NaOH。将烧瓶和冷凝器连接好，注意勿使其漏气，加热蒸馏。馏出液收集于 100mL 容量瓶中。待馏出液稍微低于刻度时取下容量瓶，在 20℃下定容，摇匀，然后倒入干净的干燥的 100mL 量筒中，用酒度计和温度计测定酒度和温度。查酒度温度更正表，校正为 20℃时乙醇浓度［%（V/V）］。取 1mL 蒸馏液，用气相色谱仪测定。

6）*酸度的测定*　吸取发酵醪 1mL 于 150mL 三角瓶中，加入中性去离子水适量（若蒸馏水不呈中性，应做空白实验减去误差）和 1%酚酞指示剂两滴，用 0.1mol/L NaOH 溶液滴定。以消耗的毫升数乘以 10 为酸度。

7）*估算乙醇对糖和淀粉的转化率*　乙醇对糖和淀粉的转化率是衡量生产效率和收率的一项极为重要的指标，进而可以计算淀粉的出酒率、原料出酒率和利用率。根据发酵醪的体积和乙醇含量可以估算转化率，也可利用二氧化碳的产生量计算乙醇的产量。对结果应进行讨论。

淀粉出酒率(%)＝发酵生产出的乙醇总量／商品淀粉中的纯淀粉含量×100%

淀粉利用率(%)＝发酵生产出的乙醇总量／理论上应得到的乙醇量×100%

式中，发酵生产出的乙醇总量（g）可根据发酵醪体积和乙醇含量估算，也可利用二氧化碳的产生量计算乙醇产量。商品淀粉中的纯淀粉含量（g）可从糖化醪总糖换算，一般商品淀粉中纯淀粉含量为 81.12%。理论上应得到的乙醇量（g）由 400g 商品淀粉糖化、发酵生产乙醇时理论上淀粉全部转化为乙醇时应得到的乙醇量计算，约为 184g。

【注意事项】

（1）双酶法糖化时，应准确调节 pH；液化时升温要缓和，大约 1℃/min。

（2）兰-埃农法定糖时要仔细按规程操作，减少误差。

（3）乙醇蒸馏时，要检查好是否漏气。

【思考题】

1. 淀粉液化时，为何要加入氯化钙？

2. 两次调节 pH 各有何作用？

3. 针对实验中的乙醇转化率结果，讨论提高乙醇发酵得率的工艺措施。

第五节　制药工程部分

一、制药工程实验设计的特点概述

（一）制药工程实验的特点

制药工程专业实验为制药工程专业的一门独立的专业必修课，制药工程专业的必修实验和选修实验主要面向高年级本科生开设，内容涉及制药工程专业基础课及专业课，包括药物合成反应、药物化学、天然药物化学、药物分析、药剂学、制药分离工程、药品生产质量管理工程、制药设备及工程设计等课程的内容。专业实验课是对学生所学专业知识的综合运用与实践，让学生理论联系实际，明确药品生产的特殊性，对药品生产的基本工艺流程有一个完整的感性和理性认识，也是进行药品生产和科研开发的必要准备。通过专业实验设计，使学生掌握一些基本的操作技能，学习一些专业实验中所必需的药物制备技术，过程质量监控技术及其检测方法，药物制备过程中设备的布置、连接，作用和控制等工程化训练，学习简单的数据采集，数据记录及分析处理等，学习如何将实验方案变成实际可操作的实践过程。

课程的主要特点如下。

(1) 学习制药工程专业实验中药物制备及质量监控所用的仪器设备、流程设备的安装及连接、质量监控指标及测试方法等、并能根据药物本身的特殊性和制备工艺，自己确定采用的仪器设备等。

(2) 学习制药领域药物合成制备工艺，不同反应器及反应类型对于实验的影响，了解不同实验条件（如温度，压力，浓度等）对于反应过程以及药物质量的影响，并掌握最佳工艺条件的测定原理和方法。

(3) 学习中药制药领域中药及天然药物活性成分的提取制备方法和设备，学习不同提取条件对于中药及天然药物提取物质量的影响并能够优化提取条件。

(4) 学习不同的制药分离纯化技术及设备，根据药物的种类、特性，选择不同的分离纯化工艺及设备，熟悉工艺条件对于产品纯度的影响，学习如何确定最佳工艺条件。

(5) 学习不同的药物制剂的制备技术及设备，熟悉制剂处方、工艺条件对于药品质量的影响，熟悉工程化生产中的质量监控技术以及质量指标的监测方法和仪器使用。

(6) 掌握使用色谱仪进行药物分析的定性、定量方法，熟悉色谱在药物鉴别、有关物质检测、含量测定等质量监控等方面中的应用。

(7) 学会制药工程实验数据的测定和记录，利用所学知识对于实验中取得的实验数据和实验现象进行分析和解释，学会制药工程实验报告书写的内容和要求。

(8) 了解当前科研的一些发展方向，了解一些制药工程新技术在实验中的应用和作用。

（二）实验设计要求

(1) 通过本课程实验的学习，要求学生能够完成一些难度较大的多步骤有机合成，使学生在合成技巧、合成设计思路以及实验动手能力上有进一步的提高。

(2) 要求学生掌握中药及天然药物经典提取方法的原理及其应用，掌握运用化学方法、光谱方法来鉴定化合物结构，了解天然化合物的结构修饰等内容。

(3) 要求学生系统地掌握药典常用的分析方法和实验技术，包括药物鉴别、杂质检查、含量测定等基本原理和常用仪器的操作技术，培养学生能独立进行药检工作。掌握药物制剂的实验操作，制备基本的常用的药物制剂，对药物制剂进行质量检查与评定。

(4) 通过实验，培养学生具有一定的分析问题、解决问题以及独立工作的能力。使学生通过理论联系实际，明确药品生产的特殊性，对药品生产的基本工艺流程有一个完整的感性和理性认识，为以后进行药品的生产、检验和新药的研制奠定基础。

二、常用制药工程实验参考资料

（一）参考书目

1. 重庆医科大学药物化学教研室．2008. 实验药物化学（内部出版）
2. 沈阳药科大学药物化学教研室．2006. 药物化学实验（内部出版）
3. 国家药典委员会．2010. 中华人民共和国药典．一部，二部．北京：中国医药科技出

版社

4. 中国药品生物制品检定所，中国药品检验总所．2010. 中国药品检验标准操作规范. 北京：中国医药科技出版社

5. 闻韧．2003. 药物合成反应．北京：化学工业出版社

6. 毕殿洲．2003. 药剂学．5版．北京：人民卫生出版社

7. 吴立军．2003. 天然药物化学．4版．北京：人民卫生出版社

8. 刘文英．2003. 药物分析．北京：人民卫生出版社

9. 仇缀百．1999. 药物设计学．北京：高等教育出版社

10. 彭司勋．2005. 药物化学．北京：中国医药科技出版社

11. 天津大学．2005. 制药工程专业实验指导．北京：化学工业出版社

12. 尤启冬．2000. 药物化学实验与指导．北京：中国医药科技出版社

13. 林宁．2002. 药剂学实验．北京：中国医药科技出版社

（二）参考期刊

1. Advanced Drug Delivery Reviews

2. Bioorganic and Medicinal Chemistry Letters

3. Bioorganic and Medicinal Chemistry

4. Chemical and Pharmaceutical Bulletin

5. Current Drug Targets

6. Current Drugs

7. Current Medicinal Chemistry

8. Current Organic Synthesis

9. Current Pharmaceutical Biotechnology

10. Current Pharmaceutical Design

11. Current Topics in Medicinal Chemistry

12. Drug Development Research

13. European Journal of Medicinal Chemistry

14. European Journal of Organic Chemistry

15. European Journal of Pharmaceutical Sciences

16. Journal of Materials Science：Materials in Medicine

17. Journal of Medicinal Chemistry

18. Journal of Pharmaceutical Sciences

19. Medicinal Research Reviews

20. Methods in Organic Synthesis

21. Mini-Reviews in Medicinal Chemistry

22. Nature Medicine

23. Perspectives in Drug Discovery and Design

24. Pharmaceutica Acta Helvetiae (Incorporated into European Journal of Pharmaceutical Sciences)

25. Pharmaceutical Chemistry Journal
26. Synthesis
27. Synthetic Communications

三、制药工程实验设计实例

实例一：阿司匹林的合成

【实验目的】

（1）掌握酯化反应和重结晶的原理及基本操作。

（2）熟悉搅拌机的安装及使用方法。

【实验原理】

阿司匹林（aspirin）为解镇痛药，用于治疗伤风、感冒、头痛、发烧、神经痛、关节痛及风湿病等。近年来，又证明它具有抑制血小板凝聚的作用，其治疗范围又进一步扩大到预防血栓形成，治疗心血管疾患。阿司匹林化学名为 2-乙酰氧基苯甲酸，化学结构式为右图。

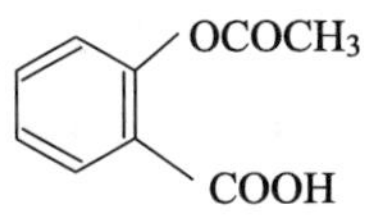

阿司匹林为白色针状或板状结晶，熔点 135～140℃，易溶于乙醇，可溶于氯仿、乙醚，微溶于水。

合成路线如下：

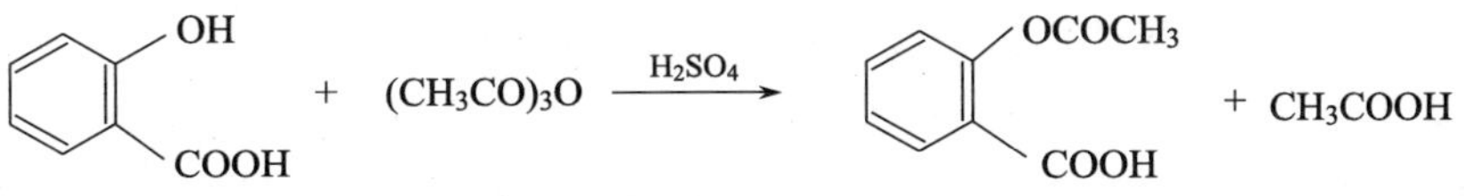

【实验仪器与试剂】

搅拌棒；球形冷凝器；100mL 三颈瓶；100mL 圆底烧瓶；100mL 烧杯；油浴；红外灯；熔点测定仪；红外吸收光谱仪；TLC；核磁共振光谱仪。

水杨酸；醋酐；浓硫酸；乙醇；活性炭；冰醋酸；盐酸；硫酸铁铵指示液。

【实验步骤】

1. 酯化

在装有搅拌棒及球形冷凝器的 100mL 三颈瓶中，依次加入水杨酸 10g，醋酐 14mL，浓硫酸 5 滴。开动搅拌机，置油浴加热，待浴温升至 70℃时，维持在此温度反应 30min。停止搅拌，稍冷，将反应液倾入 150mL 冷水中，继续搅拌，至阿司匹林全部析出。抽滤，用少量稀乙醇洗涤，压干，得粗品。

2. 精制

将所得粗品置于附有球形冷凝器的 100mL 圆底烧瓶中，加入 30mL 乙醇，于水浴上加热至阿司匹林全部溶解，稍冷，加入活性炭回流脱色 10min，趁热抽滤。将滤液慢慢倾入 75mL 热水中，自然冷却至室温，析出白色结晶。待结晶析出完全后，抽滤，用少量稀乙醇洗涤，压干，置红外灯下干燥（干燥时温度不超过 60℃为宜），测熔点，计算收率。

3. 水杨酸限量检查

取阿司匹林 0.1g，加 1mL 乙醇溶解后，加冷水定适量，制成 50mL 溶液。立即加入

1mL 新配制的稀硫酸铁铵溶液，摇匀；30s 内显色，与对照液比较，不得更深（0.1%）。对照液的制备：精确称取水杨酸 0.1g，加少量水溶解后，加入 1mL 冰醋酸，摇匀；加冷水定适量，制成 1000mL 溶液，摇匀。精确吸取 1mL，加入 1mL 乙醇，48mL 水，以及 1mL 新配制的稀硫酸铁铵溶液，摇匀。

稀硫酸铁铵溶液的制备：取盐酸（1mol/L）1mL，硫酸铁铵指示液 2mL，加冷水适量，制成 1000mL 溶液，摇匀。

4. 结构确证

（1）红外吸收光谱法、标准物 TLC 对照法。

（2）核磁共振光谱法。

【思考题】

1. 向反应液中加入少量浓硫酸的目的是什么？是否可以不加？为什么？
2. 本反应可能发生哪些副反应？产生哪些副产物？
3. 阿司匹林精制选择溶媒依据什么原理？为何滤液要自然冷却？

实例二：盐酸普鲁卡因的合成

【实验目的】

（1）通过局部麻醉药盐酸普鲁卡因的合成，学习酯化、还原等单元反应。

（2）掌握利用水和二甲苯共沸脱水的原理进行羧酸的酯化操作。

（3）掌握水溶性大的盐类用盐析法进行分离及精制的方法。

【实验原理】

盐酸普鲁卡因（procaine hydrochloride）为局部麻醉药，作用强，毒性低。临床上主要用于浸润、脊椎及传导麻醉。盐酸普鲁卡因化学名为对氨基苯甲酸 2-二乙胺基乙酯盐酸盐，化学结构式为

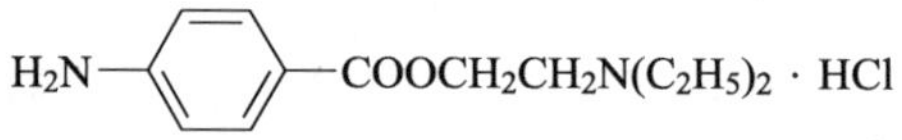

盐酸普鲁卡因为白色细微针状结晶或结晶性粉末，无臭，味微苦而麻。熔点 153～157℃。易溶于水，溶于乙醇，微溶于氯仿，几乎不溶于乙醚。

合成路线如下：

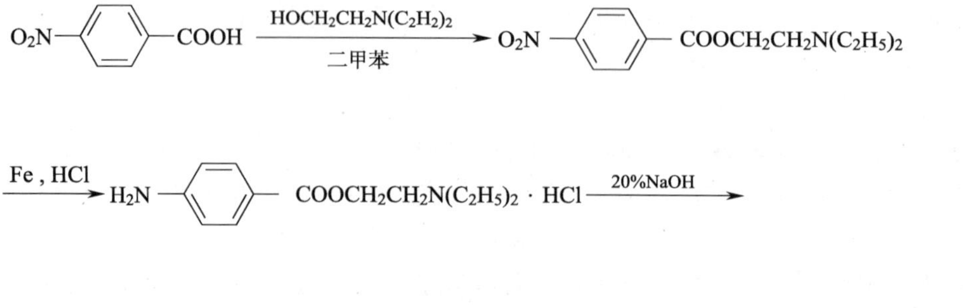

【实验仪器与试剂】

1. 仪器

温度计；分水器；回流冷凝器；500mL 三颈瓶；油浴；250mL 锥形瓶；减压蒸馏烧瓶；水泵；搅拌器；抽滤；冰浴；红外吸收光谱仪；核磁共振光谱仪。

2. 试剂

对硝基苯甲酸；β-二乙胺基乙醇；二甲苯；止爆剂；盐酸；氢氧化钠；活化铁粉；饱和硫化钠溶液；活性炭；食盐；保险粉；乙醇。

【实验步骤】

1. 对硝基苯甲酸-β-二乙胺基乙醇（俗称硝基卡因）的制备

在装有温度计、分水器及回流冷凝器的 500mL 三颈瓶中，投入对硝基苯甲酸 20g、β-二乙胺基乙醇 14.7g、二甲苯 150mL 及止爆剂，油浴加热至回流（注意控制温度，油浴温度约为 180℃，内温约为 145℃），共沸带水 6h。撤去油浴，稍冷，将反应液倒入 250mL 锥形瓶中，放置冷却，析出固体。将上清液用倾泻法转移至减压蒸馏烧瓶中，水泵减压蒸除二甲苯，残留物以 3% 盐酸 140mL 溶解，并与锥形瓶中的固体合并，过滤，除去未反应的对硝基苯甲酸，滤液（含硝基卡因）备用。

注释：

（1）羧酸和醇之间进行的酯化反应是一个可逆反应。反应达到平衡时，生成酯的量比较少（约 65.2%），为使平衡向右移动，需向反应体系中不断加入反应原料或不断除去生成物。本反应利用二甲苯和水形成共沸混合物的原理，将生成的水不断除去，从而打破平衡，使酯化反应趋于完全。由于水的存在对反应产生不利的影响，故实验中使用的药品和仪器应事先干燥。

（2）考虑到教学实验的需要和可能，将分水反应时间定为 6h，若延长反应时间，收率尚可提高。

（3）也可不经放冷，直接蒸去二甲苯，但蒸馏至后期，固体增多，毛细管堵塞操作不方便。回收的二甲苯可以套用。

（4）对硝基苯甲酸应除尽，否则影响产品质量，回收的对硝基苯甲酸经处理后可以套用。

2. 对氨基苯甲酸-β-二乙胺基乙醇酯的制备

将上步得到的滤液转移至装有搅拌器、温度计的 500mL 三颈瓶中，搅拌下用 20%氢氧化钠调 pH4.0～4.2。充分搅拌下，于 25℃分次加入经活化的铁粉，反应温度自动上升，注意控制温度不超过 70℃（必要时可冷却），待铁粉加毕，于 40～45℃保温反应 2h。抽滤，滤渣以少量水洗涤两次，滤液以稀盐酸酸化至 pH5。滴加饱和硫化钠溶液调 pH7.8～8.0，沉淀反应液中的铁盐，抽滤，滤渣以少量水洗涤两次，滤液用稀盐酸酸化至 pH6。加少量活性炭，于 50～60℃保温反应 10min，抽滤，滤渣用少量水洗涤一次，将滤液冷却至 10℃以下，用 20%氢氧化钠碱化至普鲁卡因全部析出（pH9.5～10.5），过滤，得普鲁卡因，备用。

注释：

（1）铁粉活化的目的是除去其表面的铁锈，方法是取铁粉 47g，加水 100mL，浓盐酸

0.7mL，加热至微沸，用水倾泻法洗至近中性，置水中保存待用。

(2) 该反应为放热反应，铁粉应分次加入，以免反应过于激烈，加入铁粉后温度自然上升。铁粉加毕，待其温度降至45℃进行保温反应。在反应过程中铁粉参加反应后，生成绿色沉淀$Fe(OH)_2$，接着变成棕色$Fe(OH)_3$，然后转变成棕黑色的Fe_3O_4。因此，在反应过程中应经历绿色、棕色、棕黑色的颜色变化。若不转变为棕黑色，可能反应尚未完全。可补加适量铁粉，继续反应一段时间。

(3) 除铁时，因溶液中有过量的硫化钠存在，加酸后可使其形成胶体硫，加活性炭后过滤，便可将其除去。

3. 盐酸普鲁卡因的制备

1) 成盐　将普鲁卡因置于烧杯中，慢慢滴加浓盐酸至pH5.5，加热至60℃，加精制食盐至饱和，升温至60℃，加入适量保险粉，再加热至65～70℃，趁热过滤，滤液冷却结晶，待冷至10℃以下，过滤，即得盐酸普鲁卡因粗品。

2) 精制　将粗品置烧杯中，滴加蒸馏水至维持在70℃时恰好溶解。加入适量的保险粉，于70℃保温反应10min，趁热过滤，滤液自然冷却，当有结晶析出时，外用冰浴冷却，使结晶完全析出。过滤，滤饼用少量冷乙醇洗涤两次，干燥，得盐酸普鲁卡因，熔点153～157℃，以对硝基苯甲酸计算总收率。

注释：

(1) 盐酸普鲁卡因水溶性很大，所用仪器必须干燥，用水量需严格控制，否则影响收率。

(2) 严格掌握pH5.5，以免芳胺基成盐。

(3) 保险粉为强还原剂，可防止芳胺基氧化，同时可除去有色杂质，以保证产品色泽洁白，若用量过多，则成品含硫量不合格。

4. 结构确证

(1) 红外吸收光谱法、标准物TLC对照法。

(2) 核磁共振光谱法。

【思考题】

1. 在盐酸普鲁卡因的制备中，为何用对硝基苯甲酸为原料先酯化，然后再进行还原？能否反之，先还原后酯化，即用对硝基苯甲酸为原料进行酯化？为什么？

2. 酯化反应中，为何加入二甲苯做溶剂？

3. 酯化反应结束后，放冷除去的固体是什么？为什么要除去？

4. 在铁粉还原过程中，为什么会发生颜色变化？说出其反应机制。

5. 还原反应结束，为什么要加入硫化钠？

6. 在盐酸普鲁卡因成盐和精制时，为什么要加入保险粉？解释其原理。

实例三：贝诺酯的合成

【实验目的】

(1) 通过乙酰水杨酰氯的制备，了解氯化试剂的选择及操作中的注意事项。

(2) 通过本实验了解拼合原理在化学结构修饰方面的应用。

（3）通过本实验了解 Schotten-Baumann 酯化反应原理。

【实验原理】

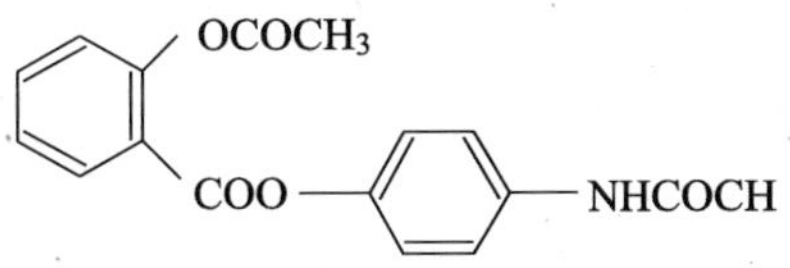

贝诺酯（benorilate）为一种新型解热镇痛抗炎药，是由阿司匹林和对乙酰氨基酚经拼合原理制成，它既保留原药的解热镇痛功能，又减小了原药的毒性作用，并有协同作用。适用于急、慢性风湿性关节炎，风湿痛，感冒发烧，头痛及神经痛等。贝诺酯化学名为 2-乙酰氧基苯甲酸-乙酰胺基苯酯，化学结构式为右图。

贝诺酯为白色结晶性粉末，无臭无味。熔点 174～178℃，不溶于水，微溶于乙醇，溶于氯仿、丙酮。

合成路线如下：

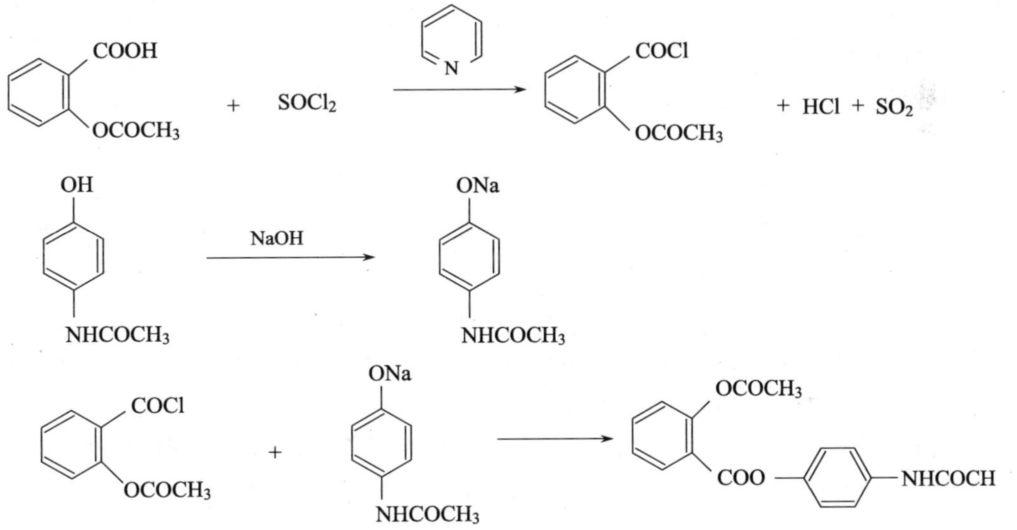

【实验仪器与试剂】

1. 仪器

100mL 圆底烧瓶；球形冷凝器；油浴；100mL 滴液漏斗；250mL 三颈瓶；冰水浴；布氏漏斗；抽滤瓶；红外吸收光谱仪；核磁共振光谱仪。

2. 试剂

吡啶；阿司匹林；氯化亚砜；氯化钙；无水丙酮；对乙酰氨基酚；氢氧化钠；95%乙醇；活性炭；无水乙醇。

【实验步骤】

1. 乙酰水杨酰氯的制备

在干燥的 100mL 圆底烧瓶中，依次加入吡啶 2 滴，阿司匹林 10g，氯化亚砜 5.5mL，迅速安上球形冷凝器（顶端附有氯化钙干燥管，干燥管连有导气管，导气管另一端通到水池下水口）。置油浴上慢慢加热至 70℃（10～15min），维持油浴温度（70±2)℃反应 70min，冷却，加入无水丙酮 10mL，将反应液倾入干燥的 100mL 滴液漏斗中，混匀，密闭备用。

2. 贝诺酯的制备

在装有搅拌棒及温度计的 250mL 三颈瓶中，加入对乙酰氨基酚 10g，水 50mL。冰水浴冷至 10℃左右，在搅拌下滴加氢氧化钠溶液（氢氧化钠 3.6g 加 20mL 水配成，用滴管滴加）。滴加完毕，为 8～12℃，在强烈搅拌下，慢慢滴加上次实验制得的乙酰水杨酰氯丙酮溶液（在 20min 左右滴完）。滴加完毕，调至 pH≥10，控制温度为 8～12℃继续搅拌反应 60min，抽滤，水洗至中性，得粗品，计算收率。

3. 精制

取粗品 5g 置于装有球形冷凝器的 100mL 圆底瓶中，加入 10 倍量（*W*/*V*）95%乙醇，在水浴上加热溶解。稍冷，加活性炭脱色（活性炭用量视粗品颜色而定），加热回流 30min，趁热抽滤（布氏漏斗、抽滤瓶应预热）。将滤液趁热转移至烧杯中，自然冷却，待结晶完全析出后，抽滤，压干；用少量乙醇洗涤两次（母液回收），压干，干燥，测熔点，计算收率。

4. 结构确证

（1）红外吸收光谱法、标准物 TLC 对照法。

（2）核磁共振光谱法。

注释：

（1）二氯亚砜是由羧酸制备酰氯最常用的氯化试剂，不仅价格便宜而且沸点低，生成的副产物均为挥发性气体，故所得酰氯产品易于纯化。二氯亚砜遇水可分解为二氧化硫和氯化氢，因此所用仪器均需干燥；加热时不能用水浴。反应用阿司匹林需在 60℃干燥 4h。吡啶作为催化剂，用量不宜过多，否则影响产品的质量。制得的酰氯不应久置。

（2）贝诺酯制备采用 Schotten-Baumann 方法酯化，即乙酰水杨酰氯与对乙酰氨基酚钠缩合酯化。由于对乙酸氨基酚羟基与苯环共轭，加之苯环上又有吸电子的乙酰胺基，因此酚羟基上电子云密度较低，亲核反应性较弱；成盐后酚羟基氧原子电子云密度增高，有利于亲核反应；此外，酚钠成酯，还可避免生成氯化氢，使生成的酯键水解。

【思考题】

1. 乙酰水杨酰氯的制备，操作上应注意哪些事项？

2. 贝诺酯的制备过程中，为什么先制备对乙酰胺基酚钠，再与乙酰水杨酰氯进行酯化，而不直接酯化？

3. 通过本实验说明酯化反应在结构修饰上的意义。

实例四：苯佐卡因的合成

【实验目的】

（1）通过苯佐卡因的合成，了解药物合成的基本过程。

（2）掌握氧化、酯化和还原反应的原理及基本操作。

【实验原理】

苯佐卡因（benzocaine）为局部麻醉药，外用为撒布剂，用于手术后创伤止痛、溃疡痛、一般性痒等。苯佐卡因化学名为对氨基苯甲酸乙酯，化学结构式为右图。

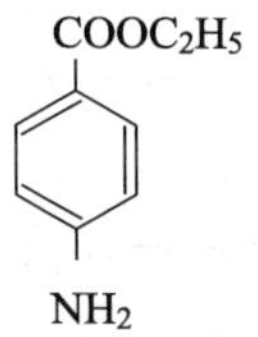

苯佐卡因为白色结晶性粉末，味微苦而麻；熔点 88～90℃；易溶于乙醇，极微溶于水。

合成路线如下：

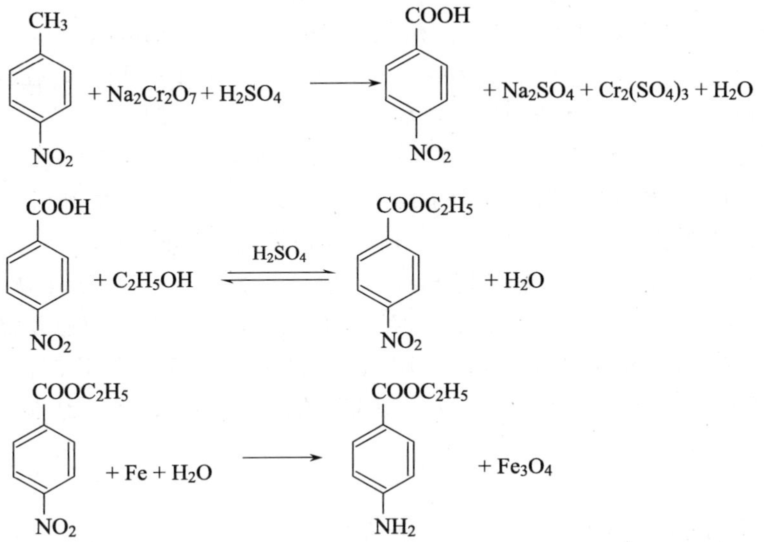

【实验仪器与试剂】

1. 仪器

搅拌棒；球型冷凝器；250mL 三颈瓶；滴液漏斗；烧杯；水浴；油浴；乳钵；100mL 三颈瓶；分液漏斗；100mL 圆底瓶；红外吸收光谱仪；核磁共振光谱仪；布氏漏斗；抽滤瓶。

2. 试剂

重铬酸钠；对硝基甲苯；浓硫酸；氢氧化钠；活性炭；对硝基苯甲酸；无水乙醇；氯化钙；碳酸钠；冰醋酸；铁粉；对硝基苯甲酸乙酯；95%乙醇；氯化铵；氯仿。

【实验步骤】

1. 对硝基苯甲酸的制备（氧化）

在装有搅拌棒和球型冷凝器的 250mL 三颈瓶中，加入重铬酸钠（含两个结晶水）23.6g，水 50mL，开动搅拌，待重铬酸钠溶解后，加入对硝基甲苯 8g，用滴液漏斗滴加 32mL 浓硫酸。滴加完毕，直火加热，保持反应液微沸 60～90min（反应中，球型冷凝器中可能有白色针状的对硝基甲苯析出，可适当关小冷凝水，使其熔融）。冷却后，将反应液倾入 80mL 冷水中，抽滤。残渣用 45mL 水分 3 次洗涤。将滤渣转移到烧杯中，加入 5%硫酸 35mL，在沸水浴上加热 10min，并不时搅拌，冷却后抽滤，滤渣溶于温热的 5%氢氧化钠溶液 70mL 中，在 50℃左右抽滤，滤液加入活性炭 0.5g 脱色（5～10min），趁热抽滤。冷却，在充分搅拌下，将滤液慢慢倒入 15%硫酸 50mL 中，抽滤，洗涤，干燥得本品，计算收率。

2. 对硝基苯甲酸乙酯的制备（酯化）

在干燥的 100mL 圆底瓶中加入对硝基苯甲酸 6g，无水乙醇 24mL，逐渐加入浓硫酸 2mL，振摇使混合均匀，装上附有氯化钙干燥管的球型冷凝器，油浴加热回流 80min（油浴温度控制为 100～120℃）；稍冷，将反应液倾入到 100mL 水中，抽滤；滤渣移至乳钵中，研细，加入 5%碳酸钠溶液 10mL（由 0.5g 碳酸钠和 10mL 水配成），研磨 5min，测 pH

(检查反应物是否呈碱性)，抽滤，用少量水洗涤，干燥，计算收率。

3. 对氨基苯甲酸乙酯的制备（还原）

A法：在装有搅拌棒及球型冷凝器的250mL三颈瓶中，加入35mL水，2.5mL冰醋酸和已经处理过的铁粉8.6g，开动搅拌，加热至95～98℃反应5min，稍冷，加入对硝基苯甲酸乙酯6g和95%乙醇35mL，在激烈搅拌下，回流反应90min。稍冷，在搅拌下，分次加入温热的碳酸钠饱和溶液（由碳酸钠3g和水30mL配成），搅拌片刻，立即抽滤（布氏漏斗需预热），滤液冷却后析出结晶，抽滤，产品用稀乙醇洗涤，干燥得粗品。

B法：在装有搅拌棒及球型冷凝器的100mL三颈瓶中，加入水25mL，氯化铵0.7g，铁粉4.3g，直火加热至微沸，活化5min。稍冷，慢慢加入对硝基苯甲酸乙酯5g，充分激烈搅拌，回流反应90min。待反应液冷至40℃左右，加入少量碳酸钠饱和溶液调至pH 7～8，加入30mL氯仿，搅拌3～5min，抽滤；用10mL氯仿洗三颈瓶及滤渣，抽滤，合并滤液，倾入100mL分液漏斗中，静置分层，弃去水层，氯仿层用5%盐酸90mL分三次萃取，合并萃取液（氯仿回收），用40%氢氧化钠调至pH8，析出结晶，抽滤，得苯佐卡因粗品，计算收率。

4. 精制

将粗品置于装有球形冷凝器的100mL圆底瓶中，加入10～15倍（mL/g）50%乙醇，在水浴上加热溶解。稍冷，加活性炭脱色（活性炭用量视粗品颜色而定），加热回流20min，趁热抽滤（布氏漏斗、抽滤瓶应预热）。将滤液趁热转移至烧杯中，自然冷却，待结晶完全析出后，抽滤，用少量50%乙醇洗涤两次，压干，干燥，测熔点，计算收率。

5. 结构确证

(1) 红外吸收光谱法、标准物TLC对照法。

(2) 核磁共振光谱法。

注释：

(1) 氧化反应一步在用5%氢氧化钠处理滤渣时，温度应保持在50℃左右，若温度过低，对硝基苯甲酸钠会析出而被滤去。

(2) 酯化反应须在无水条件下进行，如有水进入反应系统中，收率将降低。无水操作的要点是，原料干燥无水，所用仪器、量具干燥无水，反应期间避免水进入反应瓶。

(3) 对硝基苯甲酸乙酯及少量未反应的对硝基苯甲酸均溶于乙醇，但均不溶于水。反应完毕，将反应液倾入水中，乙醇的浓度降低，对硝基苯甲酸乙酯及对硝基苯甲酸便会析出。这种分离产物的方法称为稀释法。

(4) 还原反应中，因铁粉相对密度大，沉于瓶底，必须将其搅拌起来，才能使反应顺利进行，故充分激烈搅拌是铁酸还原反应的重要因素。A法中所用的铁粉需预处理，方法为称取铁粉10g置于烧杯中，加入2%盐酸25mL，在石棉网上加热至微沸，抽滤，水洗至pH5～6，烘干，备用。

【思考题】

1. 氧化反应完毕，将对硝基苯甲酸从混合物中分离出来的原理是什么？

2. 酯化反应为什么需要无水操作？

3. 铁酸还原反应的机制是什么？

实例五：琥珀酸喘通的合成

【实验目的】

了解拼合原理在药物结构修饰中的应用。

【实验原理】

止喘药喘通为β2-受体兴奋剂，对游离组织胺、乙酰胆碱等神经化学介质引起的支气管痉挛有良好的缓解作用，但能使一些患者出现心悸、手颤等症状。盐酸喘通体内代谢快，12h 即从尿排除 80%～90%。为了克服以上不良反应并使药效缓和而持久，依据文献关于琥珀酸有平喘作用的报道，将盐酸喘通制成琥珀酸喘通（clorprenaline succinate）。琥珀酸喘通的化学名为 1-(邻氯苯基)-2-异丙胺基乙醇丁二酸盐，化学结构式为

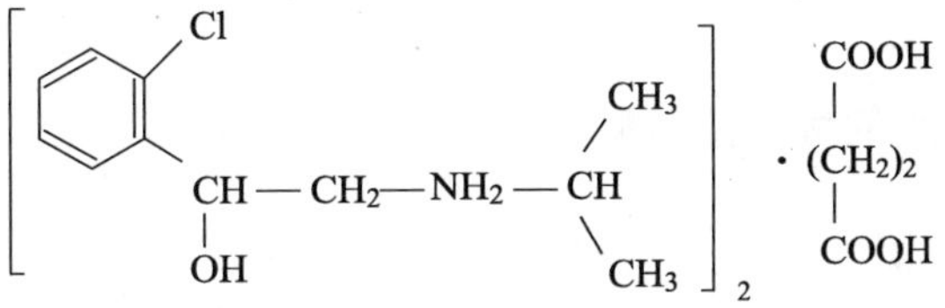

琥珀酸喘通为无色透明的菱形结晶。无臭，味微苦。极易溶于水，易溶于乙醇，难溶于乙醚、丙酮。熔点 171.5～173℃。

合成路线如下：

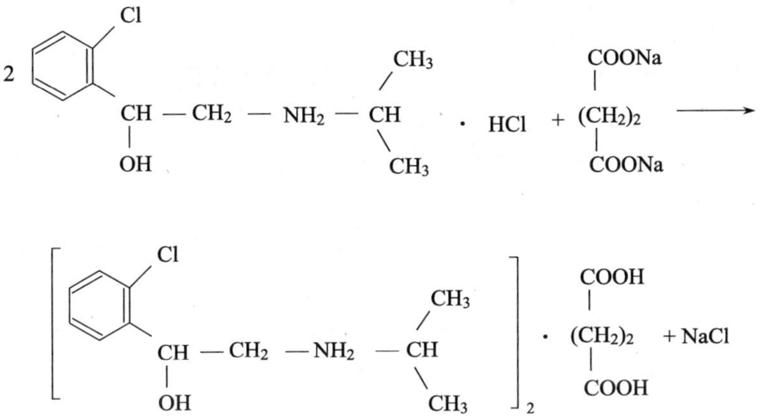

【实验仪器与试剂】

1. 仪器

水浴；抽滤瓶；红外吸收光谱仪；核磁共振光谱仪。

2. 试剂

盐酸喘通；琥珀酸钠。

【实验步骤】

1. 琥珀酸喘通的制备

称取盐酸喘通 4.5g，溶于 5～7mL 水中，置水浴中温热，制成饱和溶液。另称取琥珀酸钠 4.9g 溶于 5mL 水中，制成饱和溶液。然后，在不断搅拌下，将盐酸喘通溶液加入琥珀

酸钠溶液中，慢慢析出琥珀酸喘通盐结晶，抽滤，结晶用10mL水分两次迅速洗涤，干燥，测熔点，计算收率。

2. 结构确证

（1）红外吸收光谱法、标准物TLC对照法。

（2）核磁共振光谱法。

注释：

盐酸喘通、琥珀酸喘通极易溶于水，故反应中要严格控制用水量。

【思考题】

琥珀酸喘通结晶为什么要用水迅速洗涤？不洗是否可以？

第六节　基因工程部分

一、基因工程实验设计的特点概述

（一）基因工程实验特点

基因工程实验是在学生学习分子生物学及基因工程等理论课之后、在掌握分子生物学实验技术的基础上开设的一门综合性与设计性实验课程。该课程的教学内容主要突出实验技术的实用性，把基本的分子生物学实验技术融入到具体的基因工程系列实验中，形成综合设计性大实验。

通过该课程的学习，一方面可以使学生深刻理解基因工程实验的设计原理、全面掌握实验技术和结果分析方法；另一方面可以让学生利用实验室已有的实验设备和条件，将自己的思想、想法付诸实践。从而可以充分发挥学生主观能动性，增加学生的创新意识，培养学生独立思考、分析问题和解决问题的能力，提高学生从事科学研究的综合能力。

基因工程实验的设计紧随基因工程技术发展前沿，不断更新而具有前沿性。基因工程实验的设计强调综合性、探索性、研究性和连贯性。在学生掌握相关实验的理论基础和设计原理之后，通过学生的独立实验设计和实践，使技术性、综合性、探索创新性的实验融合在一起，培养学生的创新思维、独立分析问题和解决问题的能力。

（二）基因工程实验模式

基因工程的设计性实验采用“学生自主实验”的开放式教学模式。将学生分成几个课题小组，每个小组的学生可以根据自身的兴趣与能力自选题目、查阅资料、设计实验方案，然后由实验指导教师组织并邀请相关教师进行开题报告，论证各课题组实验方案的可行性。在此基础上，学生修改实验方案，准备材料和配制试剂、动手完成实验、观察分析实验结果，并自己解决实验中出现的问题、撰写出规范的实验报告。

综合性与设计性实验的开设不仅能够使学生深刻理解分子生物学和基因工程理论，掌握相关实验技术，拓宽了知识面，提升综合运用所学知识的能力；而且使学生开始真正感受到科学工作者从事科学研究工作的氛围，培养了学生的科研能力和严谨的治学态度和工作作风，消除学生对科研的畏惧和神秘感，大大提高学生对科研的兴趣和自信。基因工程实验课程的开设，将有助于提高学生的科学研究能力。

二、常用基因工程实验参考资料

（一）参考书目

1. 斯越秀．2011．基因工程实验技术与实施教程．杭州：浙江大学出版社
2. 朱旭芬．2010．基因工程实验指导．2版．北京：高等教育出版社
3. 萨姆布鲁克J，拉塞尔D W. 2008．分子克隆实验指南．3版．黄培堂译．北京：科学出版社
4. 刘志国．2011．基因工程原理与技术．北京：化学工业出版社
5. 吴乃虎．2003．基因工程原理．2版．北京：科学出版社
6. 何华纲．2011．分子生物学与基因工程实验教程．北京：中国轻工业出版社

（二）参考期刊

1. 中文CSCD核心库期刊

（1）生物工程学报
（2）生物化学与生物物理进展
（3）微生物通报
（4）微生物学报
（5）遗传
（6）植物生理学报
（7）中国科学C辑：生命科学
（8）中国生物化学与分子生物学报

2. 国外期刊（并附录SCI收录影响因子）

（1）Annual Review of Genetics，IF=22.233
（2）Annual Review of Plant Biology，IF=25.962
（3）Biotechnology Advances，IF=9.646
（4）Biotechnology and Bioengineering，IF=3.946
（5）BMC Biotechnology，IF=2.349
（6）BMC Genomics，IF=4.073
（7）Cell，IF=32.403
（8）Current Issues in Molecular Biology，IF=3.138
（9）Current Opinion in Biotechnology，IF=7.711
（10）DNA Research，IF=5.164
（11）EMBO Journal，IF=9.205
（12）Gene Expression，IF=1.308
（13）Genes & Development，IF=11.659
（14）Genetics，IF=4.007
（15）Genome Biology，IF=9.036
（16）Genome Research，IF=13.608

(17) Heredity，IF=4.597
(18) Journal of Molecular Biology，IF=4.001
(19) Molecular and Cellular Biology，IF=5.527
(20) Molecular & Cellular Proteomics，IF=7.398
(21) Molecular Microbiology，IF=5.01
(22) Molecular Plant，IF=5.546
(23) Nature Biotechnology，IF=23.268
(24) Nature Genetics，IF=35.532
(25) Nature Protocols，IF=9.924
(26) Nature Reviews Genetics，IF=38.075
(27) Nucleic Acids Research，IF=8.026
(28) Plant Biotechnology Journal，IF=5.442
(29) Plant Cell，IF=8.987
(30) Plant Journal，IF=6.16
(31) Plant Molecular Biology，IF=4.15
(32) Proceedings of the National Academy of Sciences of the United States of America，IF=9.681
(33) Science，IF=31.201
(34) Theoretical and Applied Genetics，IF=3.297
(35) Trends in Biochemical Sciences，IF=10.874
(36) Trends in Biotechnology，IF=9.148
(37) Trends in Plant Science，IF=11.047

（三）参考网站

(1) 上海生物信息技术研究中心：http://www.scbit.org/pages/index.do
(2) 遗传世界链接：http://www.ornl.gov/hgmis/links.html
(3) 互联网遗传学资源：http://www.dml.georgetown.edu/library/genetics.html
(4) 遗传学链接：http://www.genlink.wustl.edu
(5) 互联网人类分子遗传学通信论坛：http://www.informatik.uni-rostock.de/HUM-MOLGEN
(6) 基因组资料库：http://gdbwww.gdb.org
(7) Springer 数据库：http:// springe.lib.tsinghua.edu.cn/
(8) BIOME（生命科学资源导航）：http://biome.ac.uk/browse/
(9) 生物信息学资源导航，上海生物化学所：http://dna.sibc.ac.cn/bio/index.htm
(10) 生物谷：www.bioon.com
(11) EBSCO 数据库：http://search.ebscohost.com

三、基因工程实验实例

实例一：不同方法抽提质粒 DNA

【实验目的】

（1）学习和掌握提质粒 DNA 的原理。

（2）掌握几种提质粒 DNA 的操作技术。

【实验原理】

质粒是染色体外的能独立遗传的共价闭合双链 DNA 分子，其范围大小在 1kb 至 200kb以上不等。它存在于细菌和其他一些生物体内，是独立于细菌染色体外进行复制和遗传的辅助性遗传单位。质粒能够提供给宿主细胞一些表型如抗药性，分解复杂有机物的能力。野生质粒经过改造后可以作为基因工程的载体，这种质粒载体在基因工程中具有极广泛的应用价值。因此质粒的分离与提取是分子生物学和基因工程最常用、最基本的实验技术之一。

细菌质粒是最常用的基因工程载体，它的提取可以分为以下三步：细菌培养物的生长，细菌的收集和裂解，质粒 DNA 的纯化。细菌培养物是通过在含有适当浓度的抗生素的液体培养基中接种一含有所提质粒的宿主菌的单菌落，37℃，150～250r/min 摇培过夜获得的。细菌的收集可以采用离心的方法。细胞裂解的方法很多，如去污剂法，煮沸法，碱变性法等。这些方法各有利弊，要根据质粒的性质，宿主菌的特性及后续的纯化方法等多种因素加以选择。细菌质粒的提取常采用碱裂解法、煮沸法、一步提取法、SDS 裂解法以及在碱裂解法基础上的试剂盒法等。

碱裂解法：利用宿主菌线状染色体 DNA 与闭环双链质粒 DNA 的结构状态的差异来提取质粒 DNA。当同时碱变性时，线状基因组 DNA 变性充分而质粒 DNA 处于拓扑缠绕的自然状态而不能彼此分开。当条件恢复时（酸中和），质粒 DNA 迅速准确配置重新形成完全天然超螺旋分子，而线状 DNA 则与破裂的细胞壁，细菌蛋白相互缠绕成大型复合物，被 SDS 包盖。当 K^+ 取代 Na^+ 时这些复合物会从溶液中沉淀下来，附在细胞碎片上一起被离心除去。

煮沸法：利用高温破坏细菌细胞，同时利用溶菌酶酶解细菌细胞。把细菌悬浮于含有 Triton X-100、溶菌酶（消化细胞壁）的缓冲液中，然后加热到 100℃，使其裂解。加热破坏了细胞壁，还有助于解开 DNA 链的碱基对，并使蛋白质和染色体 DNA 变性。闭环质粒 DNA 配对虽被破坏，但是链彼此不会分离，当温度下降恢复成超螺旋。离心除去变性的染色体 DNA 和蛋白质，从上清液中回收质粒 DNA。

小量一步提取法：是直接将细菌培养物和酚/氯仿混合，同时完成细胞裂解、蛋白变性两个过程，然后离心除去大部分细胞核 DNA 与蛋白质，含质粒 DNA 的上清用异丙醇沉淀。其优点是操作简单、方便、经济，特别适合大量质粒的快速分析。

SDS 裂解法：利用溶菌酶酶解细菌细胞，质粒 DNA 处于拓扑缠绕的自然状态，而线状基因组 DNA 与破裂的细胞壁，细菌蛋白相互缠绕成大型复合物，被 SDS 包盖。当加入 NaCl 时，这些复合物会从溶液中沉淀下来，附在细胞碎片上一起被离心除去。该方法相对其他方法更温和，是提取大质粒（大于 15kb）的首选方法。

试剂盒法：多数公司生产的商品化的质粒提取试剂盒多采用在碱裂解法的基础上通过特殊的吸附柱来纯化质粒 DNA 的方法。经碱裂解获得的含质粒的上清液和高盐的结合缓冲液混合后，加到能高效、专一吸附 DNA 的特殊硅基质填充的离心吸附柱子中，再用洗涤缓冲液通过离心洗去蛋白、盐等杂质，最后用洗脱缓冲液将质粒 DNA 洗脱下来。在提取液中含有 RNase A，可以在提取纯化过程中除去 RNA，而不用另外单独加 RNase A 除去 RNA。

该方法由于不用苯酚、氯仿抽提，减少了对质粒DNA破坏，而且纯度很高，超螺旋结构占80%～90%。

【实验仪器与耗材】

1. 仪器

离心机；紫外分光光度计；琼脂糖凝胶电泳槽；稳压稳流电泳仪；凝胶成像系统；微量加样器；恒温水浴锅；恒温摇床；超净工作台。

2. 耗材

1）碱裂解法

（1）菌种：含有质粒的菌种。

（2）溶液Ⅰ：

50mmol/L 葡萄糖

25mmol/L Tris-HCl（pH8.0）

10mmol/L EDTA（pH8.0）500mmol/L

20mmol/L NaCl

高压灭菌15min，4℃储存。

（3）溶液Ⅱ（新鲜配制）：

0.2mol/L NaOH（用5mol/L NaOH母液配）

1% SDS（用10% SDS母液配）

注：此处可以用0.4mol/L NaOH和1% SDS的母液等体积混合即可。

（4）溶液Ⅲ：

5mol/L KAC	60mL
冰醋酸	11.5mL
双蒸水	28.5mL

高压灭菌15min，4℃储存。

（5）异丙醇。

（6）70%乙醇。

（7）10mg/mL RNase A。

（8）双蒸水或TE（10mmol/L Tris-HCl，1mmol/L EDTA）。

2）煮沸法

（1）菌种：适合煮沸法提取质粒的细菌（如含有endA+的菌株不适宜用此法）。

（2）STET：

0.1mmol/L NaCl

10mmol/L Tris-HCl（pH8.0）

1mmol/L EDTA（pH8.0）

5%Triton X-100

（3）溶菌酶10mg/mL（溶于10mmol/L Tris-HCl pH8.0，新鲜配制）。

【实验参考】

1. 碱裂解法（Ⅰ）——小量提取法

（1）在含有抗生素的LB培养基中接种一单菌落，37℃ 250r/min摇培过夜。

（2）取 1.5mL 菌液于离心管中，室温 12 000r/min 离心 1min 收集菌体，弃去上清。加入 100μL 冰预冷的溶液Ⅰ，剧烈振荡直至悬液发稠。

（3）加入 200μL 新配制的溶液Ⅱ，温和颠倒 5 次，置冰上 1～2min。

（4）加入 150μL 冰预冷的溶液Ⅲ，温和振荡 10s，置冰上 5min。

（5）12 000r/min 离心 10min，转上清于另一离心管中，加入等倍体积异丙醇，－20℃沉淀 20min。

（6）12 000r/min 离心 10min 回收质粒 DNA，用 70%乙醇洗两次，37℃培养箱中干燥沉淀，沉淀后溶于 50μL 灭菌双蒸水或 TE 中，加 1μL RNase A 去除质粒中 RNA。

（7）琼脂糖凝胶电泳检测质粒的质量，储存于－20℃。

2. 碱裂解法（Ⅱ）——大量提取法

（1）在含有抗生素的 30mL LB 培养基中接种一单菌落，37℃ 150r/min 摇培至对数晚期，然后转到 500mL 的 LB 培养基中剧烈摇培过夜。

（2）取 500mL 菌液于离心管中，4000r/min 离心 15min 收集菌体，弃去上清，重悬于 10mL 冰预冷的溶液Ⅰ中。

（3）加 1mL 新配制的溶菌酶溶液（10mg/mL，溶于 10mmol/L Tris-HCl pH8.0）。

（4）加入 20mL 新配制的溶液Ⅱ，盖紧盖子，缓缓颠倒离心管数次，以充分混匀内容物。于室温放置 5～10min。此时溶液发稠。

（5）加入 15mL 冰预冷的溶液Ⅲ，温和振荡数次，置冰上 10min。此时溶液出现白色沉淀。

（6）4000r/min 离心 10min，转上清于另一管中，加入 0.6 倍体积异丙醇混匀，室温沉淀 10min。

（7）5000r/min 离心 15min 回收质粒 DNA。70%乙醇洗两次后，空气中干燥。加 2mL 灭菌双蒸水或 TE 中，加 10μL RNaseA 去除质粒中 RNA。

（8）琼脂糖凝胶电泳检测质粒的完整性，储存于－20℃。

3. 煮沸法

（1）在含有抗生素的 LB 培养基中接种一单菌落，37℃ 250r/min 摇培过夜。

（2）取 1.5mL 菌液于离心管中，室温 12 000r/min 离心 1min 收集菌体，用 350μL STET 悬浮。

（3）加入 25μL 新鲜配制的溶菌酶液，混匀。煮沸 40s。

（4）室温下，12 000r/min 离心 10min。

（5）转上清于另一离心管中或用灭菌牙签挑出沉淀物，上清中加入 40μL 2.5mol/L NaCl（pH5.2）和 420μL 的异丙醇，振荡混匀，室温下放置 5min。

（6）4℃，12 000r/min，离心 5min。

（7）弃上清，加入 1mL 70%乙醇洗两次。37℃培养箱中吹干，加入 50μL 双蒸水或 TE 溶解，加 1μL RNase A 去除质粒中 RNA。

（8）琼脂糖凝胶电泳检测质粒的质量，储存于－20℃。

4. 小量一步提取法

（1）取 0.5mL 细菌过夜培养物，置 1.5mL 离心管中。

（2）入 0.5mL PCI［酚/氯仿/异戊醇（25∶24∶1）］，用振荡器最大速度振荡 1min，充分混匀。

(3) 4℃，12 000g 离心 5min，取上清 0.45mL 左右，移至另一离心管中，加 0.5mL 异丙醇（不加盐也无须冷冻）混匀，马上 12 000g 离心 5min。弃上清，用 70%乙醇洗一次，空气中干燥，加 100μL CTER（TE，pH7.5，含 RNase A 20μg/mL）溶解 DNA。

(4) 取 5～10μL 琼脂糖凝胶电泳检测质粒的质量，储存于－20℃。

5. SDS 裂解法

(1) 取 500mL 菌液于离心管中，4000r/min 离心 15min 收集菌体，弃去上清，沉淀物重悬于 10mL 用冰预冷的 10%蔗糖、50mmol/L Tris-HCl（pH8.0）溶液中。

(2) 加入 2mL 新配制的溶菌酶溶液。

(3) 加 8mL 0.25mol/LEDTA（pH8.0），将管倒置数次以混匀悬液，在冰上放置 10min。

(4) 加 4mL 10%SDS，用玻棒迅速混匀内容物。

(5) 立即加入 6mL 5mol/L NaCl（终浓度为 1mol/L），再次用玻棒温和彻底地混匀内容物，在冰上放置至少 1h。

(6) 以 4℃，30 000r/min 离心 30min，小心将上清转移到一个 50mL 的一次性塑料离心管中，弃去沉淀物。如果细菌碎片未能全部除尽，可用 35 000r/min 再离心 20min，将上清转移到另一管中，去掉存在离心管内的黏稠状液体。

(7) 上清分别用酚/氯仿和氯仿各抽提一次。

(8) 将水相转移到 250mL 的离心瓶中，于室温加入 2 倍体积（约 60mL）的乙醇，充分混匀，室温下放置 1～2h。

(9) 以 4℃，5000r/min 离心 20min，弃上清。

(10) 沉淀用 70%乙醇洗涤，4℃，5000r/min 离心 20min，弃上清。

(11) 离心管倒置于纸巾上，使最后残存的乙醇流干。

(12) 用双蒸水或 3mL TE（pH8.0）溶解 DNA。

(13) 琼脂糖凝胶电泳检测质粒的质量，储存于－20℃。

6. 试剂盒法

以东盛生物科技有限公司的环保型质粒小量提取试剂盒为例。质粒 DNA 纯化流程见图 4-13。

(1) 用 1.5mL 离心管收集 1～5mL 菌液。12 000r/min 离心 1min，弃上清。

(2) 加入 100μL 溶液Ⅰ/RNase A 混合液，漩涡剧烈振荡直至菌体完全悬浮。室温静置 1～2min。

(3) 加入 250μL 溶液Ⅱ，轻柔地反复颠倒混匀 5～6 次。室温放置 1～2min，使菌体充分裂解，直至形成澄清的裂解溶液。

(4) 加入 250μL 溶液Ⅲ，立即轻柔地反复颠倒混匀 5～6 次。此时会出现白色絮状沉淀。

(5) 12 000r/min 室温离心 5min，收集上清。将上清转移至一个新的 1.5mL 离心管中，加入 250～300μL 无水乙醇，颠倒 3～5 次完全混匀。

(6) 将步骤（5）所获混合液全部置于 DNA 纯化柱中，静置 1～2min。

(7) 12 000r/min 离心 1min，弃滤液。

(8) 加入 500μL 溶液 Q，12 000r/min 离心 1min，弃滤液。

（9）加入 500μL 溶液 W，12 000r/min 离心 1min，弃滤液。

（10）加入 500μL 溶液 W，12 000r/min 离心 1min，弃滤液。

（11）12 000r/min 再次离心 3min，以彻底去除纯化柱中残留的液体。

（12）将 DNA 纯化柱置于新的 1.5mL 离心管中。向纯化柱中央处，悬空滴加 50～100μL 溶液 Eluent，室温放置 2min，12 000r/min 离心 1min，管底即为质粒 DNA。质粒 DNA 于－20℃保存。

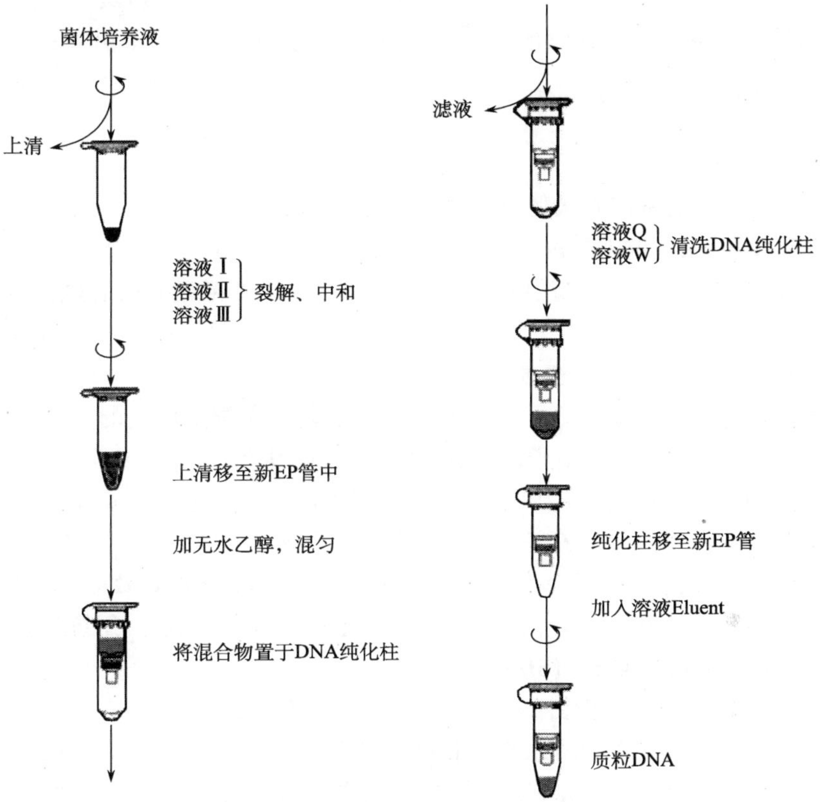

图 4-13　质粒 DNA 纯化流程图

此处只以一个公司产品为例来说明原理，具体以试剂盒操作说明为准

【技术要点】

（1）实验步骤中的细菌沉淀和核酸沉淀中去除上清液时，一定要除尽。

（2）在取上清液时，一定不要取到沉淀，以免提取的质粒纯度不高。

（3）操作应尽可能温和小心，以便最大限度地避免释放出来的 DNA 受到剪切。

（4）用 70％的乙醇溶液洗涤核酸沉淀时一定要十分谨慎，防止将核酸同洗液一起倒掉。

（5）凝胶电泳分析经限制酶消化的 DNA 片段。如果 DNA 不被限制酶切开，很有可能在收获细菌的步骤中未能很好地去除所有上清液体。这种情况下，可用酚/氯仿抽提 DNA 终产物，然后用乙醇重新沉淀 DNA，通常，用 5～10 倍过量的酶（特别是并不昂贵的酶）在 100～200μL 体积中进行消化，可以克服限制酶切割反应遇到的困难。消化后，加 0.1 体积 3mol/L 乙酸钠（pH5.2）和 2 倍体积乙醇沉淀 DNA。

【思考题】

1. 溶液Ⅰ、溶液Ⅱ、溶液Ⅲ中的主要试剂是什么？在质粒提取过程中分别起到了什么作用？

2. EDTA、SDS、酚/氯仿在质粒提取过程中分别起到了什么作用？

3. 分析未提出质粒或质粒得率较低的原因，提出解决方案。

4. 为什么用酚与氯仿提 DNA 时，还要加少量的异戊醇？

5. 碱裂解法提取质粒 DNA 进行电泳鉴定时，看到的三条带分别是什么？

6. 提取的质粒电泳后，为连续的一片火箭状，分析原因并提出解决方案。

实例二：目的基因的诱导表达和产物鉴定

【实验目的】

(1) 学习和掌握目的基因在大肠杆菌中的诱导表达的原理。

(2) 学习和掌握 SDS-聚丙烯酰胺凝胶电泳的原理。

(3) 掌握目的基因在大肠杆菌中的诱导表达和 SDS-聚丙烯酰胺凝胶电泳的操作技术。

【实验原理】

1. 目的基因在大肠杆菌中的诱导表达

将克隆化基因插入合适载体后导入大肠杆菌用于表达大量蛋白质的方法一般称为原核表达。将外源基因克隆在含 T7 启动子的表达载体中，让其在 *E. coli* 中表达。先让宿主菌生长，*lac I* 产生的阻遏蛋白与操纵基因 *lac O* 结合，从而不能进行外源基因的转录和表达，此时宿主菌正常生长。然后向培养基中加入 Lac 操纵子的诱导物 IPTC（异丙基硫代-β-D-半乳糖），阻遏蛋白不能与操纵基因结合，则外源基因大量转录并高效表达。表达蛋白可经 SDS-聚丙烯酰胺凝胶电泳和（或）活性分析进行检测或做蛋白印迹，用抗体识别表达蛋白。

2. SDS-聚丙烯酰胺凝胶电泳（SDS-PAGE）

SDS-PAGE 法是依据混合蛋白的分子质量不同来进行分离的。SDS 是一种阴离子去垢剂，在溶液中能与蛋白质分子的疏水部分相结合，破坏蛋白质折叠结构，把大多数蛋白质拆分成亚单位，并带上阴离子。这些阴离子掩盖了蛋白质分子本身所带的电荷差异，所以 SDS-PAGE 消除了电荷效应，只有分子筛效应，故蛋白质迁移率完全取决于相对分子质量，迁移率与相对分子质量对数呈线性关系，在电场下，按相对分子质量大小在板状胶上排列。

【实验仪器与耗材】

1. 仪器

PCR 仪；离心机；紫外分光光度计；琼脂糖凝胶电泳槽；垂直电泳槽；稳压稳流电泳仪；凝胶成像系统；微量加样器；恒温水浴锅；恒温摇床；超净工作台；脱色摇床。

2. 耗材

1) 目的基因在大肠杆菌中的诱导表达

(1) 菌株：*E. coli* DH5α、表达宿主菌 *E. coli* BL21（DE3）。

(2) 载体：pET32a 载体。

(3) LB 培养基：

酵母提取物	5g
蛋白胨	10g

NaCl 10g

调 pH 7.0，固体培养基加 15g/L 的琼脂粉，溶于 1L 双蒸水中，高压灭菌 20min。

(4) 100mmol/L IPTG（异丙基硫代-β-D-半乳糖苷）：2.38g IPTG 溶于 100mL 双蒸水中，0.22μm 滤膜抽滤，−20℃保存。

(5) 氨苄西林（Amp 100mg/mL）：1g Amp 粉末溶于 10mL 双蒸水中，过滤除菌，分装后于−20℃保存。

2) SDS-PAGE 鉴定目的基因诱导表达的产物

(1) 蛋白 Marker。

(2) 凝胶储液：

丙烯酰胺	30g
甲叉双丙烯酰胺	0.8g
双蒸水	定容至 100mL

过滤后置棕色瓶中，4℃保存，一般可放置 1 个月。

(3) pH8.9 分离胶缓冲液：

Tris	36.3g
1mol/L HCl	48mL

加双蒸水 80mL 使其溶解，调 pH8.9，定容至 100mL，4℃保存。

(4) pH6.7 浓缩胶缓冲液：

Tris	5.98g
1mol/L HCl	48mL
双蒸水	80mL

使其溶解，调 pH6.7，定容至 100mL，4℃保存。

(5) 5×样品缓冲液（10mL）：

1mol/L Tris-HCl（pH6.8）	0.6mL
50%甘油	5mL
10% SDS	2mL
巯基乙醇	0.5mL
1%溴酚蓝	1mL
双蒸水	0.9mL

可在 4℃保存数周，或在−20℃保存数月。

(6) TEMED（四甲基乙二胺）原液。

(7) 10%过硫酸铵（用双蒸水新鲜配制）。

(8) pH8.3 Tris-甘氨酸电极缓冲液：

Tris	6.0g
甘氨酸	28.8g
蒸馏水	约 900mL

调 pH8.3 后，用蒸馏水定容至 1000mL。置 4℃保存，临用前稀释 10 倍。

(9) 考马斯亮蓝 G250 染色液：

考马斯亮蓝 G250	100mg

蒸馏水	200mL
70%过氯酸	7.5mL

最后补足水到250mL，搅拌1h，小孔滤纸过滤。

【实验参考】

1. 目的基因在大肠杆菌中的诱导表达

1）通过PCR方法获得目的基因　以含目的基因的克隆质粒为模板，按基因序列设计一对引物（在上游和下游引物分别引入不同的酶切位点），PCR循环获得所需基因片段。

PCR反应体系为：

模板（含目的基因的重组质粒）	1μL
上游引物	1μL
下游引物	1μL
dNTP（2.5mmol/L）	5μL
10×PCR缓冲液（含 Mg^{2+}）	10μL
Taq 酶	1μL
双蒸水	81μL

PCR反应条件为：94℃变性3min；94℃变性3min、52℃复性40s、72℃延伸1min（根据目的基因的大小决定），30个循环；最后72℃延伸8min。

2）构建重组表达载体

（1）载体酶切：将表达质粒pET32a用限制性内切核酸酶（同引物的酶切位点）进行双酶切，酶切产物进行琼脂糖电泳后，用凝胶回收Kit或冻融法回收载体大片段。

（2）目的基因PCR产物双酶切后回收，在T4 DNA连接酶作用下连接入载体。连接反应体系为：

pET32a载体大片段	1μL
目的基因片段	3μL
5×缓冲液	2μL
T4 DNA连接酶（5U/μL）	1μL
双蒸水	3μL

3）获得含重组表达质粒的表达菌种

（1）将连接产物转化大肠杆菌DH5α，根据重组载体的标志（抗Amp）作筛选，挑取单斑，碱裂解法小量抽提质粒，双酶切初步鉴定。

（2）测序验证目的基因的插入方向及阅读框架均正确，进入下步操作。否则应筛选更多克隆，重复亚克隆或亚克隆至不同酶切位点。

（3）以此重组质粒DNA转化表达宿主菌 *E. coli* BL21（DE3）的感受态细胞。

4）诱导表达

（1）挑取含重组质粒的菌体单斑至2mL LB（含50μg/mL Amp）中37℃过夜培养。

（2）按1∶100比例稀释过夜菌，一般将1mL菌加入到含100mL LB培养基的300mL培养瓶中，37℃振荡培养至 OD_{600} 为0.5～0.8（最好为0.6，大约需3h）。

(3) 取部分液体作为未诱导的对照组，余下的加入 IPTG 诱导剂至终浓度 1mmol/L 作为实验组，两组继续于 37℃、200r/min 振荡培养 3h。

(4) 分别取菌体 1mL，离心 12 000*g* 30s 收获沉淀，用 100μL 1%SDS 重悬，混匀，70℃ 10min。

(5) 12 000*g* 离心 1min，取上清作为样品，可做 SDS-PAGE 等分析。

2. SDS-PAGE 鉴定表达产物

1) 样品制备　将蛋白质样品与 5×样品缓冲液（20μL+5μL）在一个离心管中混合。放入 100℃加热 5～10min，取上清点样。

2) 分离胶及浓缩胶的制备

(1) 将玻璃板、样品梳、Spacer 用洗涤剂洗净，用双蒸水冲洗数次，再用乙醇擦拭，晾干。

(2) 将两块洗净的玻璃板之间加入 Spacer，按照 Bio-Rad Mini Ⅱ/Ⅲ说明书提示装好玻璃板。

(3) 按如下体积配制 10%分离胶 8.0mL，混匀：

双蒸水	3.0mL
1.0mol/L Tris-HCl（pH8.8）	2.1mL
30%Acr-Bis	2.8mL
10% SDS	80μL
10%AP	56μL
TEMED	6μL

(4) 向玻璃板间灌制分离胶，立即覆一层双蒸水，大约 20min 后胶即可聚合。

(5) 按如下体积配制 6%浓缩胶 3.0mL，混匀：

双蒸水	2.0mL
1.0mol/L Tris-HCl（pH6.8）	400μL
30% Acr-Bis	600μL
10% SDS	36μL
10% AP	24μL
TEMED	4μL

(6) 将上层双蒸水倾去，滤纸吸干，灌制浓缩胶，插入样品梳。

3) 上样　装好电泳系统，加入电极缓冲液，上样 20μL。

4) 电泳　80V 开始电泳，当跑过浓缩胶时电压调到 120V，溴酚蓝刚跑出分离胶时，停止电泳，需 45min～1h。

5) 染色及脱色　卸下胶板，剥离胶放入染色液中，室温染色 1～2h；加入脱色液，置于 80r/min 脱色摇床上，每 20min 更换一次脱色液（10mL 冰醋酸，45mL 乙醇，45mL 蒸馏水）至完全脱净。

3. 技术要点

(1) 选择表达载体时，要根据所表达蛋白的最终应用考虑。如为方便纯化，可选择融合表达；如为获得天然蛋白，可选择非融合表达。

(2) 融合表达时在选择外源 DNA 同载体分子连接反应时，对转录和转译过程中密码结构的阅读不能发生干扰。

(3) 凝胶浓度的选择：选择聚丙烯酰胺凝胶浓度取决于所鉴定蛋白质分子的大小，小分子蛋白应用高浓度凝胶，大分子蛋白则用低浓度凝胶。SDS-PAGE 凝胶的有效分离范围如下。

丙烯酰胺浓度/%	15	12.5	10	7.5	5
线性分离范围/kDa	15～45	15～60	18～75	30～120	60～212

(4) SDS 与蛋白质的结合按质量成比例（即每克蛋白质结合 1.4g SDS），蛋白质含量不可以超标，否则 SDS 结合量不足。

(5) 有的蛋白质（如电荷异常或结构异常的蛋白质、带有较大辅基的蛋白质）不能采用该法测相对分子质量。

(6) 要洗干净玻璃板、否则制胶会有气泡。

(7) 制胶时封紧玻璃板底部，以防漏胶。在沸水浴处理蛋白样品时，要注意把样品的管口封好，以防沸水浴时冲开。

(8) 如果该电泳中出现拖尾、染色带的背景不清晰等现象，可能是 SDS 不纯引起。

【思考题】

1. 外源基因在大肠杆菌中高效表达易形成包含体，包含体形成有利于表达产物的纯化，但降低产生大量不具有生物活性的产物，如何降低包含体的形成？

2. 为了提高外源基因的表达水平，对表达载体如何进行改进？

3. 把所表达的目标蛋白分泌到细胞外的培养基中可以进一步减少蛋白水解酶的降解，也有利于分离纯化。如何实现目标蛋白的外分泌表达？

4. 分析目的基因不能表达的原因。

5. 分析表达的目的蛋白与预测的大小不一致的原因。

6. SDS-PAGE 凝胶电泳中各主要成分的作用是什么？

7. 如何提高 SDS-PAGE 凝胶电泳的分辨率？

实例三：毕赤酵母的转化与表达

【实验目的】

(1) 学习和掌握毕赤酵母同源重组原理和甲醇诱导毕赤酵母表达的原理。

(2) 掌握毕赤酵母的转化与表达的操作技术。

【实验原理】

1. 毕赤酵母同源重组原理

通过转化 DNA 与毕赤酵母基因组中同源序列的同源重组，毕赤酵母可产生稳定的阳性转化子。这些重组的菌株在无选择压力条件下，即使其携带的基因是多拷贝的，也表现出极度稳定性。常用的表达载体都含有 *his4* 基因，编码组氨酸脱氢酶基因，这些载体经限制性内切线性化以后，可在 AOX1 或 *his4* 位点进行同源重组，从而产生 HIS^+ 重组子。

2. 甲醇诱导毕赤酵母表达原理

甲醇能够诱导外源基因在毕赤酵母中表达是因为此类外源基因上游带有乙醇氧化酶（AOX）启动子，AOX 就像是一段能够与甲醇相互作用的一段 DNA 片段，或者是两者直接结合或者是通过中间蛋白质作用到一起，从而使 AOX 片段的构象发生变化，使核糖体更容易地与启动子区结合，转录目的基因。因此，AOX 启动子受到甲醇诱导后就能够开放在其后面的目的基因的转录成为 mRNA，再翻译出蛋白质。

【实验仪器与耗材】

1. 仪器

PCR 仪；离心机；紫外分光光度计；微量加样器；恒温水浴锅；恒温摇床；超净工作台；基因电转化仪。

2. 耗材

（1）菌株：毕赤酵母 GS115 菌株。

（2）载体：含外源基因的酵母表达载体 pPIC9K 载体。

（3）YPD 液体培养基：取 2.0g 酵母提取物和 4.0g 蛋白胨溶于 180mL 双蒸水中，高压灭菌 20min。

（4）YPD 固体培养基：在 YPD 液体培养基的基础上，加入终浓度为 20g/L 的琼脂糖，高压灭菌 20min。

（5）MDS 液体培养基：160mL 1mol/L 山梨糖醇高压灭菌，冷却至 60℃后，依次加入 20mL 10×YNB，0.4mL 500×B（0.02%生物素）。

（6）MDS 固体培养基：160mL 1mol/L 山梨糖醇加入 3.0g 琼脂，高压灭菌，冷却至 60℃后，依次加入 20mL 10×YNB，0.4mL 500×B。

（7）MM 液体培养基：160mL 1mol/L 山梨糖醇高压灭菌，冷却至 60℃后，依次加入 20mL 10×YNB，0.4mL 500×B。

（8）BMGY 液体培养基：取蛋白胨 20g，酵母提取物 10g，加入去离子水 700mL，高压灭菌，而后加入无菌的 10×GY（10%甘油），10×YNB（含有硫氨素，无氨基酸的 13.4%酵母基础氮源培养基），1mol/L 磷酸盐缓冲液各 100mL，冷至室温后补加 500×B 2mL 即配成 BMGY 培养基。

（9）限制性内切核酸酶 *Sal* Ⅰ。

（10）1mol/L 山梨醇。

（11）*Taq* 酶。

（12）dNTP。

（13）外源基因的引物。

（14）1.0%的甲醇。

（15）10×YNB：取 13.4g YNB 溶于双蒸水，定容至 100mL，50℃水溶至完全溶解，过滤除菌，4℃保存。

（16）1mol/L 磷酸钾溶液（pH6）：取 13.2mL 1mol/L 的 K_2HPO_4 溶液与 86.8mL 1mol/L 的 KH_2PO_4 溶液混匀，调节 pH6.0，高压灭菌 20min。

【实验参考】

1. 转化酵母菌的线性化质粒制备

选用了 *Sal* Ⅰ酶切线性化，然后转化后得到了阳性转化子。酶切体系如下：

双蒸水	7.0μL
10×缓冲液	2.0μL
pPIC9K	10.0μL
Sal Ⅰ	1.0μL
总体积	20.0μL

2. GS115 酵母菌株的分离纯化

接种 GS115 菌种于 5mL YPD 液体培养基中，30℃，200r/min 振荡过夜，涂布 YPD 平板，30℃恒温培养 48h，待菌落长出后，用 YNB 基本培养基和含 His 的补充培养基作点种分离纯化，挑选在补充培养基上生长而在基本培养基上不生长的单菌落划 YPD 平板，4℃保存。

3. GS115 酵母感受态细胞制备

（1）从毕赤酵母 GS115 的 YPD 平板上挑取单菌落，然后接种于 20mL YPD 液体培养基，200r/min，28℃培养 24h，活化菌株。

（2）取 2mL 上述菌液转接入 100mL YPD 液体培养基中 28℃培养至细胞密度 OD_{600} 达 1.2～1.4，置于冰上 10min，4℃条件下，3000r/min 离心 5min 收集细胞沉淀。

（3）用 125mL 预冷的灭菌水重悬细胞沉淀，4℃条件下，3000r/min 离心 5min 收集菌体。

（4）用 250mL 预冷的灭菌水重悬细胞沉淀，4℃条件下，3000r/min 离心 5min 离心收集菌体。

（5）用 20mL 预冷的 1mol/L 山梨醇洗涤菌体，4℃条件下，3000r/min 离心 5min 收集菌体。

（6）最后用 1mL 预冷过的 1mol/L 的山梨醇悬浮菌体，轻轻混匀后，置于冰上，当天使用。

4. 线性化质粒电转化 GS115

（1）将 100μL 菌体移出至一新的无菌管中，加入 10μL 线性化质粒，轻弹混匀，然后转移到预冷的 0.2cm 型的电穿孔转化杯中，转化杯置于冰浴中 5～10h。

（2）电穿孔转化，电击条件：电压为 1500V，电阻为 400Ω，电容为 25μF，一次电击。

（3）电击后，马上在电击转化杯中加入 1mL 4℃预冷的 1mol/L 的山梨醇溶液，轻轻吹打均匀。

（4）将涂布均匀的平板置于 30℃正面放置 30min，然后倒置培养，直至单个菌落出现。

5. 重组转化子的 PCR 检测确定

（1）挑取单菌落于加有 20μL 无菌水的 PCR 管中，煮沸 5min 后迅速转入液氮中，重复两次使酵母细胞破壁。

（2）以上述溶液为模板，用引物进行 PCR 扩增。

（3）以 1%的琼脂糖凝胶进行电泳检测。

6. 重组转化子的初步诱导表达

（1）挑取 PCR 鉴定为阳性的单菌落于 5mL BMGY 液体培养基中，200r/min 离心，30℃培养 16～18h。

（2）室温下 3000r/min 离心 5min，收集菌体，分别用 MM 培养基重悬菌体，使 OD_{600} 为 1.0 左右。

（3）将所得的菌液置于 250mL 三角瓶中，用双层灭菌纱布封口，200r/min 离心，30℃振荡培养，每隔 24h 向培养基中添加终浓度为 1.0%的甲醇。

（4）72h 后收集菌液，4℃条件下，3000r/min 离心 5min，收集上清液。

（5）将上清液加入到截流分子质量为 5kDa 的 15mL 超滤离心管中，超滤离心至 50μL，用 SDS-PAGE 检测转化子的蛋白质表达量。

7. 技术要点

（1）pPIC9K 重组表达载体质粒需经线性化后才能以单交换或双交换的方式整合到毕赤酵母菌的基因组中，环状质粒整合效率是非常低的。这种处理方法的目的是为了防止随机插入基因组时质粒在功能区断开，造成目的基因表达失活，同时让同源重组以指定的方式发生。

（2）毕赤酵母宿主菌常用的有 GS115 和 KM71 两种，都具有 HIS4 营养缺陷标记。其中，GS115 菌株具有 *AOX1* 基因，是 Mut+，即甲醇利用正常型；而 KM71 菌株的 *AOX1* 位点被 *ARG4* 基因插入，表型为 Muts，即甲醇利用缓慢型，两种菌株都适用于一般的酵母转化方法。

（3）为了防止载体质粒 DNA 的自身环化，可以用小牛肠碱性磷酸酶（CIP）处理酶切后的质粒 DNA，具体操作如下。

a. 建立反应体系：

线性化的质粒	35μL
10×CIP 缓冲液	4μL
CIP	1μL
双蒸水	5μL
总体积	45μL

b. 在 PCR 仪上控制反应温度，37℃，15min；50℃，15min；56℃，30min（灭活）。

c. 在 56℃未开始前停止，加入蛋白酶 K，用于灭活 CIP，加入试剂如下：

反应物	45μL
10×5% SDS	7μL
10×EDTA（pH 8.0）	7μL
蛋白酶 K	5μL
双蒸水	6μL
总体积	70μL

（4）电转杯清洁处理：一般先冲洗，洗净；然后浸泡在 75%的乙醇中；使用前放在超净台上，开启紫外灯，边吹风晾干，边进行紫外照射。电转杯的新包装或重复使用可能对转化率有一定的影响。

（5）电击的时候，电压数及电击时间可以摸索，适当增加电压或者延长电击时间都可以。电击条件如 1.5kV，放电 4.8～5.5ms。电击所有过程都要尽量在冰上进行，电击时间可以减少一点，设置为 5ms 左右，电击之后马上加入预冷的山梨醇溶液，转移至离心管，30℃静止培养 1h。如果菌体悬液浓度比较大的时候，在制备感受态的时候要留心操作中的问题。

(6) 电击之后，加入 1mL 的山梨醇，吸入 1.5mL 的离心管中，置于 30℃摇床低速培养 1h，再涂板。

(7) 转化后 1mL 用山梨醇重悬的细胞悬液不能全部涂在一块板子上，按标准程序制作的感受态一般 3 块左右比较合适，以干燥后看见一薄层淡淡的白色为宜。转化子会在白色的薄层上长出圆润、饱满的大菌落。

【思考题】

1. 与大肠杆菌表达系统相比，酵母表达系统有哪些优点和缺点？
2. 如何提高菌株产蛋白质的量？
3. 酵母转化方法有哪些，各有何优缺点？

实例四：农杆菌侵染拟南芥花序的转化方法

【实验目的】

(1) 学习和掌握农杆菌侵染拟南芥花序的原理。

(2) 掌握农杆菌侵染拟南芥花序的操作技术。

【实验原理】

农杆菌对双子叶植物的创伤部位侵染广泛，在某些条件下对单子叶植物也有一定的感染性。根癌农杆菌含有 Ti 质粒（tumor-inducing plasmid），Ti 质粒上的 T-DNA（transferred DNA）在 Vir 区（virulence region）基因产物的介导下可以插入到植物基因组中，诱导宿主植物中瘤状物的形成。因此，将外源目的基因插入到 T-DNA 中，借助 Ti 质粒的功能，使目的基因转移进宿主植物并进一步整合、表达。

双元表达载体系统主要包括两个部分：一部分为卸甲 Ti 质粒，这类 Ti 质粒由于缺失了 T-DNA 区域，完全丧失了致瘤作用，主要是提供 *Vir* 基因功能，激活处于反式位置上的 T-DNA的转移；另一部分是微型 Ti 质粒（mini-Ti plasmid），它在 T-DNA 左右边界序列之间提供植株选择标记，如 *Hyg* 基因或 *Lac Z* 基因等。

双元载体系统的转化原理是 Ti 质粒上的 *Vir* 基因可以反式激活 T-DNA 的转移。

【实验仪器与耗材】

1. 仪器

PCR 仪；离心机；紫外分光光度计；微量加样器；恒温水浴锅；恒温摇床；超净工作台。

2. 耗材

(1) 菌株：含有双元载体的农杆菌 GV3101。

(2) 含有大量花蕾的拟南芥植物。

(3) LB 液体培养基。

(4) 卡拉霉素。

(5) 庆大霉素。

(6) 侵染液：

1/2 MS（含维生素）：

蔗糖　　　　　　5%

Silwet L-77　　0.02%

pH　　5.8

【实验参考】

（1）挑取活化的含目的基因质粒的单克隆阳性农杆菌 GV3101 菌株至 5mL 新鲜 LB 液体培养基（50μg/mL 卡拉霉素，20μg/mL 庆大霉素）中，28℃，220r/min 摇培 24h。

（2）取上述菌液 2mL 接至 200mL 新鲜 LB 液体培养基（50μg/mL 卡拉霉素，20μg/mL 庆大霉素）中，28℃，220r/min 培养约 24h，使 OD_{600} 达到 0.8 左右。

（3）取上述菌液转入离心管中，室温条件下，5500g 离心 10min，弃去上清。

（4）用 200mL 侵染液用重悬沉淀至 OD_{600} 值达到 0.8 左右，并将农杆菌悬浮液转移到一个敞口的器皿中（500mL 烧杯）。

（5）选取初果期的健壮植株，转化前一天将需要做转化的野生型拟南芥苗子浇水浇透。转化时，将带盆钵一起倒扣于盛有农杆菌悬浮液的容器上方，将整个花序浸入上述农杆菌悬浮液中 20～30s，并注意叶片尽量不要与侵染液接触。同一个烧杯中的农杆菌悬浮液可以转化 10 株或者更多株拟南芥。在此过程中尽量避免将蛭石倒入农杆菌悬浮液中。

（6）将盆钵取下，横放于暗箱中约 24h。注意保持一定的湿度。

（7）24h 后将处理过的拟南芥植株放于 22～25℃的光照条件下使其正常生长。

（8）大约 3 周后收取成熟种子。

（9）技术要点：

a. 在花序侵染时，注意叶片尽量不要与侵染液接触。

b. 为了提高转化率，恢复培养一周后，可以再次侵染。

c. 转化后拟南芥的培养恢复正常管理，一旦再出现侧蘖或主苔出现分枝，及时剪除。

d. 转化 5～6 周后，为了加速拟南芥成熟可以适量少浇营养液。待拟南芥个别角果开始枯黄后，可以将其角果剪下放于培养皿内干燥。拟南芥角果大部分枯黄后，即可收取全部种子存于 1.5mL 的离心管中（在盖上扎一小孔以便干燥）。种子完全干燥后，放于 1.5mL 新 EP 管中 4℃保存。如需要可放于－20℃冰箱内长期保存。

【思考题】

1. 目前拟南芥稳定表达有几种基本的方法？试分析不同转化方法的优缺点。

2. 植物转基因技术有哪些应用？

3. 拟南芥作为研究植物发育的重要模式植物之一，请问有哪些特性？

第三部分
大学生课外科技创新训练项目

第五章 课外科技活动的组织

第一节 课外科技活动的组织的基本方法与形式

学生是21世纪科学技术的掌握者、运用者和创造者，是国家未来高素质劳动者的主力军，如何卓有成效地开展大学生科技活动，调动大学生参加科研的积极性，激发大学生崇尚科学、追求真知、勤奋学习、迎接挑战的主动性，提高大学生的科技素质，造就跨世纪的优秀科技人才，成为高校着力解决的重要问题。大学生科技创新活动是增强大学生创新意识，开展创新实践，培养创新精神和实践能力的重要途径，分析探讨课外科技活动的组织基本方法与发展策略，对高校深入开展增强创新实践教育效果、促进创新人才培养具有重要的现实意义。

一、课外学术科技活动的形式

大学生课外学术科技活动，主要包括以下形式的竞赛、科技制作等科技类活动。

（1）“挑战杯”全国大学生课外学术科技作品竞赛及创业计划竞赛。

（2）全国大学生数学建模竞赛。

（3）全国大学生电子设计大赛。

（4）全国大学生电子商务大赛。

（5）全国大学生计算机辅助设计大赛。

（6）全国大学生广告设计大赛。

（7）全国高校GIS应用开发大赛。

（8）其他学术科技类活动。以这些活动为载体，积极开展各专业的知识竞赛。

二、课外学术科技活动遵循的原则

原则包括学以致用、开拓创新，以创新为核心、以学生为中心、以实践为重心、以能力为靶心，具体分为四个阶段。

第一阶段：成立大学生课外学术科技活动领导小组，领导小组组长由分管学校领导担任，成员由各相关职能部门负责人及各院系主要负责人组成。建立大学生课外学术科技活动中心。学术科技活动中心由一名主任及各项目活动小组组成。活动中心主任由院团委负责人担任，主要负责日常事务及赛事组织协调工作。项目活动小组组长由相关部门主要领导担任，每个项目活动小组聘请若干专业教师担任指导教师。

第二阶段：成立学生课外学术科技团队，主要根据学生兴趣和学科互补的原则来组队。

第三阶段：进行课外学术科技团队建设。创新意识的萌芽、发展与学术科技有着密切的联系。一是组织学生参加由大学生科技学术活动中心举办的学术讲座、学术交流活动，因为邀请到的都是在学术上有成就的专家、学者，而且覆盖不同的学科，学生听到的不仅是学者的渊博知识，更重要的是专家、学者的成功经验。这对开拓学生思维、知识与视野，以至今后的人生发展道路都有很大的指导作用。二是鼓励学生大胆创新，积极参加教师的科研课题，让学生自己尝试科研课题研究，教师进行指导，并对学生科研的进展情况进行定期检查和鉴定，从而提高学生的创新意识和实践能力。

第四阶段：以竞赛为平台，以作品、项目制作开发为手段，培养、提高学生的创新精神和创新能力。组织团队参加学校、省和全国的比赛，在选题上要求学生紧密结合时代和社会，提升作品实用性。作品创作与科研项目紧密结合，对作品的系统性、完整性和科技含量均要提出较高的要求。如果作品获得奖项，学生会产生极大的成就感，会进一步激发创作热情。

三、课外学术科技活动创新科项目管理

（一）课外学术科技活动经费管理

学校应设立大学生课外学术科技基金，基金由学校大学生课外学术科技活动指导中心统一管理使用。大学生课外学术科技基金仅用于项目设立和组织竞赛的相关费用，不得他用。项目结题并完成评审后，可重复使用的物品作为学校大学生课外学术科技活动指导中心资产登记，由项目开发单位保管、使用。项目经费经项目开发单位领导、指导教师签字同意和指导中心核准后，凭发票报销结账。所有项目申报、科技立项工作以及大学生科技活动创新基金的申报和使用等，按照相关制度执行。学校设立创新基地，以支持大学生课外学术科技活动的开展，并为其提供必要的条件。学校每年组织参与省级及以上竞赛项目相关的校级大学生课外学术科技竞赛，以调动全校师生积极参与学术科技活动，提高学生的学术科技水平与创新能力。

（二）课外学术科技活动项目的结题评估和奖励

活动项目完成后，经指导教师签字同意，予以结题。活动项目结题时，需提供结题报告，经指导教师签字同意，并报大学生课外学术科技领导小组办公室，由专家评审委员会审批后，正式结题。所有活动项目成果的知识产权归学校所有。活动项目在结题后一周内，接受专家评审委员会审批，并根据评审结果进行对教师的工作量和学生科技创新学分的认定，并给指导教师和学生相应的奖励，同时完成经费的结算，对于指导学生课外学术科技活动成果获奖的指导教师，学校颁发荣誉证书，并给予奖励。数学建模、电子设计等竞赛所需的培训课程，由相关院系提出，报教务处审定。对成果获得奖励的学生，学校按国家级、省级、校级分别给予奖励，获得其他赛事奖的项目小组集体和个人，根据赛事类别，经学校大学生课外学术科技活动领导小组同意，给予奖励，对获得校级以上（含校级教学成果、校级刊物刊发的论文等成果及校级以上竞赛）奖励的项目小组和学生，经学校大学生科技活动专家评审委员会认定，给予相应的科技创新学分。对获得省级以上竞赛奖励的学生或较大创新成果

的本科生，由学生所在的院系报学校学位委员会审批后，可适当放宽学位授予条件。

第二节　课外科技活动选题与课程综合性大实验的结合方式探讨

大学生课外科技文化活动也不例外，要有明确的主题和周密的计划。活动主题选取恰当与否，直接影响到活动的成功与否。大学生科技文化活动的主题应从国情和时代特征出发，根据学校所在地的实际和学生的实情及学校硬件环境和教师指导能力等各种因素，酌情而定。然而科技文化活动包罗万象、形式多样，那么怎么样着眼实际来选题呢？

掌握一般的选题原则。选题时，一定要根据活动主体即同学们的知识现状，切不可脱离实际，攀高揽全。如进行科技课题的研究：调研是否能够在允许的范围顺利进行，做验证实验时，现有实验设备、材料能否满足，实验原理是否通俗易懂。又如举行科技竞赛：既要考虑到竞赛水平的先进性，又要考虑到将同学们所学专业知识融会贯通到竞赛内容中，还要培养学生的科技创新能力，营造浓厚的学术氛围，形成良好的爱科学、学科学、用科学的气氛。

把握好选题的规律。选好一个成功的科技文化活动主题，还要正确把握选择的一般规律：雄厚的科学理论知识是我们能够选好主题的基础，只有用科学知识武装起来的人才能够透过现象，抓住活动的本质，仔细思考，善于观察是选好主题的有效途径，认真研究，才能够把握活动的规律和发展方向。

选取主题以后，接下来，因地制宜、因势利导地制订活动计划则是活动开展的前提，只有详细、周密的活动开展计划才能保证活动能够自始至终顺利开展，这就要求在制订活动计划之前要对活动本身作深入的研究和探讨，根据科技文化活动的发展规律拟定好活动计划，保证活动计划是活动目的的顺延。

第六章 国家大学生创新性实验计划项目

第一节　大学生创新性实验计划项目介绍

大学生创新实验项目是根据《教育部关于进一步深化本科教学改革全面提高教学质量的若干意见》（教高〔2007〕2号）和《教育部 财政部关于实施高等学校本科教学质量与教学改革工程的通知》（教高〔2007〕1号）的精神而设立的，是国家直接面向大学生组织开展的自主性、探索性、过程性、协作性和学科性的创新训练项目。大学生创新性实验计划（以下称计划）是高等学校本科教学质量与教学改革工程的重要组成部分，该计划的启动和实施，旨在探索并建立以问题和课题为核心的教学模式，倡导以本科学生为主体的创新性实验改革，调动学生的主动性、积极性和创造性，激发学生的创新思维和创新意识，在校园内形成创新教育氛围，建设创新教育文化，全面提升学生的创新实验能力。

一、目的任务

计划的实施，旨在促进高校探索创新性人才培养的新模式，促进高校探索并建立以问题和课题为核心的教学模式，倡导以学生为主体的本科人才培养和研究性学习教学改革，调动学生学习的主动性、积极性和创造性，激发学生的创新思维和创新意识，同时在项目实践中逐渐掌握思考问题、解决问题的方法，提高其创新实践的能力。

二、实施目标

通过开展大学生创新性实验计划，带动广大的学生在本科阶段得到科学研究与发明创造的初步训练，增大高校人才培养过程中实践教学环节所占的比例，增强学生的动手能力，推广研究性学习和个性化培养，形成创新教育的氛围，建设创新文化，进一步推动高等教育教学改革，提高教学质量。

三、实施原则

（1）兴趣驱动。参与计划的学生要对科学研究或创造发明有浓厚兴趣。在兴趣驱动下，在导师指导下完成实验过程。

（2）自主实验。参与计划的学生要自主设计实验、自主完成实验、自主管理实验。

（3）重在过程。注重创新性实验项目的实施过程，强调项目实施过程中学生在创新思维和创新实践方面的收获。

四、计划内容

（1）计划的组成。计划由学生创新性实验项目和学校创新性实验计划组成。其中，学生创新性实验项目是本科学生个人或团队，在导师的指导下，自主进行研究性学习，自主进行实验方法设计、组织设备和材料、实施实验、分析处理数据、撰写总结报告等工作。学校创新性实验计划包括评审学生创新性实验项目和对学生项目的管理。

（2）计划的运行方式。以学校为单位向教育部申请计划的参与资格，本科学生以个人或团队向学校申请项目，并接受学校的管理。教育部负责批准申报学校，资助各校学生创新性实验项目，监督学校创新性实验计划的实施。获得计划参与资格的学校，负责组织评审和管理本校学生创新性实验项目，并将确定的学生项目报教育部备案。

（3）计划的资助范围。主要面向国家重点建设大学和一部分有较强行业背景和特色的地方大学。资助这些学校的在校本科学生开展研究性学习和创新性实验。

五、相关要求

1. 学校工作

（1）学校要成立校级的组织协调机构，包括教务、科研、设备、财务、学生、团委等职能部门的人员，制订切实可行的管理办法和配套政策，提供支撑条件。

（2）学校要为参与项目的学生配备导师，负责指导学生进行创新性实验，学校要认定指导教师的工作量，制订相关的激励措施。

（3）学校的示范性实验中心、各类开放实验室和重点实验室要向参与项目的学生免费提供实验场地和实验仪器设备。

（4）学校要给予项目总经费不小于 1∶1 的配套经费支持，经费由学校代管，由承担项目的学生使用，教师不得使用学生研究经费，学校不得提取管理费，不得截留和挪用。项目团队人数不超过 5 人，生均项目经费不低于 1 万元。

（5）学校要营造创新文化氛围。搭建项目学生交流平台，组织项目学生俱乐部、创新实验计划网站等形式，定期开展相关活动。

（6）学校要为参加项目学生制订个性化培养方案和相关配套措施，包括学分认定、选课、考试、成果认定等。

（7）学校要组织项目学生开展学术交流，参加学术团体组织的学术会议，为学生创新研究提供交流经验、展示成果、共享资源的机会。学校还要定期组织项目指导教师之间的交流。

（8）学校要鼓励学生参加项目，对参与项目表现优秀的学生进行奖励。对项目申报、实施过程中弄虚作假、工作无明显进展的学生要及时终止其项目运行。对更改项目内容、更换项目成员、提前或推迟项目结题等事项要制订规范的管理办法。

2. 学生要求

（1）参与项目的学生是出于对科学研究或创造发明的浓厚兴趣，发挥自主学习的积极性。

（2）学生是项目的主体。每个项目都要配备导师，但导师只是起辅导作用，参与项目的本科学生个人或创新团队，在导师指导下，要自主选题设计、自主组织实施、独立撰写总结报告。

（3）学生项目选题要适合。项目选题要求思路新颖、目标明确、具有创新性和探索性，学生要对研究方案及技术路线进行可行性分析，并在实施过程中不断调整优化。

(4) 参与项目的学生要合理使用项目经费，要遵守学校财务管理制度。

(5) 参与项目的学生要处理好学习基础知识和基本技能与创新性实验和创造发明的关系。

第二节 创新基金申请基本流程

在创新项目启动前，做好宣传动员工作，介绍学院各研究板块的老师科研情况，依据学生自己的爱好和将来的打算，寻找相应的指导老师，进行沟通与交流，以 2～4 名本科学生组成的创新团队，在导师的指导下完成申报工作。基本流程如图 6-1 所示。

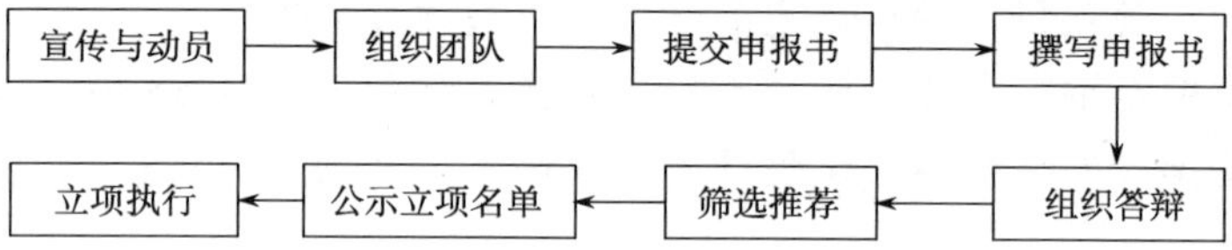

图 6-1 创新基金申请基本流程图

第三节 创新基金标书的书写技巧

以学生兴趣为出发点，依据学生现有的实际能力，为富于创造能力的学生提供发挥空间，引导学生去领悟和思考。注重培养学生实践动手能力，包括发现问题、分析问题、解决问题的能力，注重团队协作精神和同学间和导师沟通交流，成果转换的能力等，具有可行性和创新性特色。所以，在写作上应该注意以下几点。

(1) 选题可来自导师科研项目的一部分，也可来自自己的想法，题目不要过于偏大，否则一年时间无法完成。

(2) 题目要新颖，具有一定的应用、可行性和创新性。

(3) 组队时，各成员分工明确，能互补。

(4) 内容阐述清楚简洁，问题恰当，立题依据充分，实验原理清楚，技术路线明确，前后写法一致，写出亮点，如研究内容中有所创新的具体理论或者创新的实验技术，列出拟解决的 2 个或 3 个关键问题并围绕可能的突破点展开，说明实验方法的可行性和研究条件的可行性。

(5) 合理的经费预算与配套经费支撑。

(6) 项目的特色与新颖性要突出。

第四节 创新基金申报成功与结题范例

(一) 申报成功范例 1

1. 项目名称

AS 形成过程中 LDL 浓度极化与壁面切应力变化的相关因素研究

2. 项目简介

采用外科手术、细胞生物学、分子生物学等方法研究 LDL 浓度极化与壁面切应力变化的关系。主要包括以下两部分。

(1) 采用兔颈总动脉环缩狭窄法，制作颈总动脉狭窄动物模型。

(2) 设计能控制 LDL 浓度的兔左颈总动脉三种狭窄度（30%、40%和 50%）的动物模型，通过给动物不同浓度的高脂饮食调控血流内的 LDL 浓度，使脂质浓度极化成为可调控的刺激条件。通过合理的实验设计和统计分析，明确力学因素和 LDL 浓度极化在 AS 形成中各自发挥的作用，以及它们之间的交互影响。

3. 项目研究难点及创新点

设计能控制 LDL 浓度的兔左颈总动脉三种狭窄度的动物模型，每种狭窄模型通过给动物不同浓度的高脂饮食调控血流内的 LDL 浓度，使脂质浓度极化成为可调控的刺激条件，从而了解力学因素和 LDL 浓度极化在 AS 形成中各自发挥的作用，以及它们之间的交互影响。

（二）申报成功范例 2

1. 项目名称

基于分子水平的细胞检测芯片研究

2. 项目简介

(1) 制备对细胞代谢物具有特异性识别的卟啉及其衍生物敏感材料。

(2) 以卟啉化合物为传感材料，构建基于分子水平细胞检测新型芯片。

(3) 研究卟啉阵列与细胞微量代谢物分子间相互作用的光谱响应特性。

(4) 结合卟啉特异性分子识别作用的“化学指纹图谱”信息，建立基于分子水平细胞卟啉传感的“代谢指纹图谱”。

3. 项目研究难点及创新点

1) 难点

(1) 细胞检测敏感材料的筛选。卟啉特殊的结构使其具有分子识别功能，可以实现高度专一的检测。但并不是每种卟啉物质都可以实现这种特异的识别。要实现高度专一的分子识别，必须具备：①结合部位构象的互嵌互补；②结合部位主客体分子官能团的相互结合。因此，卟啉分子的设计（或筛选）是其分子识别研究的关键所在，也是本课题的难点。

(2) 细胞微量代谢物的特异性分子识别。本项目以卟啉分子形状选择性特异性分子识别方法，建立高灵敏度分子阵列，通过获得细胞代谢物的“化学指纹图谱”，实现对细胞的特异性识别。

2) 创新点

(1) 提出了以卟啉分子阵列结合微流控芯片建立实现活细胞不同生命周期无创、实时、多成分动态信息分子识别的传感新方法，在研究方法上具有创新性。

(2) 制备具有“形状选择性”的卟啉分子阵列传感材料，提出通过卟啉微阵列芯片构制，建立基于分子水平细胞卟啉传感的“代谢指纹图谱”，是细胞信息构建结合微流控芯片的新结构、新原理的细胞检测芯片。

（三）结题范例1

1. 项目名称

AS形成过程中LDL浓度极化与壁面切应力变化的相关因素研究

2. 结题成绩评定

校级优秀。

3. 结题成果

被推荐代表重庆大学参加2009年在东南大学（南京）举行的第二届全国大学生创新论坛，并推荐在大会上作大会交流，展板和文章录入会议论文集中。

4. 发表论文

雷道希，杨帆 . 2009. LDL浓度极化与壁面切应力变化对动脉粥样硬化形成的影响 . 第二届全国大学生创新论坛论文集（下）. 516

雷道希，王贵学，何飔，杨帆 . 2009. Influence of Low Density Lipoprotein on Migration of Vascular Endothelial Cells under Fluid Shear Stress IFMBE Proceedings. 235

邱菊辉，雷道希，王贵学 . 2009. 血液动力学因素对血管平滑肌细胞的作用与机制 . 中国血液流变学杂志，19（3）：497-499

邱菊辉，王贵学，雷道希 . 2009. 血流动力学与动脉粥样硬化斑块的稳定性及其机制 . 中国动脉硬化杂志，17（6）：495-497

（四）结题范例2

1. 项目名称

PDMS微流控红细胞流变特性测量芯片系统的初步研究

2. 结题成绩评定

校级优秀。

3. 项目创新点

（1）提出功能模块化构想，初步设计了微流控红细胞流变特性测量芯片的各个模块结构，包括涵盖微通道阵列或微平层腔结构的红细胞流变特性检测模块，以及具有两条流入通道和一条流出通道的压力检测模块。该芯片的设计思路能够有效地提高芯片制作的成功率，可在同一块芯片上集成多种测量功能的模块，实现多功能测量，同时还能达到根据实验要求任意更改所需芯片布局的目的。各个芯片模块相互独立，均可以单独使用。

（2）初步设计和研究了一套基于PDMS材料的微流控红细胞流变特性测量芯片系统，为高分子聚合物的微流控芯片技术及多功能芯片集成在红细胞流变特性测量中的深入发展与应用奠定了基础。

4. 发表论文

廖彦剑，陈礼，杨国清，刘畅 . 2011. 利用层流分布测量微流控芯片压力的方法研究 . 传感器与微系统，08：80-82

第七章 大学生挑战杯项目

第一节 “挑战杯”概述

挑战杯是“挑战杯”全国大学生系列科技学术竞赛的简称，是由共青团中央、中国科协、教育部和全国学联共同主办的全国性的大学生课外学术实践竞赛。竞赛官方网站为 www. tiaozhanbei. net。“挑战杯”竞赛在中国共有两个并列项目，一个是“挑战杯”全国大学生课外学术科技作品竞赛（简称“大挑”）；另一个则是“挑战杯”中国大学生创业计划竞赛（简称“小挑”）。这两个项目的全国竞赛交叉轮流开展，每个项目每两年举办一届。

一、“挑战杯”全国大学生课外学术科技作品竞赛

“挑战杯”全国大学生课外学术科技作品竞赛（以下简称“‘挑战杯’竞赛”），自 1989 年首届竞赛举办以来，始终坚持“崇尚科学、追求真知、勤奋学习、锐意创新、迎接挑战”的宗旨，在促进青年创新人才成长、深化高校素质教育、推动经济社会发展等方面发挥了积极作用，在广大高校乃至社会上产生了广泛而良好的影响，被誉为当代大学生科技创新的“奥林匹克”盛会。竞赛的发展得到党和国家领导同志的亲切关怀，江泽民同志为“挑战杯”竞赛题写了杯名，李鹏、李岚清等党和国家领导同志题词勉励。

自 1989 年以来，“挑战杯”竞赛规模发展到包括全国所有重点高校在内的 1000 多所内地高校和港澳台、新加坡的 20 多所高校，先后共有 200 万大学生直接或间接参加了此项赛事。清华大学、上海交通大学、浙江大学、武汉大学、重庆大学、南京理工大学、西安交通大学、华南理工大学、复旦大学、南开大学、北京航空航天大学先后成功举办了前十一届赛事，为国家培养了一批批跨世纪的创新人才，并日渐成为我国培养大学生自主创新能力和展示主办高校所在地区社会经济与高等教育发展水平的重要平台。从第十届全国“挑战杯”学术科技作品竞赛开始，竞赛邀请全世界的青年大学生共襄盛会，使“挑战杯”走向了世界。

“挑战杯”学术科技作品竞赛作为一项综合性、全国性的大学生学术科技竞赛，反映了高校教学水平和师生的科研水平，折射出我国高等教育的育人导向和理念。随着国家“科教兴国”主战略的深入实施，“提高自主创新能力”口号的提出，“挑战杯”赛事在高校人才的培养中所起的积极作用也日益突显出来。它成为了培养高校学生创新能力的一个重要途径。

更重要的是，“挑战杯”赛事培育和构建了从大学生个体到所在高校，从一所大学到一

个省市再覆盖全国的青年学子课外学术创新实践体系。20 年来，200 多万大学生得以直接或间接地在这一创新的舞台上关注新领域、研究新问题、运用新方法、创造新成果。与之相适应，各省市主管部门和高校则将“挑战杯”赛事构筑为创新教育的系统工程，搭建起大学生课外学术科技创新的组织保障体系，以国家、城市及市场需求为导向的项目推介、成果转化体系，对学生创新能力和项目的综合评估体系。这些创新人才培养长效机制的建设，为全面贯彻“科教兴国”战略，切实全面开展素质教育，提升城市甚至整个国家的创新意识和创新能力奠定了坚实基础。

“挑战杯”更是青年大学生课外学术科技成果交流的一场盛会，每届比赛都有近两千件作品参与竞技，科技成果转让额最高突破一亿元人民币。

二、“挑战杯”中国大学生创业计划竞赛

创业计划竞赛起源于美国，又称商业计划竞赛，是风靡全球高校的重要赛事。它借用风险投资的运作模式，要求参赛者组成优势互补的竞赛小组，提出一项具有市场前景的技术、产品或者服务，并围绕这一技术、产品或服务，以获得风险投资为目的，完成一份完整、具体、深入的创业计划。

竞赛采取学校、省（自治区、直辖市）和全国三级赛制，分预赛、复赛、决赛三个赛段进行。

在中国，创业计划竞赛最早于 1998 年在清华大学举行。1999 年，由共青团中央、中国科协、全国学联主办，清华大学承办的首届“挑战杯”中国大学生创业计划竞赛成功举行。2000 年，第二届“挑战杯”中国大学生创业计划竞赛在上海交通大学成功举办；2002 年第三届“挑战杯”中国大学生创业计划竞赛在浙江大学举办；2004 年第四届“挑战杯”中国大学生创业计划竞赛在厦门大学举办；2006 年第五届“挑战杯”中国大学生创业计划竞赛在山东大学举办；2008 年第六届“挑战杯”中国大学生创业计划竞赛在四川大学成功举办，把大学生创业浪潮推向了新的高峰；第七届“挑战杯”中国大学生创业计划大赛决赛于 2010 年 9 月在吉林大学成功举办；第八届“挑战杯”中国大学生创业计划大赛决赛于同济大学成功举办。

第二节　历届“挑战杯”全国大学生课外学术科技作品竞赛回顾

第一届竞赛于 1989 年在清华大学举行。1988 年，清华大学首次设立校内“挑战杯”竞赛。次年，在国家教委的支持下，清华大学等 34 所高校和全国学联、中国科协及部分媒体联合发起举办了首届“挑战杯”大学生课外科技活动成果展览暨技术交流会。李鹏、聂荣臻、薄一波等领导为首届竞赛题词。清华大学获得“挑战杯”。

第二届竞赛于 1991 年在浙江大学举行。本届竞赛由共青团中央、中国科协、全国学联主办。“挑战杯”全国大学生课外学术科技作品竞赛名称正式确定并沿用至今。这届竞赛初步建立了选拔、申报、评审的竞赛机制；确立组委会和评委会各自独立运作的竞赛机构；形成了两年一届、高校承办的组织方式。上海交通大学获得“挑战杯”。

第三届竞赛于1993年在上海交通大学举行。竞赛开幕前夕，江泽民同志亲笔为竞赛题写杯名，使竞赛影响更加广泛。通过本届竞赛的举办，“挑战杯”竞赛的各项机制得到进一步完善和加强。北京大学获得“挑战杯”。

第四届竞赛于1995年在武汉大学举行。时任国务院副总理李岚清为本届竞赛题词，周光召、朱光亚等100名著名科学家为大赛寄语勉励。复旦大学获得“挑战杯”。

第五届竞赛于1997年在南京理工大学举行。时任国务院副总理邹家华为本届“挑战杯”竞赛题词。香港大学生首次组团参与竞赛活动。清华大学获得“挑战杯”。

第六届竞赛于1999年在重庆大学举行。重庆市政府成为主办方之一，这是省级政府首次参与赛事主办。香港地区9所高校的40件作品直接进入终审决赛。竞赛协议项目43个，转让总金额超过1亿元，转让金额超过前五届的总和。

第七届竞赛于2001年在西安交通大学举行。这是“挑战杯”竞赛首次在西北地区举行终审决赛。西安外事学院成为第一所参加“挑战杯”竞赛的民办高校。本届高校还首次实现了内地和港、澳、台大学生的同台竞技交流。

第八届竞赛于2003年在华南理工大学举行。来自中国、新加坡等地高校的师生代表及企业界、新闻界人士近万人参加了开幕式。共有18件“挑战杯”参赛作品成功转让，总成交额达到1300万元。其中单件作品最高成交额为800万元。清华大学获得“挑战杯”。

第九届竞赛于2005年在复旦大学举行。本届“挑战杯”竞赛成为前九届竞赛中参赛高校最多、参赛作品最多的一届，共有1107件入围复赛。台湾地区高校首次正式组团参赛。设立飞利浦科技多米诺大赛，成为国内大学生校际之间的首次多米诺正规赛事。首次以公开答辩的方式进行最后的评审。复旦大学获得“挑战杯”。

第十届竞赛于2007年在南开大学举办，来自全世界的300多所高校3000多名师生参加了决赛。东南大学夺得第十届“挑战杯”。全体参赛学生向全国大学生发出“努力成为推动创新型国家建设的生力军”的倡议。决赛期间，举办了学生学术科技作品展、创新型人才培养系列论坛、天津滨海新区开发开放报告会、学生科技成果转化洽谈会、港澳台高校学生座谈会。109位两院院士在内的161位海内外知名人士为竞赛题词。

第十一届竞赛于2009年在北京航空航天大学举办。本届“挑战杯”有1106件项目（其中文科616件；理科490件）进入终审决赛，入围高校达432个。竞赛信息化是本届挑战杯竞赛特点之一，组委会邀请专家组开发竞赛官方网站、完善全国大学生科技成果信息服务平台，第一次在挑战杯引入网络申报、网络评审的机制，全程实现网络信息化服务。

第十二届竞赛于2011年在大连理工大学举办。本届“挑战杯”自3月启动以来，相继开展了校级、省级、全国级三级竞赛，并首次采用了逐级报备制度。截至6月底，共有1900多所高校的近5万件作品实现了网络报备。经全国评委会预赛、复审，最终有来自305个高校的1252件作品进入终审决赛。港澳地区12所大学的55件作品也参加了比赛。

第三节　历届“挑战杯”竞赛获奖精品项目概述

一、自然科学类

1. 作品名称：“壳-心”纳米纤维与多因子时空控释在组织修复中的研究

1）获奖级别　第十一届“挑战杯”全国大学生课外学术科技作品竞赛一等奖。

2）获奖单位　重庆大学生物工程学院。

3）项目简介　主要是以自主制备的蚕丝纳米纤维为载体，结合自主开发的“鸡尾酒”药物，将其用于前交叉韧带临床修复的研究。这种修复方法的特点是模仿人体损伤组织的自身修复机制，把载体、治疗药物融合为一体，便于实现前交叉韧带的自然修复，解决了临床上前交叉韧带“治而不愈”的医学难题。

4）创新点

（1）利用自主改进的静电纺丝装置制备定向有序纳米纤维；

（2）利用蚕丝丝素与丝胶蛋白微纳颗粒自主创新性地研制出3D结构的“壳-心”纳米纤维；

（3）首次实现多种生物活性药物的融合，并实现多因子药物控释；

（4）首次将纳米纤维和韧带组织工程结合；

（5）突破传统的手术治疗思维，将“鸡尾酒”式药物（已获国家发明专利）用于ACL修复，提出一种全新疗法；

（6）建立了高真实度的ACL损伤模型。

5）技术关键　建立新型的动物ACL损伤模型，对整个关节腔内环境进行全面系统的分析，并且将定向纳米纤维引入到韧带组织的修复上。同时结合前期研究韧带修复的“鸡尾酒”式药物，利用丝素与丝胶蛋白的自组装性质对药物进行包埋，再通过乳化电纺技术，制备出具有均匀3D结构、能包埋多种因子并实现控释的定向纳米纤维。

6）努力方向　前交叉韧带的修复重建一直是骨科和运动创伤领域内重要的研究课题，目前临床上并没有理想的治疗方法。本研究开拓了新的修复治疗方式，可避免传统移植手术的并发症，并且在此基础上结合纳米材料时间依赖性的微量控释的特点，将“鸡尾酒”式复合药物中的单一药物按所需时间的差异可控制性的释放，可在降低患者痛苦的同时显著提高治疗效果。

2. 项目名称：功能化有机一维微/纳米结构的制备及应用

1）项目简介　近年来，有机共轭小分子因其优异的光电性能而被广泛研究。其中，由功能化有机分子形成的一维微/纳米结构具有良好的可加工性和可调节性，在未来的显示技术和电子技术中具有重要应用。本论文就此课题从理论到实践进行了深入研究。至今为止的绝大部分研究仍集中在无机化合物的一维纳米结构上，有机纳米结构的发展相对滞后。有机分子形成纳米结构的方式、性能均与无机化合物有着较大的差别。这一方面为有关分子聚集行为的基础研究提供了一个很好的课题；另一方面特殊的纳米结构，有望成为新一代高效清洁的功能及结构材料而实现其应用价值。相对于二维平面或三维结构，有机一维结构往往具有结晶性好，可溶液加工，器件性能好等特点。然而，对于有机一微结构的形成过程和机制仍存在着诸多尚未解决的问题；同时，形成一位结构的往往是单一组分，大大限制了一维结构的功能衍生化。本课题正是围绕着上述的问题展开，从不同角度对于有机一维微纳结构的合成、表征及应用进行了研究探索。

2）作品的科学性、先进性及独到之处　本课题着眼于有机光电材料与纳米科技的交叉领域，具有一定的前沿性与实用性。同时，本课题从基础原理出发，试图解决在这一应用领域中的一个基础理论问题，这在同类型中的工作是较少见的。

3）作品的实际应用价值和现实意义　如前文所述，有机光电材料，如有机发光二极管、有机太阳能电池和有机场效应晶体管等，在未来的电子学以及光电子学领域有着广泛的应用。使用一维微/纳结构的优势在于加工上的便捷性、材料的高利用率，以及更优异的器件结果。本课题的工作期望为一维有机微/纳材料的生长提供一定的结构-性能的关系，从而为未来的一维有机微/纳材料的制备提供理论的指导。

二、科技发明制作 A 类

1）项目名称　创建新型细菌筛选系统发掘潜在药物靶标。

2）项目简介　曾经蔓延全球的肺结核是由结核分枝杆菌通过空气传播感染人或动物而引起的，20 世纪因医药事业的进步而消退。但是已被大多数人淡忘的肺结核近年来又“死灰复燃”，成为目前死亡率最高的人兽共患传染病，每年导致全球 150 万～200 万人死亡，并对农业造成了巨大损失。1993 年，世界卫生组织宣布“全球结核病进入紧急状态”，呼吁采取紧急措施加强对结核病的防治。目前全世界范围内已经大大加强了对结核病原的研究。结核分枝杆菌是结核病的病原细菌，结核病之所以难以治疗是因为它对不利环境的适应性很强且容易进入潜伏状态。该细菌感染宿主时主要通过调节其自身基因的表达来适应宿主体内的不利环境，而许多这种调控发生在转录水平。结核分枝杆菌有约 180 个转录因子和 13 个 sigma 因子，其中大部分都是未知功能的，因此发掘结核分枝杆菌的重要基因的启动子 DNA 序列与转录因子间的相互作用可以为寻找治疗结核病的新药靶提供可能。

目前已有许多种报道过的方法可以比较有效地筛选蛋白质-DNA 间的相互作用，然而这些方法也同时存在有限制其广泛应用的缺点：一些体外的筛选技术需要纯化处于活性状态的转录因子；一些筛选技术需要反复许多轮的实验才能最终得到特异性结合的蛋白质-DNA 信息；而那些基于微阵列技术的筛选方法虽然可以大批量的分析相互作用关系，同时也需要对阵列和结果数据熟练的专业分析。体内研究 DNA-蛋白质相互作用方法有酵母单杂交和细菌单杂交。与前者相比，细菌单杂交系统表现出更明显的优势。首先，其生长速度较快，因此利用细菌研究蛋白质-DNA 间相互作用的周期较酵母短；其次，细菌较酵母而言具有更高的转化效率，因此利用细菌构建的文库容量更大，对于研究蛋白质-DNA 间相互作用而言，信息量更大；最后，实验室条件下对于细菌 DNA 的处理较酵母更便于操作。

本研究将构建的细菌单杂交系统应用于结核分枝杆菌的转录调控研究中，能在常规实验条件下方便安全地研究其功能基因。本研究成功地利用该系统发现了 100 多个以前不知道功能的转录因子可能直接参与调控结核分枝杆菌的潜伏感染过程。特别是一个名为 *WhiB3* 的基因被首次发现能广泛调控结核分枝杆菌多个致病基因的表达，这暗示该基因可能在结核病原潜伏感染及其耐药性的产生中发挥关键作用。结核分枝杆菌的 *WhiB3* 基因是属于 *WhiB* 家族的一个转录因子，该基因首先在天蓝色链霉菌（*S. coelicolor*）中被发现，与气生菌丝的孢子形成有关。结核分枝杆菌 *WhiB* 家族含有 7 个成员（*WhiB1*～*WhiB7*），*WhiB3* 是第一个被鉴定出来的。*WhiB* 家族基因广泛存在于放线菌中而其他菌中没有，推测 *WhiB* 基因编码产物与细菌休眠有关的蛋白质。目前结核分枝杆菌的 7 个 *WhiB* 基因的功能尚不清楚，但是它们的功能存在一定的互补作用。有研究表明 *WhiB3* 基因影响宿主对结核分枝杆菌的免疫反应但不影响该菌的生长。并且 *WhiB3* 含有 Fe-S 簇，可以感受外界信号，调节结核分枝杆菌的代谢。到目前为止 *WhiB3* 的功能尚不清楚，本研究通过细菌单杂交系统发现 *WhiB3* 可以调控很多重要基因，*WhiB3* 是细胞内感受氧化还原信号和代谢调控的关键转录因子，也为弄清 *WhiB* 家族其他基因提供了基础。因此，*WhiB3* 基因作为结核病原潜伏感染及其耐药性的关键转录因子极具成为治疗结核病的药物靶点的潜力。

本作品的核心内容于 2009 年 2 月 18 日在 *Genome Research* 杂志在线发表：Dissecting transcription regulatory pathways through a new bacterial one-hybrid reporter system. Genome Res，2009，Feb 18. [Epub ahead of print]，doi：10.1101/ gr.086595.108（影响因子：11.2）。

本作品的应用价值得到国家专利局的认定，申请了两项国家专利。

（1）于 2009 年 1 月 15 日申请国家专利，发明名称：一种细菌单杂交载体及制备方法。申请号：200910060524.9。

（2）于 2009 年 2 月 23 号申请国家专利，发明名称：结核分枝杆菌 *WhiB3* 基因的新功能及应用。申请号：200910060839.3。

本作品的成果得到国内外多家媒体的广泛关注，两个 Nature 出版社系列刊物 *Nature China* 和 *Science-Business eXchange* 都报道了本成果的亮点。在 2009 年 2 月 25 日科学时报头版报道，当日文汇报、湖北日报、楚天都市报和武汉晚报等多家报刊均有报道；同时中新网、新华网、新浪网、网易新闻及多个地方网站都有报道。

3）*作品的科学性和先进性*　目前，细菌双杂交系统已经商业化并被广泛应用于蛋白质-蛋白质互作研究，而且，包括人、水稻等模式生物细胞的 pTRG 基因文库也已商业化。本研究建立了一个新型的细菌单杂交报告系统，能够在大肠杆菌中方便地研究 DNA 结合蛋白与靶 DNA 之间特异性的相互作用，并且可以进行 PCR 产物的快速克隆也能与商业化的 pTRG 基因文库完全相容，能够广泛应用于多种生物的新功能基因研究。

近年来，人们越来越关注结核分枝杆菌的转录因子在成为重要的药物靶标上的前景。转录因子中，*WhiB* 家族的基因的功能到目前为止还不是很清楚，但这些基因都与结核分枝杆菌的潜伏感染有着密切关系。在本发明中，筛选到了 100 多个参与结核分枝杆菌感染相关基因的表达调控的转录因子，它们都具有成为药物靶标的潜力，对它们的研究将为揭示该病原菌的调控机制提供重要线索。其中，*WhiB3* 基因被首次发现能广泛调控多个致病基因的表达，这暗示该基因可能在结核病原潜伏感染及其耐药性的产生中发挥关键作用。*WhiB3* 基因作为药物靶标有着重要的应用前景。

4）*市场分析与经济效益前景*　我们建立的一个新型的细菌筛选系统，能够在大肠杆菌中方便地研究 DNA 复制蛋白或转录因子与靶 DNA 之间特异性的相互作用，该技术对于发掘新功能基因及其识别的靶 DNA 位点具有广泛的应用前景，可以广泛应用于各种生物物种中来研究 DNA 和蛋白质的相互作用。该系统与现在广泛商业化的细菌双杂交系统的表达载体文库完全相容，两个系统可以配套使用。我们利用该系统发现的 100 多个以前不知道功能的转录因子可能直接参与调控结核分枝杆菌的潜伏感染过程。其中一个名为 *WhiB3* 的基因被首次发现能广泛调控结核分枝杆菌多个致病基因的表达，该基因作为结核病原潜伏感染及其耐药性的关键转录因子具有成为治疗结核病的药物靶点的潜力。

三、科技发明制作 B 类

1）项目名称　三方对弈中国象棋软件。

2）项目介绍　本作品研究的多方博弈问题属于国际学术研究的空白领域，国内外几乎找不到合适的研究文献。加拿大阿尔伯塔大学有过研究这方面的论文 *Current Challenges in Multi-player Game Search*，但其描述的算法未涉及多方博弈的新特点，因此也有其局限性。在多方博弈下，博弈各方的利益在短时间内不再是只存在“你死我亡”的必然关系，还可能有合作的关系，这正是区别于双方博弈的特点。

3）作品创新点

（1）提出新型的搜索算法并在软件上通过测试。本作品提出的线性矢量搜索算法打破了传统博弈算法框架（传统的机器博弈都局限于代数方法），把几何学引入机器博弈研究，该算法能够解决三方博弈的合作与竞争问题（合作方不固定），而且对多方博弈问题也提出了通用解法。

（2）提出新型的剪枝算法并在软件上通过测试。三方博弈的复杂度非常高，建立一棵传统象棋的 50 轮搜索树就很困难，而 50 轮三方对弈的博弈复杂更达到传统象棋的 10 的 111 次方倍。本作品提出的新型矢量剪枝算法，可有效地剪枝掉冗余的搜索结点，博弈方越多，产生的剪枝条件越多，剪枝效率就越高。

（3）提出新型的机器学习算法并在软件上通过测试。由于三方博弈的解空间相当庞大，因此搜索算法常常陷于计算量过于巨大这一问题中。本作品提出一种新的估值学习算法，并在测试中显示出高效的自学习自调整能力。

a. 作品的科学性与先进性。

本作品指向明略，特点突出，既具有巨大的研究价值，又极富娱乐性，在实践上和理论上都有明显的创新性。

就理论研究领域而言，完全信息的多方游戏几乎没有，多方博弈研究在国内外也基本是一片空白，所找到的技术资料仅限于文献 *Current Challenges in Multi-player Game Search* 和《四国军棋游戏中搜索算法的实验和分析》。这两篇论文均没能涉及多方博弈下具有合作状态这个根本的问题。本作品所提出博弈算法能够解决合作并且合作方不固定的博弈问题，并在此基础上提出了高效的剪枝算法。算法已写成论文发表在第 2 届国际智能技术应用学术会议，该论文已被 EI（工程检索）、ISTP（科技会议检索 ）收录。目前网络上只找到一款名为《三国演义》的同类产品（2D 网络游戏），但其并不能实现彻底的三方对弈情况，也不含人机对战功能。本作品含有此功能且为 3D 网络游戏。

b. 市场分析与经济效益。

本作品有很好的学术研究价值和商业价值。以中国象棋为媒介，提出了一种多方博弈的搜索算法和剪枝算法，N 方博弈则应建立一个 $N-1$ 维空间的数据结构进行评估和搜索。本作品富有娱乐性和益智性，值得向市场推广和进行商业活动，可以马上实现产学研。与传统竞技游戏总是培养人的“竞争意识”不同的是，在博弈中培养人的“合作意识”。三方对弈合作下的一系列“组合拳”（合作对象不固定），具有 1＋1＞2 的效果，各种经典的围魏救赵、隔岸观火和声东击西等计谋都可得到展现，这就迫使玩家学会与人合作，与人相处。在商业和文化上，“合作意识”使这款软件便于向广大民众推广，培养青少年的修养，启迪民智，有利于建设和谐社会。在技术上承前启后，有望应用于军事和经济等领域多方博弈问题的研究。

第四节　挑战杯级别项目的实验设计特点

一、作品要求

“挑战杯”竞赛作品分为 A、B 两大类。

1. A 类：学生课外学术科技作品竞赛

课外学术科学作品竞赛下分Ⅰ、Ⅱ两类。

AⅠ. 自然科学类学术作品（仅限在校本、专科学生参加，限定在理学、工学、农学、医学等），正文字数应在 8000 字以内（附录字数不计入正文文本字数）。

选题原则参考：参赛者在选择题目的时候，首先要坚持科学性的原则，不能选择违背自然规律的课题。同时要注意结合自己的特长，选择感兴趣的课题。研究的项目要有一定的新意，本大赛鼓励参赛选手尽可能从别人尚未发现、尚未研究、尚未重视的方面去考虑选题，尤其要结合自己在观察、实验、调查、考察、制作和学习、钻研中所得到的新发现、新认识、新成果去选择题目。

AⅡ. 哲学社会科学类作品及社会调查两项（包含学术论文、调查报告，限定在哲学、经济、社会、法律、教育、管理六个学科内）。

参赛的作品为社会科学类社会调查报告或学术论文，每篇论文正文字数 8000 字以内，每份调查报告正文字数在 15 000 字以内（附录字数不计入正文文本字数）。

参赛作品的选题范围限定在哲学、经济、社会、法律、教育、管理、文学历史、艺术学科。

参考作品要求：鼓励参赛者运用所学理论深入实际、深入群众，调查研究新问题，总结概括新经验，以小见大，从实践上升为理论，同时希望选题切合当前社会实际需要，有一定的现实意义，以提高分析和解决实际问题的能力。

2. B 类：学生课外创新作品大赛

作品包括各种类型的发明创造，包括硬件制作和软件编写。作品要求必须是以学生为主的构思发明，运用现代化科技，制作精细，应用价值大。发明创造是指《中华人民共和国专利法实施细则》第二条中所规定的发明、实用新型和外观设计。其中，发明是指对产品、方法或其改进所提出的新的技术方案；实用新型指对产品形状，构造或者其结合所提出的适于实用的新的技术方案；外观设计指对产品的形状、图案、色彩或者其结合所作出的富有美感并适于工业上应用的新设计。

发明创造和技术创新作品必须有原理构造介绍说明材料及图表资料。其中图表资料根据项目的需要，可以包括：外观图（手绘或照片均可）、结构图（手绘或打印均可）或者原理图（手绘或打印均可）。

创新作品将会参照以下四点要求评分：

1）科学性　包括选题与成果的科学技术意义，技术方案的合理性，发明创造过程的科学性，研究方法的正确性，科学理论的可靠性，选题与结论科学意义的合理性。

2）新颖程度　指该项发明或创新技术在申报日以前没有同样的成果在国内外出版物上公开发表过，没有在国内公开使用过或者以其他方式为公众所知，没有同样的发明和创新技术由他人向专利局提出过申请并记载于申请日以后公布的专利申请文件中。

指该项研究论文的选题、立论有创意，有现实意义。

3）先进程度　指发明或创新技术同申报日以前已有的技术相比，有突出的实质性特点和显著的进步。

4）实用性　指该项发明或创新技术可预见的社会效益、经济效益或效果、便于使用和投产。

根据作品制作的难易程度，学生课外创新作品竞赛下分Ⅰ、Ⅱ两类。

BⅠ. 指科技含量较高，制作成本较高的作品（只要求对其产品作较为详尽的分析报告，重点放在技术操作的可行性分析）。

由于考虑到创作此类作品的工作量较大，投入成本较多，因此此类作品要求作者对其创造发明作出较为详尽的分析报告，并将着重点放于作品的可行性与应用价值的分析上。

BⅡ. 指投入较少，且为生活便利或生产技术带来便利的小发明。参赛作品可以是成品，半成品或作品描述分析报告文本。

此类作品的上交形式比较多样，可以是成品、半成品后者是作品描述分析报告。若参赛者所设计的作品在上交限期内仍处于初步构思阶段，参赛者可以以文本形式仅对其创新理念作总体诠释并对其作品作粗化描述。

二、内容规范

（1）参赛作品必须是距竞赛终审决赛前两年内完成的学生课外学术科技和社会实践活动成果。“距竞赛终审决赛申报日以前两年内完成”是指作品完成最后工作的时间距决赛终审不到两年，而非在两年内完成全部工作。以下四类作品不得申报（如有违反取消参赛资格）。

A. 毕业设计和课程设计（论文）。

B. 学年论文和学位论文。

C. 国际竞赛上获奖的作品。

D. 获国家级奖励成果（含“挑战杯”竞赛主办单位参与组织的其他全国性竞赛获奖作品）。

（2）以下研究均涉及敏感对象，参赛作品涉及下列内容时，必须由申报者提供有关部门的证明材料，否则不予评审。

A. 动植物新品种的发现或培育，须有省级以上农科部门或科研院所开具证明。

B. 对国家保护动植物的研究，须有省级以上林业部门开具证明，证明该项研究的过程中未产生对所研究的动植物繁衍、生长不利的影响。

C. 新药物的研究，须有卫生行政部门授权机构的鉴定证明。

D. 医疗卫生研究须通过专家鉴定，并最好附有在公开发行的专业性杂志上发表过的文章。

E. 涉及燃气用具等与人民生命财产安全有关用具的研究，须有国家相应行政部门授权机构的认定证明。

(3) 参赛作品可以邀请相关的老师作为指导人，申报时须说明指导老师的姓名及职称；作品可以由学生直接向组委会申报，也可以由院系推荐（院系推荐的作品须提供院系团委或党组织的证明）。

(4) 发明制作类作品申报时必须附有研究报告，并提供图表、曲线、实验数据、原理结构图、外观图（照片）。鉴定证书和应用证书也可一同附上。

有关资料必须是中文（发表作品为外文或少数民族文字者，必须附有汉语文本），以小四号宋体字打印在 A4 纸上（文章版面尺寸 14.5cm×22cm，建议双面打印）。

自然科学及社会人文社会科学类参赛作品，每篇论文正文控制在 8000 字以内，每份社会调查报告在 15 000 字以内。

三、课题的选择

(一) 参赛作品基本原则

(1) 科学性。论文的材料应当是真实可靠的，不允许夸大或虚构；观点应当是在经过细致的思考与研究后实事求是地提出来的，而不是任意的猜测或臆断；语言应当准确、清晰、严密、合乎逻辑，不能模棱两可、含糊费解、粗疏缺漏。发明创造要求过程的科学性和可行性，研究方法的正确性，科学理论的可靠性，选题与结论科学意义的合理性。

(2) 创造性。是否具有一定的创造性，是衡量本次参赛论文质量的重要标准。参赛者要注意在论文里，提出自己在观察、调查或考察中获得的新发现，在实验或制作中运用的新方法，在科技活动中所得到的新成果，在深入钻研某种科学知识中积累的新见解，从而能给人以一定的启发。

(3) 合法性。参赛作品不能是与国家现行法律和法规有抵触的项目，也不能是涉及生命财产安全的项目。

(二) 学术性论文的选题

为了在“挑战杯”赛中获胜，参赛作品的选题至关重要，就像农民没有好种子，怎么辛苦也得不到好收成。

什么才是好的选题呢？简单的回答就是能打破现有市场需求和学术科技供给平衡的新理论、新技术或是新的观察分析问题的方法。而如何去寻找打破现有平衡的选题，则是大家最关心、也是最费周折的事情。首先要求做好调查和资料的搜集工作，只有充分掌握了将要涉及领域的现有水平、研究进展和存在的问题，才有可能知道什么选题值得去做。这是一件需要时间、条件和方法才能做好的事情，需要充分利用学校图书资料和互联网上的有关信息，更不能忘记向有关教师咨询。

学术论文的选题，实际是科研选题。理、工、农、医类学术论文的选题，应偏重研究进展的追踪，特别是要提出新理论、新方法，不一定要大，但一定要新。

社会调查报告和社会科学学术论文的选题，则要瞄准社会热点问题，要能取得研究数据提出新的观点或对策。

在具体捕捉科研课题时，可从以下几方面进行检核与思考：

1）*社会生产和现实生活提出了什么新问题*　社会生产和现实生活不断出现的新问题，是形成科学研究课题的最重要的源泉。捕捉直接影响生产发展和生活质量的关键问题或热点问题进行研究，具有更大的科学价值和现实意义。

每年，国家科技管理部门都用科技发展指南的形式公布科研选题方向，表明了国家各级政府对社会经济发展问题的关注。高校的教师或科研工作者通常依据《选题指南》提出的方向，申报有新颖性、创造性和意义较大的科研课题。对于本科生或研究生来说，可以通过导师的指导从中选择选题作为“挑战杯”竞赛的题目。如果能选择科学前沿课题或社会经济发展密切相关的课题，更会有出类拔萃的机会。

2）*科学园地中有哪些尚未开垦的“处女地”*　随着科学的不断地发展，各门学科的交叉与互相渗透和一门学科内各分支学科的交叉，就有可能在交叉处产生空白区，将目光投注到那些尚未被人开垦的“处女地”，往往能形成有价值的研究课题。

例如，某体育学院一研究生选择了《竞技体育技术、战术创新理论研究》为题，意在探索促进竞技体育运动不断创新的基本理论与方法。这一研究课题的提出，是在竞技体育科学与创造科学交叉处寻找一块科研“处女地”。

再如，有人在电子计算机应用技术与中国古典文学研究的交叉结合中，找到有关“计量史学”方面的研究新课题。

3）*已有理论、传统观点和结论是否有值得怀疑的地方*　用怀疑的眼光看待已有理论，传统观点和结论，寻找其缺陷和矛盾，也是捕捉研究课题的途径。由于历史的局限，许多前人的某些理论，观点和结论，看起来无懈可击，但仔细推敲就会发现其缺陷和矛盾，揭示这种缺陷和矛盾就是科学的发展，深入研究就可能提出新的理论。

历史上，当绝大多数物理学家完全不加怀疑地使用牛顿的经典力学公式时，爱因斯坦却对它进行质疑，重新考虑牛顿力学的时空观，从而萌发出建立新的时空观的设想（狭义相对论）。现在许多人致力于研究社会主义市场经济理论，也是源于对传统的计划经济理论的怀疑和批判。

4）*书本上记载过什么难题*　研究课题不仅可以从实际中找，而且还可以来自书本中的难题。我国著名数学家侯振挺教授早在大学学习时，就从一本《排队论》中找到了自己的研究课题。经过研究，最终创建了被国际数学界称为“侯氏定理”的科学定理。

在获得菲尔兹奖的20多位数学家中，有不少人是由于解决了“希尔伯特问题”中的某个问题或者历史遗留下来的其他难题而获奖的。数学如此，其他学科也是如此。

5）*研究工作中是否发现有反常现象*　根据研究工作中的反常现象选择课题而取得成功的例子是很多的。冯·卡门在他的导师的指导下做流体力学实验以观察圆柱后面水的流动分离。但是，冯·卡门却注意到了一个反常现象。他想，这里可能有某种自然规律在起支配作用，于是，冯·卡门把这反常现象作为自己的研究课题。经过探索，他最终发现了“卡门涡流”这一流体力学规律。大学生在科学实验中，如果观察到意外现象或与传统情理不符的反常现象，就可以思考其中有没有科研新课题。

6）*学术争论中提出了什么问题*　对于同一对象、现象或过程，存在着不同观点、不同学派之间的学术争论，这是科学发现过程中常有的事情。历史上光的“微粒说”与“波动说”之争、热的本质之争、物种不变论与进化论之争，都是历史上有名的学术之争。了解这种争论的前因后果与争论焦点，乃是发现问题的重要途径。许多科学研究，常常被学术争论所诱发，在了解当前学术争论的基础上，大学生也可以从中找到科研新课题。

7）对同一个课题能否从新的角度去研究　对于一个研究课题，从新的角度去思考，即从新的侧面、采用新的材料、使用新的手段去研究也可以形成新的研究课题。例如，自中国古典文学名著《红楼梦》问世以来，红学研究已风靡海内外，研究成果也可谓车载船装、千姿百态。然而至今仍有不少人情系红学，不断地从新的角度去选择研究课题。中国科学院高级工程师崔耀华一部洋洋洒洒 36 万余字的《红楼梦探幽》，可谓独辟蹊径。他突破考证派、思想评论派及艺术评论派的研究视野，运用自然科学中的系统论，建立起系统分析《红楼梦》的科学体系，提出了一系列突破性的新观点。例如，《红楼梦》不是梦，其本身的伟大艺术魅力无需索隐派艰苦考证便可为读者理解；《红楼梦》的核心是作家阐述自己哲学思想和在此基础上产生的治世思想和理论以及如何创造理想社会的艺术体现，书中人物是这些哲学思想形象化描述。

在“挑战杯”竞赛前，我们可能知道组织者提供的社会科学学术论文或调查报告的《选题指南》，对《选题指南》上的题目，我们应注意选好新的研究角度，力求有所创新。

8）能否从论文的限制词中找到课题　许多研究论文在阐述某种观点或结论时，经常有这样一类限制词：“在一定条件下”、“在相当程度上”、“在某种范围内”等。那么，“究竟在什么条件下”、“在多大程度上”、“在哪些范围内”，对于这些限制词的具体规范的寻找，可以构成相应的研究课题。此外，对于给定明确制规范的情况，也可以通过超出规范的外推思考捕捉到研究课题。

9）能否对他人失败的研究进行分析　科学研究中有许多失败或失误案例，对这些案例进行个案分析或综合分析，以探索其失败或失误的原因，抑或在失败的废墟上重新筑起研究的大厦，也可以形成相应的研究课题。

以上所举课题的来源或线索，并不一定概括得全面。对于奥妙无穷的自然界和错综复杂的人类社会，鲜为人知的东西比比皆是，供科研选择的课题是层出不穷的。只要我们有创造的动机，善于进行创造性思考，在老师的指导下，总会找到合适的参加“挑战杯”竞赛的科研课题，撰写出高水平的学术论文。

（三）发明课题的选题

发明创造是创造前所未有的人工事物的一项实践活动。不计其数的新产品、新工艺、新材料、新技术等，都是发明创造的成果。发明属于技术创造范畴，有别于科学创造中的发现。发明是人类运用自然规律创造出某种人工事物，而这种人工事物在没有发明以前是不存在的。例如，青霉素、电磁感应现象不能算是发明，因为人们只是创造性地“发现”了自然界存在着的规律，而这些规律在人们发现之前依然客观存在。当然，发明与发现也有联系，发现可以导致发明，发明也可以推动发现。如果没有青霉素的发现，是不可能有青霉素药品的发明；正因为人们发现了激光原理，才导致激光打印机、激光治疗仪、激光武器、激光音响、激光育种方法等发明的问世。当然，如果没有人造卫星、航天飞机、天文望远镜和电子计算机等产品的发明，人类要探索太空奥秘，获得新的重大发现也不是不可能的。

对发明创造成果，可以从不同的角度对其分类。从发明创造的成果形态分，有产品发明和方法发明两类。

（1）产品发明又可以分为物品发明（如合金、玻璃、水泥、油墨、染料、涂料、农药、食品、饮料、调味品、药物、纸、焊料等），设备发明（如各种机器、仪器、机械、装置等），配置或线路发明（这是指由空间和时间起作用的工作手段，如电压调节器、放大器、带有分支和闸门的管道系统等）。固定建筑也属于专利保护的范围，可归入产品发明类。

例如，自行车是很早就发明出来的机械产品，关于它的发明至今仍层出不穷。如果有人用新型转动（如变速齿轮转动）改进普通链传动的自行车，就是一种发明创造。有人在传统的双叶罗茨鼓风机的基础上设计出三扭叶罗茨鼓风机，力图降低工作噪声，这也是机械设备方面的一项产品类发明创造成果。

（2）方法发明可以分为产品制造方法发明（包括产品的机械制造方法、化学制造方法、生物制造方法）和非产品制造方法（如通讯方法、分析测试计量方法、修理方法、消毒方法等。产品用途发明也可归入这一类）。

例如，某发明人研究出一种电镀塑料物品的方法，能使塑料制品具有金属的外观。这是一项方法类发明。

分析产品发明创造实例，我们可以发现它通常历经“选择发明课题”、“构想技术方案”和“样本制作”等基本阶段。选择发明创造课题，应考虑先进性、实用性和可行性。

（1）先进性，即你的作品要反映当今科学技术的发展水平，能代表某一个学科领域的发展方向或是在某一学科领域中处于先进地位。这样，你的作品立意越高、越远，在竞赛中获胜的概率就越大。先进性还反映在作品具有先进生产力发展方向的特征。在某一个领域，别人还未去研究，或是在研究过程中还没有成果出现，而你的作品恰好能反映先进技术在这一领域的应用，这就是说明你的作品具有先进性。

（2）实用性，即你的作品要能为人们的生产或生活服务，解决人们生产和活动中的某一个问题或给人们生活的某一方面带来好处。如果你的作品不能解决问题，或者它的性能比同类产品还要差，这就说明你的作品不实用。实用性还表现在：当今人们生活中急需解决某一个难题，而又没有这样的产品。而你的作品却能应运而生，急人们之所急，这就突出了你的作品的实用性。要选择一个具有实用价值的作品，我们就需要细心地观察生活，体验生活，了解人们生活中急需解决的问题，然后从实际出发，发挥我们的聪明才智，设计产品，解决问题。这样产品一定具有很强的实用性。

（3）可行性，即发明作品不光在理论上是先进的，而且在实际中也要行得通。当我们设计一件作品时，只在理论上进行考虑，而忽略了在实际中各种情况的变化和各种因素的限制，就有可能在制造技术方面或现实需求方面遇到障碍。因此，我们在选择发明课题时，要综合考虑实际中各方面的因素、各种情况的变化及各种制约因素的限制，既保证作品在理论上可靠，又使其在设计制作和使用方面可行。

（四）发明作品设计与制作

发明创造的本质是提出新技术方案来解决实际问题。因此方案设计工作十分重要，它是将设想变成现实的关键性技术阶段，是对设计者创新能力的挑战。参加“挑战杯”竞赛的发明作品，应在技术方案上体现出设计构思的新颖性、创造性和实用性。因此，参赛者要学习和掌握技术方案创新设计的方法。样品制作，是完成发明作品的重要环节。技术方案确定之后，应考虑样品制作的工艺方法。动手制作之前，要将总体构思理顺，对整个系统有一个粗略认识。要明白我们需要做哪些工作，第一步做什么，第二步做什么。只有这样，发明作品的制作工作才能有条不紊地进行。

总的要求是：鼓励参赛同学运用所学理论，深入实际，深入群众，以建设性的态度，了解新情况，研究新问题，学习新经验，开阔视野，以小见大，更新认知，增长才干，加深对党的基本理论、基本路线、基本纲领和基本经验的领悟，牢固树立中国特色社会主义的共同理想，培养以人为本、实事求是、与时俱进、艰苦奋斗、开拓创新和科学严谨的精神，锻炼分析和解决实际问题的能力。参赛作品论文类每篇在8000字以内，调查报告类每篇在15 000字以内。为党政部门、企事业单位所做的各类发展规划、工作方案和咨询报告，已经被采用者也可申报参赛，同时附上原件和采用单位证明的复印件和鉴定材料。

主要参考文献

蔡为荣，薛正连. 2000. 生物活性肽——酪蛋白磷酸肽（CPP）的研制. 食品与机械，6（80）：50-52

蔡旭玲，周卫平，王德全. 2006. 广州市部分医院电梯内微生物的污染. 环境与健康杂志，23（6）：F0003

柴雅凌. 2004. 网络文献检索. 天津：天津大学出版社

陈冬花，王新荣. 2005. 文献信息检索与利用. 上海：上海交通大学出版社

陈国豪. 2008. 生物工程设备. 北京：化学工业出版社

陈坚. 2008. 发酵工程实验技术. 2版. 北京：化学工业出版社

陈建兴. 2003. 功能性食品基料——酪蛋白磷酸肽（CPPs）的制备与生产. 食品研究与生产，24（2）：82-84

储炬. 2010. 现代工业发酵调控学. 北京：化学工业出版社

冯凤琴，许时婴，王璋. 酪蛋白磷酸肽的分子量及持钙功能的分析. 食品与发酵工业，23（2）：18-21

国家药典委员会. 2010. 中华人民共和国药典. 一部，二部. 北京：中国医药科技出版社

黄秀梨. 1999. 微生物学实验指导. 2版. 北京：高等教育出版社

黄亚辉. 2010. 提高茶叶中γ-氨基丁酸含量方法的研究. 中国农学通报，26（11）：236-240

蒋立科，罗曼. 2007. 生物化学实验设计与实践. 北京：高等教育出版社

李建斌. 1994. 生物化学实验原理和方法. 北京：北京大学出版社

李艳. 2007. 发酵工程原理与技术. 北京：高等教育出版社

刘仲敏. 2004. 现代应用生物技术. 北京：化学工业出版社

吕虎. 2011. 现代生物技术概论. 北京：科学出版社

罗明典. 2001. 现代生物技术及其产业化. 上海：复旦大学出版社

马文峰. 2004. 人文社会科学信息检索. 北京：北京图书馆出版社

南京大学生物系. 1979. 生物化学实验. 北京：人民教育出版社

内蒙古轻工科学研究所. 1993. 乳品工艺. 北京：中国轻工出版社

庞广昌，朱文欣，陈庆森. 2001. 酪蛋白磷酸肽（CPPs）测定方法的研究. 食品科学，22（5）：49-52

普卢默 D T. 1985. 实用生物化学导论. 吴翚等译. 北京：科学出版社

钱存柔，黄仪秀. 2005. 微生物学实验教程. 北京：北京大学出版社

青岛科技大学分析测试中心. 2008. 仪器分析实验（电子版）

阮建明. 2004. 生物材料学. 北京：科学出版社

萨姆布鲁克 J，拉塞尔 D W. 2008. 分子克隆实验指南. 3版. 黄培堂译. 北京：科学出版社

沈萍，范秀容，李广武. 1999. 微生物学实验. 3版. 北京：高等教育出版社

沈阳药科大学药物化学教研室. 2006. 药物化学实验（内部出版）

斯越秀. 2011. 基因工程实验技术与实施教程. 杭州：浙江大学出版社

滕利荣，孟庆繁. 2008. 生物学基础实验教程. 北京：科学出版社

王国良，杨晶. 2005. 信息资源检索与利用. 北京：兵器工业出版社

王秀奇. 1997. 基础生物化学实验. 北京：高等教育出版社

王学斌，刘成轩. 2010. 乘客电梯轿内通风的分析和研究，23（12）：47-49

王喆. 2012. 中国茶饮：拐点来了. 销售与市场（评论版），02：94-96

威廉斯 B L，威尔逊 K. 1979. 实用生物化学原理和技术. 王海云等译. 北京：科学出版社

魏群. 2002. 生物工程技术实验指导. 北京：高等教育出版社

魏珍珍. 2010. 比色法测定茶叶 GABA 含量的可行性研究. 江西农业学报，22（8）：56-58

闻韧. 2003. 药物合成反应. 北京：化学工业出版社

肖明蜀. 2007. 医院电梯空气监测与分析. 中华医院感染学杂志，17（1）：44

辛华. 2001. 细胞生物学实验. 北京：科学出版社

熊党生. 2011. 生物材料与组织工程. 北京：科学出版社

徐军玲，洪江龙. 2004. 科技文献检索. 上海：复旦大学出版社

徐清华. 2010. 生物工程设备. 北京：科学出版社

许本发. 1994. 酸奶和乳酸菌饮料加工. 北京：中国轻工出版社
杨国伟. 2011. 发酵食品加工与检测. 北京：化学工业出版社
杨汉民. 1997. 细胞生物学实验. 北京：高等教育出版社
杨曜中，欧伶，葛铁群，等. 1999. 酪蛋白磷酸肽的制备及性质. 华东理工大学报，(6)：574-577
印莉萍，祁小廷. 2005. 细胞分子生物学技术教程. 北京：科学出版社
俞俊棠. 2012. 新编生物工艺学. 北京：化学工业出版社
禹邦超，胡耀星. 2007. 酶工程（附实验）. 2 版. 武汉：华中师范大学出版社
袁勤生，赵健. 2005. 酶与酶工程. 上海：华东理工大学出版社
张卓然. 1999. 实用细胞培养技术. 北京：人民卫生出版社
赵斌，何绍江. 2002. 微生物学实验. 北京：科学出版社
赵岩碧，苟文选. 2006. 常用文献信息数据库检索指南. 北京：化学工业出版社
郑平. 2005. 环境微生物学实验指导. 杭州：浙江大学出版社
中国药品生物制品检定所，中国药品检验总所. 2010. 中国药品检验标准操作规范. 北京：中国医药科技出版社
周德庆. 2000. 微生物学教程. 2 版. 北京：高等教育出版社
朱旭芬. 2010. 基因工程实验指导. 2 版. 北京：高等教育出版社
祝战斌. 2012. 茶饮料常见的质量问题及防止措施. 农产品加工（学刊），03 ：137-139
Aaij C，Borst P. 1972. The gel electrophoresis of DNA. Biochim Biophys Acta，269：192-200
Baneyx F. 1999. Recombinent protein expression in *Escheichia coli*. Curr Opin Biotechnol，10：411-421
Bechtold N，Ellis J，Pelletier G. 1993. In planta *Agrobacterium*-mediated gene transfer by infiltration of adult *Arabidopsis thaliana* plants. C. R. Acad. Sci. Paris，Life Sciences，316：1194-1199
Birnboim H C，Dol J. 1979. A rapid alkaline extraction procedure for screening recombinant plasmid DNA. Nucleic Acids Res，7：1513-1523
Borgheresi R A，Palma M S，Ducancel F，et al. 2001. Expression and processing of recombinant sarafotoxins precursor in Pichia pastoris. Toxicon，39：1211-1218
Cereghino J L，Cregg J M. 2000. Heterologous protein expression in the methylotrophic yeast *Pichia pastoris*. FEMS Microbiol Rev，24：45-66
Clough S J，Bent A F. 1998. Floral dip：a simplified method for *Agrobacterium*-mediated transformation of *Arabidopsis thaliana*. Plant Journal，16：735-743
Cregg J M，Cereghino J L ，Shi J，et al. 2000. Recombinant protein expression in *Pichia pastoris*. Mol Biotechnol，16：23-52
Reed R，Holmes D，Weyers J，et al. 2001. 生物分子科学实验技术. 王小菁等译. 长沙：湖南科学技术出版社
Shatzman A R，Rosenberg M. 1987. Expression，identification，and characterization of recombinant gene products in *Escherichia coli*. Methods Enzymol，152：661-673
Werten M W，van den Bosch T J，Wind R D，et al. 1999. High-yield secretion of recombinant gelatins by *Pichia pastoris*. Yeast，15：1087-1096
Zhang X，Henriques R，Lin S S，et al. 2006. *Agrobacterium*-mediated transformation of *Arabidopsis thaliana* using the floral dip method. Nat Protoc，1：641-646

http://baike. baidu. com/view/157870. htm（植物组织培养）
http://news. ylsw. net/article/200908/2009-08-10/147577. shtml
http://product. eol. cn/zhuang _ bei _ 2312/20060323/t20060323 _ 149765. shtml
http://wenku. baidu. com/view/d5e27a8683d049649b6658f3. html（植物组织培养）
http://www. tiaozhanbei. net（“挑战杯”官方网站）
http://www. zupei. com/gcjs/zpgc/10051. html
http://www. zupei. com/gcjs/zpgc/10052. html

附 录 一

生物化学实验室常用的缓冲液

1. 甘氨酸-盐酸缓冲液（0.05mol/L）

xmL 0.2mol/L 甘氨酸＋ymL 0.2mol/L HCl，加水稀释至 200mL。

pH	x/mL	y/mL	pH	x/mL	y/mL
2.2	50	44.0	3.0	50	11.4
2.4	50	32.4	3.2	50	8.2
2.6	50	24.2	3.4	50	6.4
2.8	50	16.8	3.6	50	5.0

注：甘氨酸相对分子质量为 75.07，0.2mol/L 甘氨酸溶液含 15.01g/L

2. 邻苯二甲酸氢钾-盐酸缓冲液（0.05mol/L，20℃）

xmL 0.2mol/L 邻苯二甲酸氢钾＋ymL 0.2mol/L HCl，加蒸馏水稀释至 20mL。

pH	x/mL	y/mL	pH	x/mL	y/mL
2.2	5	4.670	3.2	5	1.470
2.4	5	3.960	3.4	5	0.990
2.6	5	3.295	3.6	5	0.597
2.8	5	2.642	3.8	5	0.263
3.0	5	2.032			

注：邻苯二甲酸氢钾相对分子质量为 204.23，0.2mol/L 邻苯二甲酸氢钾溶液含 40.85g/L

3. 磷酸氢二钠-柠檬酸缓冲液

pH	0.2mol/L Na_2HPO_4/mL	0.1mol/L 柠檬酸/mL	pH	0.2mol/L Na_2HPO_4/mL	0.1mol/L 柠檬酸/mL
2.2	0.40	19.60	3.6	6.44	13.56
2.4	1.24	18.76	3.8	7.10	12.90
2.6	2.18	17.82	4.0	7.71	12.29
2.8	3.17	16.83	4.2	8.28	11.72
3.0	4.11	15.89	4.4	8.82	11.18
3.2	4.94	15.06	4.6	9.35	10.65
3.4	5.70	14.30	4.8	9.86	10.14

续表

pH	0.2mol/L Na_2HPO_4/mL	0.1mol/L 柠檬酸/mL	pH	0.2mol/L Na_2HPO_4/mL	0.1mol/L 柠檬酸/mL
5.0	10.30	9.70	6.6	14.55	5.45
5.2	10.72	9.28	6.8	15.45	4.55
5.4	11.15	8.85	7.0	16.47	3.53
5.6	11.60	8.40	7.2	17.39	2.61
5.8	12.09	7.91	7.4	18.17	1.83
6.0	12.63	7.37	7.6	18.73	1.27
6.2	13.22	6.78	7.8	19.15	0.85
6.4	13.85	6.15	8.0	19.45	0.55

注：Na_2HPO_4相对分子质量为 141.98，0.2mol/L Na_2HPO_4溶液含 28.40g/L；
$Na_2HPO_4 \cdot 2H_2O$ 相对分子质量为 178.05，0.2mol/L $Na_2HPO_4 \cdot 2H_2O$ 溶液含 35.61g/L；
$C_6O_7H_8 \cdot H_2O$(柠檬酸) 相对分子质量为 210.14，0.1mol/L $C_6O_7H_8 \cdot H_2O$ 溶液含 21.01g/L

4. 柠檬酸-氢氧化钠-盐酸缓冲液

pH	钠离子浓度/(mol/L)	柠檬酸 ($C_6O_7H_8 \cdot H_2O$)/g	氢氧化钠 (97%NaOH)/g	浓盐酸 (HCl)/mL	最终体积①/L
2.2	0.20	210	84	160	10
3.1	0.20	210	83	116	10
3.3	0.20	210	83	106	10
4.3	0.20	210	83	45	10
5.3	0.35	245	144	68	10
5.8	0.45	285	186	105	10
6.5	0.38	266	156	126	10

① 使用时可以每升中加入 1g 酚，若最后 pH 有变化，再用少量 50%氢氧化钠溶液或浓盐酸调节，冰箱保存

5. 柠檬酸-柠檬酸钠缓冲液 (0.1mol/L)

pH	0.1mol/L 柠檬酸/mL	0.1mol/L 柠檬酸钠/mL	pH	0.1mol/L 柠檬酸/mL	0.1mol/L 柠檬酸钠/mL
3.0	18.6	1.4	5.0	8.2	11.8
3.2	17.2	2.8	5.2	7.3	12.7
3.4	16.0	4.0	5.4	6.4	13.6
3.6	14.9	5.1	5.6	5.5	14.5
3.8	14.0	6.0	5.8	4.7	15.3
4.0	13.1	6.9	6.0	3.8	16.2
4.2	12.3	7.7	6.2	2.8	17.2
4.4	11.4	8.6	6.4	2.0	18.0
4.6	10.3	9.7	6.6	1.4	18.6
4.8	9.2	10.8			

注：柠檬酸 $C_6O_7H_8 \cdot H_2O$ 相对分子质量为 210.14，0.1mol/L 溶液含 21.0g/L；
柠檬酸钠 $Na_3C_6H_5O_7 \cdot 2H_2O$ 相对分子质量为 294.12，0.1mol/L 溶液含 29.14g/L

6. 乙酸-乙酸钠缓冲液（0.2mol/L，18℃）

pH	0.2mol/L NaAc/mL	0.2mol/L HAc/mL	pH	0.2mol/L NaAc/mL	0.2mol/L HAc/mL
3.6	0.75	9.25	4.8	5.90	4.10
3.8	1.25	8.80	5.0	7.00	3.00
4.0	1.80	8.20	5.2	7.90	2.10
4.2	2.65	7.35	5.4	8.60	1.40
4.4	3.70	6.30	5.6	9.10	0.90
4.6	4.90	5.10	5.8	9.40	0.60

注：NaAc・$3H_2O$ 相对分子质量为 136.09，0.2mol/L 溶液含 27.22g/L；

取 11.8mL 冰醋酸稀释至 1000mL

7. 磷酸盐缓冲液

（1）磷酸氢二钠-磷酸二氢钠缓冲液（0.2mol/L）

pH	0.2mol/L Na_2HPO_4 /mL	0.2mol/L NaH_2PO_4 /mL	pH	0.2mol/L Na_2HPO_4 /mL	0.2mol/L NaH_2PO_4 /mL
5.8	8.0	92.0	7.0	61.0	39.0
5.9	10.0	90.0	7.1	67.0	33.0
6.0	12.3	87.7	7.2	72.0	28.0
6.1	15.0	85.0	7.3	77.0	23.0
6.2	18.5	81.5	7.4	81.0	19.0
6.3	22.5	77.5	7.5	84.0	16.0
6.4	26.5	73.5	7.6	87.0	13.0
6.5	31.5	68.5	7.7	89.5	10.5
6.6	37.5	62.5	7.8	91.5	8.5
6.7	43.5	56.5	7.9	93.0	7.0
6.8	49.0	51.0	8.0	94.7	5.3
6.9	55.0	45.0			

注：Na_2HPO_4・$2H_2O$ 相对分子质量为 178.05，0.2mol/L 溶液含 35.61g/L；

Na_2HPO_4・ $12H_2O$ 相对分子质量为 358.22，0.2mol/L 溶液含 71.64g/L；

Na_2HPO_4・H_2O 相对分子质量为 138.01，0.2mol/L 溶液含 27.6g/L；

NaH_2PO_4.$2H_2O$ 相对分子质量为 156.03，0.2mol/L 溶液含 31.21g/L

（2）磷酸氢二钠-磷酸二氢钾缓冲液(1/15mol/L)

pH	1/15mol/L Na_2HPO_4/mL	1/15mol/L KH_2PO_4/mL	pH	1/15mol/L Na_2HPO_4/mL	1/15mol/L KH_2PO_4/mL
4.92	0.10	9.90	6.47	3.00	7.00
5.29	0.50	9.50	6.64	4.00	6.00
5.19	1.00	9.00	6.81	5.00	5.00
6.24	2.00	8.00	6.98	6.00	4.00

续表

pH	1/15mol/L Na_2HPO_4/mL	1/15mol/L KH_2PO_4/mL	pH	1/15mol/L Na_2HPO_4/mL	1/15mol/L KH_2PO_4/mL
7.17	7.00	3.00	8.34	9.75	0.25
7.38	8.00	2.00	8.67	9.90	0.10
7.73	9.00	1.00	8.18	10.00	0
8.04	9.50	0.50			

注：$Na_2HPO_4 \cdot 2H_2O$ 相对分子质量为 178.05，1/15mol/L 溶液含 11.876g/L；
KH_2PO_4 相对分子质量为 136.09，1/15mol/L 溶液含 9.078g/L

（3）磷酸二氢钾-氢氧化钠缓冲液（0.05mol/L，20℃）

xmL 0.2mol/L KH_2PO_4＋ ymL 0.2mol/L NaOH，加水稀释至 20mL

pH	x/mL	y/mL	pH	x/mL	y/mL
5.8	5	0.372	7.0	5	2.963
6.0	5	0.570	7.2	5	3.500
6.2	5	0.860	7.4	5	3.950
6.4	5	1.260	7.6	5	4.280
6.6	5	1.780	7.8	5	4.520
6.8	5	2.365	8.0	5	4.680

8. 巴比妥钠-盐酸缓冲液（18℃）

pH	0.04mol/L 巴比妥钠溶液/mL	0.2mol/L 盐酸/mL	pH	0.04mol/L 巴比妥钠溶液/mL	0.2mol/L 盐酸/mL
6.8	100	18.4	8.4	100	5.21
7.0	100	17.8	8.6	100	3.82
7.2	100	16.7	8.8	100	3.52
7.4	100	15.3	9.0	100	1.65
7.6	100	13.4	9.2	100	1.13
7.8	100	11.47	9.4	100	0.70
8.0	100	9.39	9.6	100	0.35
8.2	100	7.21			

注：巴比妥钠盐相对分子质量为 206.18，0.04mol/L 溶液含 8.25g/L；
0.2mol/L 盐酸：取 16.8mL，定容至 1000mL

9. Tris-盐酸缓冲液（25℃）

50mL 0.1mol/L 三羟甲基氨基甲烷（Tris）溶液与 xmL 0.1mol/L 盐酸混合后，加水稀释至 100mL。

pH	x/mL	pH	x/mL
7.10	45.7	8.10	26.2
7.20	44.7	8.20	22.9
7.30	43.4	8.30	19.9
7.40	42.0	8.40	17.2
7.50	40.3	8.50	14.7
7.60	38.5	8.60	12.4
7.70	36.6	8.70	10.3
7.80	34.5	8.80	8.5
7.90	32.0	8.90	7.0
8.00	29.2		

注：三羟甲基氨基甲烷（Tris）相对分子质量为121.14，0.1mol/L溶液含12.114g/L，Tris溶液可从空气中吸收二氧化碳，使用时注意将瓶盖严；

0.1mol/L盐酸：取8.4mL HCl，定容至1000mL

10. 硼酸-硼砂缓冲液

pH	0.05mol/L 硼砂/mL	0.2mol/L 硼酸/mL	pH	0.05mol/L 硼砂/mL	0.2mol/L 硼酸/mL
7.4	1.0	9.0	8.2	3.5	6.5
7.6	1.5	8.5	8.4	4.5	5.5
7.8	2.0	8.0	8.7	6.0	4.0
8.0	3.0	7.0	9.0	8.0	2.0

注：硼砂 $Na_2B_4O_7 \cdot 10H_2O$ 相对分子质量为381.43，0.05mol/L溶液含19.07g/L；

硼酸 H_3BO_3 相对分子质量为61.84，0.2mol/L溶液含12.37g/L；

硼砂易失去结晶水，必须在带塞的瓶中保存

11. 甘氨酸-氢氧化钠缓冲液（0.05mol/L）

xmL 0.2mol/L 甘氨酸＋ymL 0.2mol/L NaOH，加水稀释至200mL。

pH	x/mL	y/mL	pH	x/mL	y/mL
8.6	50	4.0	9.6	50	22.4
8.8	50	6.0	9.8	50	27.2
9.0	50	8.8	10.0	50	32.0
9.2	50	12.0	10.4	50	38.0
9.4	50	16.8	10.6	50	45.5

注：甘氨酸相对分子质量为75.07，0.2mol/L溶液含15.01g/L

12. 碳酸钠-碳酸氢钠缓冲液（0.1mol/L）(Ca^{2+}、Mg^{2+}存在时不得使用)

20℃时 pH	37℃时 pH	0.1mol/L Na_2CO_3/mL	0.1mol/L $NaHCO_3$/mL
9.16	8.77	1	9
9.40	9.12	2	8
9.51	9.40	3	7
9.78	9.50	4	6
9.90	9.72	5	5
10.14	9.90	6	4
10.28	10.08	7	3
10.53	10.28	8	2
10.83	10.57	9	1

注：$Na_2CO_3 \cdot 10H_2O$ 相对分子质量为 286.2，0.1mol/L 溶液含 28.62g/L；
$NaHCO_3$相对分子质量为 84.01，0.1mol/L 溶液含 8.40g/L

附　录　二

“挑战杯”全国大学生课外学术科技作品竞赛章程

（经第十二届“挑战杯”全国大学生课外学术科技作品竞赛组委会第一次全体会议通过）

第一章　总则

第一条　“挑战杯”全国大学生课外学术科技作品竞赛是由共青团中央、中国科协、教育部、全国学联主办的大学生课外学术科技活动中一项具有导向性、示范性和群众性的竞赛活动，每两年举办一届。

第二条　竞赛的宗旨：崇尚科学、追求真知、勤奋学习、锐意创新、迎接挑战。

第三条　竞赛的目的：引导和激励高校学生实事求是、刻苦钻研、勇于创新、多出成果、提高素质，培养学生创新精神和实践能力，并在此基础上促进高校学生课外学术科技活动的蓬勃开展，发现和培养一批在学术科技上有作为、有潜力的优秀人才。

第四条　竞赛的基本方式：高等学校在校学生申报自然科学类学术论文、哲学社会科学类社会调查报告和学术论文、科技发明制作三类作品参赛；聘请专家评定出具有较高学术理论水平、实际应用价值和创新意义的优秀作品，给予奖励；组织学术交流和科技成果的展览、转让活动。

第二章　组织机构及其职责

第五条　竞赛设立领导小组，由主办单位和承办单位的有关负责人组成，负责指导竞赛活动，并对全国组织委员会和全国评审委员会提交的问题进行协调和裁决。

第六条　竞赛设立全国组织委员会，由主办单位、承办单位和联合发起单位（含高校、新闻单位、相关企业）的有关负责人组成。主办单位和承办单位分别委派有关负责同志作为组委会成员，各联合发起单位推荐一名主管领导作为组委会成员。全国组织委员会设主任一名，副主任若干名。获得三次“挑战杯”的高校将获得持续担任组委会副主任成员的资格。

第七条　全国组织委员会的职责如下：

1. 审议、修改竞赛的章程；
2. 筹集竞赛组织、评审、奖励所需的经费；
3. 投票表决竞赛承办高校；
4. 决议其他应由组委会议决的事项。

第八条　全国组织委员会下设秘书处，负责按照全国组委会通过的章程组织竞赛活动并向全国组委会报告工作。秘书处设秘书长一名，由承办单位有关领导担任；设副秘书长若干名。

第九条　竞赛设立全国评审委员会，由主办单位聘请的相关学科具有高级职称的非高校专家组成。全国评审委员会设主任一名，常务副主任两名，副主任若干名，秘书长一名。

全国评审委员会经主办单位批准成立，有权在本章程和评审规则所规定的原则下，独立开展评审工作。

第十条　全国评审委员会职责如下：

1. 在本章程和评审规则基础上制订评审实施细则；

2. 审看参赛作品及其演示，对作者进行问辩；

3. 确定参赛作品获奖等次。

第十一条　竞赛设立作品资格评判委员会，在全国组委会第二次全体会议召开时成立，由全国评审委员会常务副主任一名、评审委员三名（根据被评判作品学科分布选定）、主办单位各一名代表、全国组织委员会高校委员中抽签产生的十名代表组成。资格评判委员会主任由全国评审委员会常务副主任担任。资格评判委员会会议由资格评判委员会主任负责召集。

第十二条　作品资格评判委员会职责如下：

1. 授权全国组委会秘书处在预审开始至终审决赛结束前接受参赛学校和学生、评委、社会各界人士对参赛作品资格的质疑投诉；

2. 在终审决赛结束前，如出现被质疑投诉作品，资格评判委员会应召开会议，对被质疑投诉的参赛作品的作者及所属学校进行质询；

3. 投票表决被质疑投诉作品是否具备参赛资格。

第十三条　全国组委会秘书处对质疑投诉者的姓名、单位予以保密。质疑投诉者需提供相关证据或明确的线索。资格评判委员会开会时，到会委员超过 2/3 方可进行表决；表决时实行回避制度；若参加表决委员中有 2/3 以上认为该作品不具备参赛资格，则评委会对该作品不予评审，其参赛得分随之取消。全国组委会秘书处不受理匿名质疑投诉。

终审决赛结束后，对作品的质疑投诉继续按本章程第三十三条执行。

第十四条　主办单位根据团体总分优先原则，确定上届竞赛总分前 70 名的学校为联合发起高校，并可根据终审决赛规模、地区平衡、学校类别及代表性、承办地区等因素作部分调整。

第十五条　各省（区、市）、各高校应举办与全国竞赛接轨的届次化的学生课外学术科技作品竞赛。各省（区、市）团委、科协、教育部门、学联联合设立省级组织协调委员会和评审委员会，负责本省（区、市）竞赛的组织协调、参赛作品资格审查和作品初评等有关工作。

第三章　参赛资格与作品申报

第十六条　凡在举办竞赛终审决赛的当年 7 月 1 日以前正式注册的全日制非成人教育的各类高等院校在校中国籍专科生、本科生、硕士研究生和博士研究生（均不含在职研究生）都可申报作品参赛。

第十七条　申报参赛的作品必须是距竞赛终审决赛当年 7 月 1 日前两年内完成的学生课外学术科技或社会实践活动成果，可分为个人作品和集体作品。申报个人作品的，申报者必须承担申报作品 60%以上的研究工作，作品鉴定证书、专利证书及发表的有关作品上的署名均应为第一作者，合作者必须是学生且不得超过两人；凡作者超过三人的项目或者不超过三人，但无法区分第一作者的项目，均须申报集体作品。集体作品的作者必须均为学生。凡有合作者的个人作品或集体作品，均按学历最高的作者划分至本专科生、硕士研究生或博士研究生类进行评审。

增加作品自查环节，申报学校签订承诺书，承诺作品符合挑战杯申报作品的要求，接受竞赛组委会抽查。一旦发现不符合申报要求的作品，将取消参赛资格，该学校不得补报作品。经核实有舞弊、抄袭、作假等情形的作品，从该参赛学校总分中扣除相当于三等奖分值的双倍分数，同时取消该学校参评集体奖项的资格。

本校硕博连读生（直博生）若在决赛当年 7 月 1 日以前未通过博士资格考察的，按硕士生学历申报作品，若通过，则按博士生学历申报作品。没有实行资格考试制度的学校，按照前两年为硕士，后续为博士学历申报作品。医学等本硕博连读生，按照四年、两年及后续分别对应本、硕、博申报。

毕业设计和课程设计（论文）、学年论文和学位论文、国际竞赛中获奖的作品、获国家级奖励成果（含本竞赛主办单位参与举办的其他全国性竞赛的获奖作品）等均不在申报范围之列。

第十八条　申报参赛的作品分为自然科学类学术论文、哲学社会科学类社会调查报告和学术论文、科技发明制作三大类。自然科学类学术论文作者限本专科生。哲学社会科学类社会调查报告和学术论文限定在哲学、经济、社会、法律、教育、管理六个学科内。科技发明制作类分为 A、B 两类：A 类指科技含量较高、制作投入较大的作品；B 类指投入较少，且为生产技术或社会生活带来便利的小发明、小制作等。

第十九条　参赛作品涉及下列内容时，必须由申报者提供有关部门的证明材料，否则不予评审。

动植物新品种的发现或培育，须有省级以上农科部门或科研院所开具证明；

对国家保护动植物的研究，须有省级以上林业部门开具证明，证明该项研究的过程中未产生对所研究的动植物繁衍、生长不利的影响；

新药物的研究，须有卫生行政部门授权机构的鉴定证明；

医疗卫生研究须通过专家鉴定，并最好附有在公开发行的专业性杂志上发表过的文章；

涉及燃气用具等与人民生命财产安全有关用具的研究，须有国家相应行政部门授权机构的认定证明。

第二十条　参赛作品必须由两名具有高级专业技术职称的指导教师（或教研组）推荐，经本校学籍管理、教务、科研管理部门审核确认。

第二十一条　每个学校选送参加竞赛的作品总数不得超过六件，每人限报一件，作品中研究生的作品不得超过作品总数的 1/2，其中博士研究生的作品不得超过一件。参赛作品须经过本省（区、市）组织协调委员会进行资格及形式审查和本省（区、市）评审委员会初步评定，方可上报全国组委会办公室。各省（区、市）选送全国竞赛的作品数额由主办单位统一确定。每所发起学校可直接报送三件作品（含在六件作品之中）参加全国竞赛。

第四章　展览、交流、转让

第二十二条　全国评审委员会推荐通过预审的一定比例的自然科学类学术论文、哲学社会科学类社会调查报告和学术论文及全部科技发明制作类作品参加展览。科技发明制作类作品须有实物或模型参展。

第二十三条　全国组委会将在竞赛的终审决赛阶段组织多种形式的学术交流和工作交流活动，并适时举办单项展示赛或邀请赛等丰富“挑战杯”竞赛的活动。

第二十四条　全国组织委员会在终审决赛期间，举办成果转让活动；成果是否转让不作为作品评审获奖的依据。

第二十五条　全国组织委员会拥有组织转让获奖作品的优先权。成果产权及利益分配由学校和作者协商确定。

全国组织委员会可以结集出版竞赛获奖的作品及评委评语。

第五章 奖励

第二十六条 全国评审委员会对各省级组织协调委员会和发起高校报送的参赛作品进行预审，评出80%左右的参赛作品入围，评出入围作品中的40%获得三等奖，企业的60%进入终审决赛。在终审决赛中评出特等奖、一等奖、二等奖，其余为三等奖。参赛的自然科学类学术论文、哲学社会科学类社会调查报告和学术论文、科技发明制作三类作品各设特等奖、一等奖、二等奖、三等奖。各等次奖分别约占进入终审决赛各类作品总数的3%、8%、24%和65%。本专科生、硕士研究生、博士研究生三个学历层次作者的作品获奖数与其进入终审决赛作品数成正比例。科技发明制作类中a类和b类作品分别按上述比例设奖。

第二十七条 参加全国终审决赛的作品，确认资格有效的，由全国组织委员会向作者颁发证书，并视情况颁发相应的奖金。参加各省（区、市）预赛的作品，确认资格有效而又未进入全国竞赛的，由各省（区、市）组织协调委员会向作者颁发证书。

第二十八条 竞赛以学校为单位计算参赛得分，团体总分按名次排列，按位次公布。最高荣誉“挑战杯”为流动杯，授予团体总分第一名的学校；设“优胜杯”若干，分别授予团体总分第二至第二十一名的学校。累计三次捧得“挑战杯”的学校，可永久保存复制的“挑战杯”一座。

第二十九条 各等次奖计分方法如下：特等奖作品每件计100分，一等奖作品每件计70分，二等奖作品每件计40分，三等奖作品每件计20分，上报至全国组委会但未通过预审的作品每件计10分。如遇总积分相等，则以获特等奖的个数决定同一名次内的排序，以此类推至三等奖。

第三十条 组委会对在竞赛组织工作中表现突出的省份和高校进行表扬鼓励。

第三十一条 在符合竞赛宗旨、具有良好导向作用的前提下，可联合社会有关方面设立、评选专项奖。专项奖不计分。

第六章 附则

第三十二条 竞赛结束后，对获奖作品保留一个月的质疑投诉期。若收到投诉，竞赛领导小组将委托主办单位有关部门进行调查。经调查，如确认该作品资格不符者，取消该作品获得的奖励，重新计算作者所在学校团体总分及名次，取消该校、该省所获的优秀组织奖，通报全国组织委员会成员单位；并视情节轻重，分别给予所在学校取消下届联合发起单位资格或参赛资格的处罚。

竞赛组委会保护投诉人的合法权益。

第三十三条 承办竞赛的高校应按当届组委会通过的申办办法，申请承办下一届竞赛活动；获得历届“挑战杯”和“优胜杯”的学校具有承办下届竞赛的优先权；当届组委会通过一定的民主程序产生下届承办单位。

第三十四条 竞赛承办单位有权以全国组织委员会名义寻求赞助。最高荣誉“挑战杯”不得用于寻求赞助。

第三十五条 www.tiaozhanbei.net为“挑战杯”竞赛专用网站，由主办单位和承办高校共同建设。

第三十六条 本章程自全国组织委员会审议通过之日起生效，由竞赛主办单位及全国组委会秘书处负责解释。